# Additive Manufacturing Quantifiziert

Roland Lachmayer · Rene Bastian Lippert
Hrsg.

# Additive Manufacturing Quantifiziert

## Visionäre Anwendungen und Stand der Technik

*Herausgeber*
Roland Lachmayer
Institut für Produktentwicklung und Gerätebau
Leibnitz Universität Hannover
Hannover
Deutschland

Rene Bastian Lippert
Institut für Produktentwicklung und Gerätebau
Leibniz Universität Hannover
Hannover
Deutschland

ISBN 978-3-662-54112-8 ISBN 978-3-662-54113-5 (eBook)
DOI 10.1007/978-3-662-54113-5

Die Deutsche Nationalbibliothek verzeichnet diese Publikation in der Deutschen Nationalbibliografie; detaillierte bibliografische Daten sind im Internet über http://dnb.d-nb.de abrufbar.

Springer Vieweg


Gedruckt auf säurefreiem und chlorfrei gebleichtem Papier

Springer Vieweg ist Teil von Springer Nature
Die eingetragene Gesellschaft ist Springer-Verlag GmbH Deutschland
Die Anschrift der Gesellschaft ist: Heidelberger Platz 3, 14197 Berlin, Germany

# Vorwort

Bereits zum zweiten Mal wurde am Institut für Produktentwicklung und Gerätebau (IPeG) in Hannover ein Workshop zum Thema Additive Manufacturing durchgeführt. Wie auch bei der ersten Veranstaltung „*3D-Druck beleuchtet – Additive Manufacturing auf dem Weg in die Anwendung*" haben wir uns auf Grund der positiven Resonanz dazu entschlossen, die Veranstaltungsbeiträge schriftlich aufzubereiten und zu publizieren.

Der in Kooperation mit dem Laser Zentrum Hannover (LZH) durchgeführte Workshop *Additive Manufacturing Quantifiziert* soll Einblicke in die unterschiedlichen Forschungsprojekte zum Thema Additive Manufacturing vermitteln und neue Anreize für künftige Forschungsarbeiten und industrielle Anwendungen geben. In einer Vielzahl von interessanten Beiträgen werden spezifische Fragestellungen sowie Lösungsansätze dargestellt. Neben der Objektivierung der Einsatzpotentiale, aber auch der Betrachtung konkreter Herausforderungen im Umgang mit Additive Manufacturing, werden zukunftsweisende Entwicklungstrends quantifiziert. Schwerpunkte sind die Einbeziehung von Additive Manufacturing in den Entwicklungsprozess, die Technologiebeschreibung und -entwicklung, Werkstoffe und Leichtbauaspekte sowie Anwendungsbeispiele aus Forschung und Industrie.

Neben den unterschiedlich thematisierten Beiträgen sind ein umfangreiches Sachwortverzeichnis sowie eine Übersicht einiger Additive Manufacturing Verfahren dem Anhang beigefügt. Entsprechend der hohen Entwicklungsdynamik ist das vorliegende Buch weniger als Lehrbuch zu verstehen, sondern vielmehr als eine aktuelle Zusammenstellung unterschiedlicher Sichtweisen und Aspekten des Additive Manufacturing. Alle Autoren sind ausgewiesene Experten unterschiedlicher Forschungseinrichtungen.

Wir danken der DFG und dem Land Niedersachsen für die Unterstützung und Bereitstellung finanzieller Mittel in den verschiedenen Forschungsprojekten.

Hannover, Oktober 2016

Rene Bastian Lippert
Roland Lachmayer

# Inhaltsverzeichnis

# Autorenverzeichnis

## Die Herausgeber

**Roland Lachmayer** Institut für Produktentwicklung und Gerätebau (IPeG), Leibniz Universität Hannover, Hannover, Deutschland, e-mail: lachmayer@ipeg.uni-hannover.de

**Rene Bastian Lippert** Institut für Produktentwicklung und Gerätebau (IPeG), Leibniz Universität Hannover, Hannover, Deutschland, e-mail: lippert@ipeg.uni-hannover.de

## Die Autoren

**Jan C. Balzer** AG Experimentelle Halbleiterphysik, Philipps-Universität Marburg, Renthof 5, 35032, Marburg, Deutschland, e-mail: jan.balzer@physik.uni-marburg.de

**Stefan F. Busch** AG Experimentelle Halbleiterphysik, Philipps-Universität Marburg, Renthof 5, 35032, Marburg, Deutschland

**Boris N. Chichkov** Nanotechnology Department, Laser Zentrum Hannover e.V. (LZH), Hollerithallee 8, 30419, Hannover, Deutschland

**Ayman El-Tamer** Nanotechnology Department, Laser Zentrum Hannover e.V. (LZH), Hollerithallee 8, 30419, Hannover, Deutschland, e-mail: a.el-tamer@lzh.de

**Matthias Gieseke** Laser Zentrum Hannover e.V. (LZH), Hannover, Deutschland

**Ronny Hagemann** Laser Zentrum Hannover e.V. (LZH), Hannover, Deutschland

**Peter Hartogh** Institut für Konstruktionstechnik (IK), Technische Universität Braunschweig, Braunschweig, Deutschland, e-mail: p.hartogh@tu-braunschweig.de

**Tobias Heine** Hella KGaA Hueck & Co., Lippstadt, Deutschland, e-mail: tobias.heine@hella.com

**Ulf Hinze** Nanotechnology Department, Laser Zentrum Hannover e.V. (LZH), Hollerithallee 8, 30419, Hannover, Deutschland

**Arndt Hohnholz** Laser Zentrum Hannover e.V. (LZH), Hannover, Deutschland, e-mail: a.hohnholz@lzh.de

**Stefan Kaierle** Laser Zentrum Hannover e.V. (LZH), Hannover, Deutschland

**Friedemann Kammler** Fachgebiet Informationsmanagement und Wirtschaftsinformatik (IMWI), Universität Osnabrück, Osnabrück, Deutschland

**Gerolf Kloppenburg** Institut für Produktentwicklung und Gerätebau (IPeG), Leibniz Universität Hannover, Hannover, Deutschland, e-mail: kloppenburg@ipeg.uni-hannover.de

**Marvin Knöchelmann** Institut für Produktentwicklung und Gerätebau (IPeG), Leibniz Universität Hannover, Hannover, Deutschland

**Jürgen Koch** Laser Zentrum Hannover e.V. (LZH), Hannover, Deutschland

**Dieter Krause** Institut für Produktentwicklung und Konstruktionstechnik (PKT), Technische Universität Hamburg-Harburg, Hamburg-Harburg, Deutschland

**Georg Leuteritz** Institut für Produktetwicklung und Gerätebau (IpeG), Leibniz Universität Hannover, Hannover, Deutschland

**Kotaro Obata** Laser Zentrum Hannover e.V. (LZH), Hannover, Deutschland

**Ludger Overmeyer** Laser Zentrum Hannover e.V. (LZH), Hannover, Deutschland

**Johanna Spallek** Institut für Produktentwicklung und Konstruktionstechnik (PKT), Technische Universität Hamburg-Harburg, Hamburg-Harburg, Deutschland, e-mail: j.spallek@tuhh.de

**Oliver Suttmann** Laser Zentrum Hannover e.V. (LZH), Hannover, Deutschland

**Oliver Thomas** Fachgebiet Informationsmanagement und Wirtschaftsinformatik (IMWI), Universität Osnabrück, Osnabrück, Deutschland

**Claudia Unger** Laser Zentrum Hannover e.V. (LZH), Hannover, Deutschland

**Andreas Varwig** Fachgebiet Informationsmanagement und Wirtschaftsinformatik (IMWI), Universität Osnabrück, Osnabrück, Deutschland, e-mail: andreas.varwig@uni-osnabrueck.de

**Thomas Vietor** Institut für Konstruktionstechnik (IK), Technische Universität Braunschweig, Braunschweig, Deutschland

**Christian Weißenfels** Laser Zentrum Hannover e.V. (LZH), Hannover, Deutschland

**Marcel Weidenbach** AG Experimentelle Halbleiterphysik, Philipps-Universität Marburg, Renthof 5, 35032, Marburg, Deutschland

**Yvonne Wessarges** Laser Zentrum Hannover e.V. (LZH), Hannover, Deutschland

**Henning Wessels** Institut für Kontinuumsmechanik (IKM), Leibniz Universität Hannover, Hannover, Deutschland, e-mail: wessels@ikm.uni-hannover.de

**Alexander Wolf** Institut für Produktentwicklung und Gerätebau (IPeG), Leibniz Universität Hannover, Hannover, Deutschland

**Peter Wriggers** Institut für Kontinuumsmechanik (IKM), Leibniz Universität Hannover, Hannover, Deutschland

**Yousif Amsad Zghair** Institut für Produktentwicklung und Gerätebau (IPeG), Leibniz Universität Hannover, Hannover, Deutschland, e-mail: zghair@ipeg.uni-hannover.de

# Einleitung

Rene Bastian Lippert und Roland Lachmayer

**Zusammenfassung**

*Additive Manufacturing wurde vom World Economic Forum als eine der zehn zukunftsträchtigsten Technologien eingestuft [1]. Nach der Definition des Vereins Deutscher Ingenieure wird dabei eine Vielzahl verschiedener Fertigungsverfahren zusammengefasst, bei denen das Werkstück element- oder schichtweise aufgebaut wird und welche sich nach ihren Anwendungen und den eingesetzten Materialien sowie Maschinen unterscheiden [2]. Das Rapid Prototyping, was dem Additive Manufacturing bereits in den 1990er Jahren eine große Aufmerksamkeit verschaffte, sowie das Rapid Tooling sind heutzutage State of the Art und werden industriell in der Produktentstehung eingesetzt. Bedingt durch die zunehmende technische Reife der additiven Fertigungsverfahren und der damit einhergehenden Verbesserung der Produkteigenschaften erlangt zudem das Direct Manufacturing an Bedeutung für die industrielle Anwendung. Bei der Herstellung von endkonturnahen Bauteilen ist es eine wesentliche Herausforderung, den Nachbearbeitungsaufwand bei gleichzeitig verbesserten Bauteileigenschaften zu optimieren. Dabei besteht eine übergeordnete Notwendigkeit zur Standardisierung unterschiedlicher Domänen (z. B. Maschinen, Datenformate oder Materialien) in den verschiedenen Anwendungen.*

*Basierend auf aktuellen Entwicklungen im Bereich des Additive Manufacturing leiten sich unterschiedliche Forschungs- und Entwicklungsfelder ab, welche sich*

R.B. Lippert (✉) · R. Lachmayer
Institut für Produktentwicklung und Gerätebau (IPeG), Leibniz Universität Hannover, Hannover, Deutschland
e-mail: lippert@ipeg.uni-hannover.de

R. Lachmayer
e-mail: lachmayer@ipeg.uni-hannover.de



R. Lachmayer, R.B. Lippert (Hrsg.), *Additive Manufacturing Quantifiziert*,
DOI 10.1007/978-3-662-54113-5_1

*den Mehrwert im Vergleich zu konventionellen Fertigungsverfahren zunutze machen. Anhand der Evaluation verschiedener Additive Manufacturing Bauteile lassen sich diese Einflussfaktoren quantifizieren. Ferner können die Herausforderungen für künftige Entwicklungen im Bereich Additive Manufacturing zur weitergehenden Substitution von konventionell gefertigten Bauteilen aufgezeigt werden.*

## Inhaltsverzeichnis



## 1 Additive Manufacturing Quantifiziert

Additive Manufacturing erfährt seit einigen Jahren einen Aufschwung sowie eine stetige Etablierung als Ergänzung zu den konventionellen Fertigungsverfahren. Dabei wird die Vielschichtigkeit einerseits durch die Heimanwendung von 3D-Druckern vorangetrieben, welche meist auf dem Fused Deposition Modeling (Fused Layer Modeling) basiert. Geräte für den Endverbraucher erfahren zunehmend eine Kostendegression, im Internet sind vermehrt 3D-Geometriemodelle zum Herunterladen frei verfügbar und die Qualität der produzierten Bauteile steigt. Aus dieser aktuellen Entwicklung resultieren ganze Bewegungen, wie das MakerMovement, sowie Communitys, welche aus eigener Motivation die Entwicklung im Bereich der Heimanwendung vorantreiben.

Andererseits ist das Additive Manufacturing fester Bestandteil im Entwicklungsprozess zur Herstellung von Mustern, Modellen und Prototypen geworden. Auch der Einsatz zur direkten und indirekten Herstellung von Werkzeugen ist in der Industrie verankert. Dabei begründet sich die Etablierung für das Rapid Prototyping sowie für das Rapid Tooling aus der hohen geometrischen Freiheit sowie der flexiblen Anpassung an aktuelle Anforderungen. Auch das Direct Manufacturing, also die additive Fertigung von Bauteilen zur direkten Verwendung bzw. Assemblierung mit minimalem Nachbearbeitungsaufwand, erfährt in der Industrie zunehmend an Relevanz.

Zur Quantifizierung der aktuellen Entwicklungen wird in Abb. 1 – links das weltweite Marktvolumen (in Milliarden Euro) für Systeme, Materialien und Services von Additive Manufacturing dargestellt [3]. Es lässt sich feststellen, dass das Marktvolumen seit dem Jahr 2010 etwa um den Faktor 3 gestiegen ist. Zudem wird eine Prognose zur Entwicklung des Marktvolumens bis 2023 gezeigt. So ist erkennbar, dass nach Expertenmeinung ein überproportionaler Anstieg erwartet wird.

Abbildung. 1 – rechts zeigt den Verlauf sowie eine Prognose zur Kostenentwicklung der additiven Metallfertigung [4]. So wurden die Kosten pro Kubikzentimeter in den letzten 3 Jahren um ca. 30 % reduziert. Eine weitere Kostendegression im Bereich der additiven Metallfertigung wird bis zum Jahre 2023 auf ca. 1,1 €/cm³ prognostiziert. Die

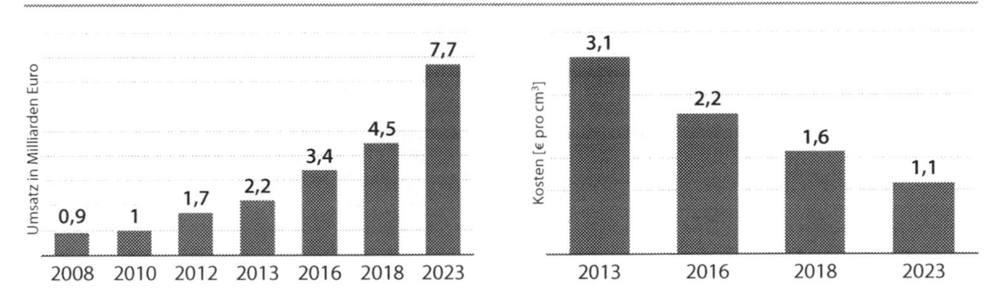


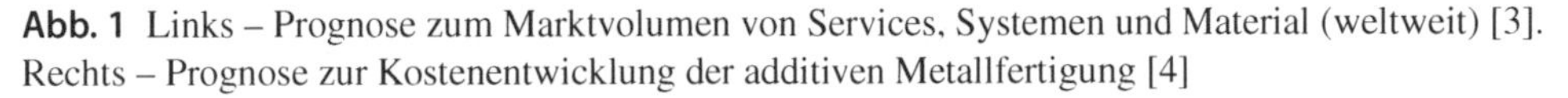

**Abb. 1** Links – Prognose zum Marktvolumen von Services, Systemen und Material (weltweit) [3]. Rechts – Prognose zur Kostenentwicklung der additiven Metallfertigung [4]

Kostenentwicklung in der additiven Metallfertigung basiert dabei auf der Reduzierung der Materialkosten sowie auf der Effizienzsteigerung der Maschinen.

Das zunehmende Marktwachstum sowie die simultane Kostendegression beruhen auf der technischen Reife des Additive Manufacturing. So konnten in den vergangenen Jahren die Domänen der Maschinen (z. B. Baugeschwindigkeit, Zuverlässigkeit oder Genauigkeit), der Materialien (z. B. Festigkeit, Reproduzierbarkeit oder Schmelzeigenschaften) und der Gestaltung (z. B. Gestaltungsmethoden oder Regelwerke für Gestaltungsrichtlinien) signifikant verbessert werden.

In Abhängigkeit unterschiedlicher Anwendungen lassen sich, wie in Abb. 2 dargestellt, aktuelle Forschungs- und Entwicklungsfelder innerhalb dieser Domänen beschreiben. Neben Aspekten, wie beispielsweise dem Leichtbau oder der Funktionsintegration, welche die Domäne der Gestaltung maßgeblich tangieren sowie einen Einfluss auf künftige Materialentwicklungen haben, sind beispielsweise aktuelle Forschungsbereiche in den

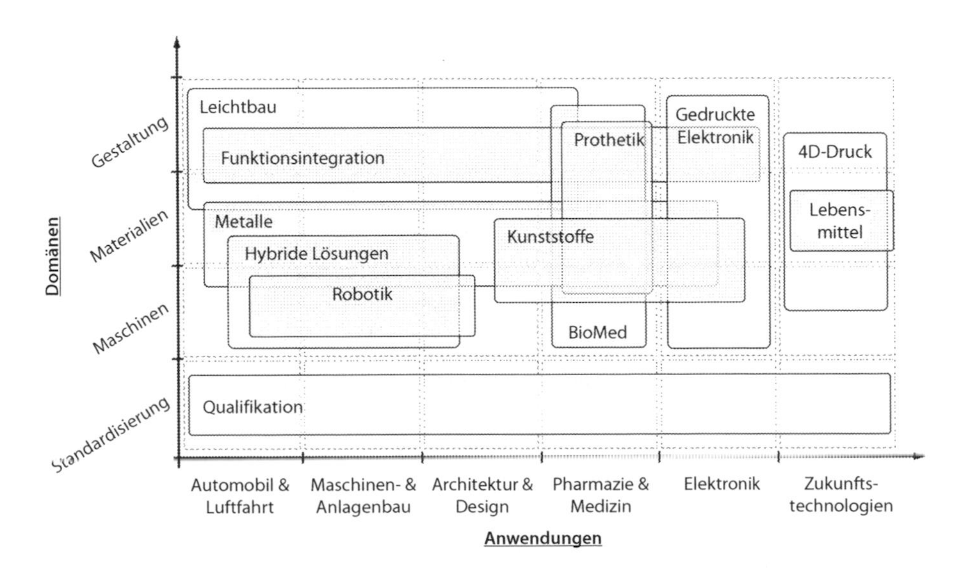


**Abb. 2** Aktuelle Forschungs- und Entwicklungsfelder

Materialwissenschaften dargestellt. Dabei ist zu erkennbar, dass die einzelnen Forschungs- und Entwicklungsfelder domänenübergreifend betrachtet werden müssen sowie mehrere Anwendungen betreffen. Am Beispiel der „hybriden Lösungen" zeigt sich, dass neben Multimaterialsystemen ebenfalls die Domäne der Maschinen beeinflusst wird. Hierbei ist beispielsweise die Verknüpfung von additiven und subtraktiven Fertigungszentren zu verstehen. Diese Beeinflussung der Domänen erstreckt sich wiederum auf unterschiedliche Anwendungen, wie dem Automobilbau und der Luftfahrt, dem Maschinen- und Anlagenbau sowie der Anwendung in der Architektur und dem Design. Der Megatrend 3D-Druck reicht dabei längst über die Herstellung einfacher Kunststoffteile hinaus. So erfährt das Additive Manufacturing neben der industriellen Anwendung besonders im Bereich der Medizintechnik eine rasche Entwicklung. Wie in Abb. 2 dargestellt, sind zugleich maßgebende Aktivitäten in der Standardisierung erkennbar. So ist beispielsweise die Definition einheitlicher Datenformaten, die Verifizierung neuer Materialien oder die Qualitätssicherung eines Bauteils unabhängig vom Anwendungsfall notwendig.

Maßgebende Motivation in den unterschiedlichen Forschungs- und Entwicklungsfeldern ist das Erreichen eines Mehrwertes durch den Einsatz von Additive Manufacturing im Vergleich zu konventionellen Fertigungsverfahren. Wie in Abb. 3 dargestellten, lässt sich dieser Mehrwehrt anhand unterschiedlicher Zielsetzungen in Abhängigkeit eines Forschungs- und Entwicklungsfelds beschreiben.

Im Bereich der Prothetik und Biomedizintechnik (BioMed) lassen sich beispielsweise patientenspezifische Prothesen oder auch patientenspezifische Werkzeuge mit Additive Manufacturing herstellen. Auch Modelle zur Erprobung von komplexen chirurgischen Eingriffen können mit Hilfe von Additive Manufacturing angefertigt werden. Weitere Forschungen im Bereich der Biomedizintechnik sind z. B. die additive Fertigung von Zellstrukturen. Durch die patientenspezifische Herstellung von Organen, mittels der Verwendung von patienteneigenen Stammzellen, können Abstoßvorgänge im Körper vorgebeugt und eine damit einhergehende verringerte Medikation erzielt werden.

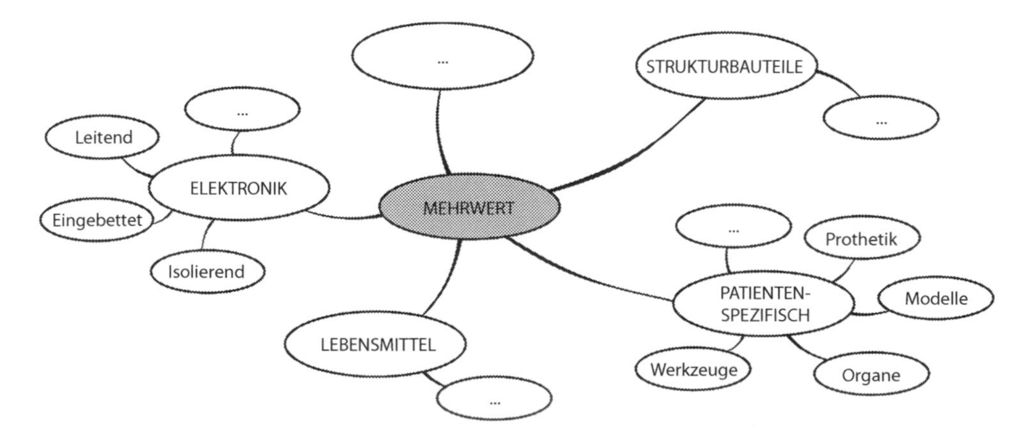


**Abb. 3** Mehrwert von Additive Manufacturing

Eine Herausforderung beim Einsatz von Additive Manufacturing ist die simultane Erfüllung von multikriteriellen Zielsetzungen. Am Beispiel von Strukturbauteilen werden in Abb. 4 additive gefertigte Komponenten in Abhängigkeit des Mehrwertes von Additive Manufacturing evaluiert. Dabei beschreiben diese Attribute die Materialersparnis, Funktionsintegration, Gewichtsreduktion durch Dünnwandigkeit, kraftflussangepassten Geometrien, integrierten Strömungskanälen, Mass Customization, Designaspekte sowie die Möglichkeit zur Fertigung von Net-Shape Geometrien. Wie in Abb. 4 dargestellt, korreliert ein additiv gefertigtes Bauteil mit einer maßgebenden Zielsetzung zur Erreichung eines Mehrwertes. Weitere Attribute sind je nach Bauteil stärker oder schwächer ausgeprägt.

Das Beispiel einer Tretkurbel (Abb. 4 – 3.) mit inneren Strukturen zeigt, dass maßgebend eine Gewichtsreduktion aufgrund von dünnwandigen Geometrien erzielt werden konnte. Mit konventionellen Fertigungsverfahren lässt sich diese Geometrien nur mit einem hohen technischen sowie wirtschaftlichen Aufwand herstellen. Durch die Gewichtsreduktion geht eine Materialersparnis im Vergleich zu einer konventionell gestalteten Tretkurbel einher. Anhand der Auswahl einer kraftflussoptimierten inneren Struktur (im vorliegenden Beispiel eine Wabenstruktur für eine Biegebeanspruchung der Tretkurbel) kann weiterhin das Bauteil an den Kraftfluss angepasst werden. Design Aspekte sowie Kriterien zur kundenspezifischen Individualisierung werden weiterhin tangiert. Eine Funktionsintegration, integrierte Strömungskanäle oder Net-Shape Geometrien sind bei der Gestaltung der Tretkurbel nicht berücksichtigt, sodass diese Attribute nicht erfüllt werden.

◔ Geringer Erfüllungsgrad
● Hoher Erfüllungsgrad

| | 1. | 2. | 3. | 4. | 5. | 6. | 7. | 8. |
|---|---|---|---|---|---|---|---|---|
| Materialersparnis bei Hoher Zerspanrate | ● | ◑ | ◕ | ◕ | ◕ | ◔ | ◑ | ◑ |
| Funktionsintegration | ◑ | ● | ◔ | ◔ | ◑ | ◔ | ◑ | ◕ |
| Gewichtsreduktion durch Dünnwandigkeit | ◕ | ◔ | ● | ◑ | ◑ | ◑ | ◔ | ◕ |
| Kraftflussangepasste Geometrien | ◕ | ◕ | ◕ | ● | ◔ | ◔ | ◔ | ◑ |
| Integrierte Strömungskanäle | ◑ | ◔ | ◔ | ◔ | ● | ◔ | ◔ | ◕ |
| Mass Customization | ◔ | ◕ | ◑ | ◕ | ◔ | ● | ◕ | ◔ |
| Design | ◑ | ◑ | ◑ | ◔ | ◑ | ◕ | ● | ◑ |
| Net-Shape Geometrien | ◔ | ◑ | ◔ | ◑ | ◕ | ◕ | ◕ | ● |

**Abb. 4** Evaluierung vorhandener Strukturbauteile – 1. Trägerstruktur 2. Integrales Getriebe 3. Tretkurbel mit inneren Strukturen 4. Topologieoptimierter Radträger 5. Heizspirale mit innenliegenden Strömungskanälen 6. Kaffeemaschine mit individuellen Frontblenden 7. Kfz-Schlüssel 8. Reflektor mit Strömungsoptimierten Kühlrippen

Für eine technisch sinnvolle und wirtschaftliche Verwendung von Additive Manufacturing in künftigen Produktgenerationen ist dementsprechend die Herausarbeitung spezifischer Zielsetzungen oder die simultane Erfüllung multikriterieller Zielsetzungen notwendig. Ferner ist im Zuge der rasanten Entwicklung in den unterschiedlichen Forschungs- und Entwicklungsfeldern eine schnelle Anpassung an die Chancen und Herausforderungen des Additive Manufacturing notwendig, um langfristig am Markt zu bestehen.

## Literaturverzeichnis

[1] *Top 10 Emerging Technologies of 2015; World Economic Forum's Meta-Council on Emerging Technologies*

[2] *VDI Gesellschaft Produktion und Logistik (2014): VDI 3405: Additive manufacturing processes, rapid manufacturing - Basics, definitions, processes, VDI Handbuch, Berlin, Germany*

[3] *Roland Berger; Wohlers Associates; VDW; Diverse Quellen (Experteninterviews); ID 445066*

[4] *Roland Berger; Diverse Quellen (Experteninterviews); DMRC; ID 445058*

# Entwicklungstrends zum Einsatz des selektiven Laserstrahlschmelzens in Industrie und Biomedizintechnik

Yvonne Wessarges, Matthias Gieseke, Ronny Hagemann, Stefan Kaierle und Ludger Overmeyer

**Zusammenfassung**

*Heutzutage ermöglicht der Einsatz additiver Fertigungsverfahren hochkomplexe Geometrien und ist besonders bei Kleinserien oder Individualbauteilen wirtschaftlich. Beim selektiven Laserstrahlschmelzen werden metallische Pulverwerkstoffe schichtweise aufgetragen, selektiv mittels Laser verschmolzen und somit vollständig dichte Bauteile erzeugt. Es werden ähnliche Eigenschaften wie bei konventionell verarbeiteten Werkstoffen erzielt, sodass diese Verfahren für die Produktion von Prototypen oder auch zur Fertigung von Endprodukten eingesetzt werden. Zudem gibt es eine Vielzahl verwendbarer Werkstoffe, um die jeweils erwünschten Bauteileigenschaften umzusetzen. Viele Werkstoffe, wie Titanlegierungen für Leichtbauteile im Bereich der Luftfahrt oder Kobalt-Chrom zur Umsetzung patientenspezifischer Zahnimplantate, sind bereits industriell für das SLM®-Verfahren etabliert.*

*Aktuelle Forschungsarbeiten fokussieren die Einführung neuer Materialien sowie die Herstellung von Mikrobauteilen mit dem SLM®-Verfahren. Aktuell haben Magnesiumlegierungen und Nickel-Titan-Formgedächtnislegierungen aufgrund ihrer einzigartigen Eigenschaften eine besondere Bedeutung, da diese die Herstellung von vielzähligen neuartigen Produkten ermöglichen. Konventionell schwer zu verarbeitendes Nickel-Titan ist durch SLM® hervorragend bearbeitbar und erlaubt die Herstellung schaltbarer*

Y. Wessarges (✉) · M. Gieseke · R. Hagemann · S. Kaierle · L. Overmeyer
Laser Zentrum Hannover e.V. (LZH), Hannover, Deutschland
e-mail: y.wessarges@lzh.de



R. Lachmayer, R.B. Lippert (Hrsg.), *Additive Manufacturing Quantifiziert*,
DOI 10.1007/978-3-662-54113-5_2

*und somit intelligenter Bauteile. Magnesium weist eine hohe spezifische Festigkeit und biodegradierbare Eigenschaften auf. So kann die Fertigung von neuartigen Leichtbauteilen sowie individuellen und bioresorbierbaren Implantaten realisiert werden.*

*Dieser Beitrag gibt einen Überblick über eigene Forschungsergebnisse, bestehende Herausforderungen und aktuelle Entwicklungstrends zum Einsatz des selektiven Laserstrahlschmelzens von Nickel-Titan und Magnesium in Industrie und Biomedizintechnik.*

**Schlüsselwörter**

*Selektives Laserstrahlschmelzen · Additive Fertigung · Magnesium · Magnesiumlegierungen · Nickel-Titan*

## Inhaltsverzeichnis



## 1 Einleitung

Heutzutage sind Bezeichnungen wie „Additive Fertigung" oder auch „3D-Druck" der breiten Bevölkerung bekannt. Viele 3D-Drucker sind für den Heimanwender verfügbar und bezahlbar. Auch auf dem Gebiet der industriellen Produktion gewinnen additive Fertigungsverfahren zunehmend an Bedeutung, da neue oder weiterentwickelte Verfahren bereits die Fertigung anwendungsbereiter Endbauteile zulassen. Eine Vielzahl von Werkstoffen ist für das selektive Laserstrahlschmelzverfahren bereits industriell etabliert und wird zur Herstellung verschiedenster Bauteile herangezogen. Andere Werkstoffe, die besondere Eigenschaften aufweisen, wie beispielsweise leichte, bioabbaubare Magnesiumlegierungen oder Nickel-Titan-Legierungen, die einen Formgedächtniseffekt aufweisen, sind derzeit noch Gegenstand der Forschung.

# 2 Selektives Laserstrahlschmelzen von Metallbauteilen

Das selektive Laserstrahlschmelzen kann zur laserbasierten additiven Verarbeitung von Metallpulvern herangezogen werden. Der Bauteilaufbau erfolgt hierbei schichtweise in einem Pulverbett. Vordeponiertes Pulver wird mit dem Laser selektiv aufgeschmolzen. Durch das vollständige Aufschmelzen sind mechanische Eigenschaften erzielbar, die gießtechnisch hergestellten Materialien ähnlich sind oder diese sogar übertreffen. So kann das Verfahren zum Prototypenbau oder zur Herstellung von einsatzbereiten Endprodukten eingesetzt werden. Bei der Herstellung von individuellen Einzelbauteilen oder für Kleinserien ist das Verfahren im Allgemeinen wirtschaftlich. Ebenso bei Großserienbauteilen mit besonderen Anforderungen kann ein industrieller Einsatz dieses additiven Verfahrens zur Bauteilfertigung sinnvoll sein [1–3].

## 2.1 Funktionsweise und Charakteristika

Ausgangspunkt für die additive Fertigung mit dem selektiven Laserstrahlschmelzverfahren ist ein digital vorliegendes 3D-Datenmodell des zu fertigenden Bauteils. Dieses wird durch „Slicing" mithilfe eines geeigneten Softwareprogrammes in gleichgroße Schichten in z-Richtung unterteilt. Das geslicte Modell wird meist mit einer geeigneten Anlagensoftware imaginär im Bauraum der Fertigungsanlage positioniert und gegebenenfalls mit Stützstrukturen versehen. Außerdem sind Fertigungsparameter, wie Laserleistung, Scangeschwindigkeit und Belichtungsmuster sowie der Belichtungsabstand zuzuweisen [4].

Das selektive Laserstrahlschmelzverfahren wird als zweistufiges additives Fertigungsverfahren bezeichnet. In einem ersten Prozessschritt wird eine Schicht Metallpulver mithilfe eines Rakels oder einer Bürste auf eine Bauplattform aufgetragen. In einem zweiten Prozessschritt wird die Geometrie der untersten Schicht des geslicten Modells durch einen Laser abgefahren. Die Belichtung mittels Laser bewirkt ein selektives Auf- und Verschmelzen des vordeponierten Pulverwerkstoffes. Nicht belichtetes Pulver verbleibt im Bauraum. Nach der Belichtung wird die Bauplattform um den Betrag einer Schichtdicke des Modells abgesenkt, es folgen ein weiterer Beschichtungsschritt und die Belichtung der zweiten Schicht (siehe auch Abb. 1). Diese Vorgänge werden wiederholt, bis alle Schichten des Ausgangsmodells belichtet wurden. Abschließend ist das verbliebene Pulver zu entfernen und das Bauteil von der Bauplattform zu lösen. Es können verschiedene Nachbearbeitungsschritte durchgeführt werden, beispielsweise ein Strahlen zur Verbesserung der Oberflächenqualität oder eine Wärmebehandlung zur Beeinflussung der mechanischen Eigenschaften [1, 3].

Wie bei anderen additiven Fertigungsverfahren auch, weist dieses Verfahren eine nahezu vollständige Geometriefreiheit auf, sodass neuartige und komplexe Designs, die

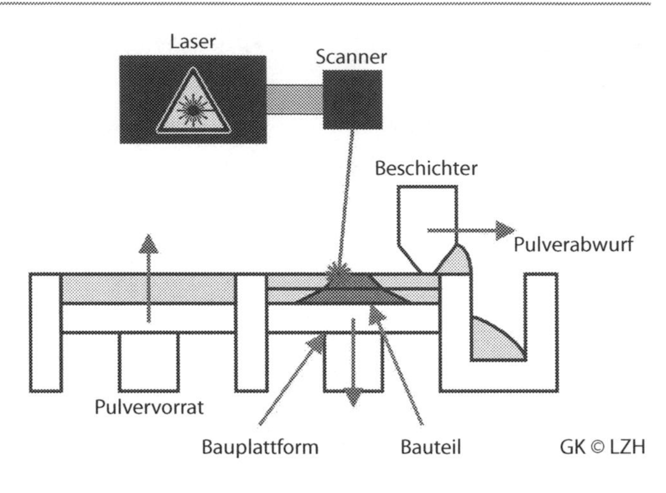


**Abb. 1** Skizze eines selektiven Laserstrahlschmelzprozesses [5]

konventionell nicht möglich sind, umgesetzt werden können. Durch die erzielbare hohe Dichte der Bauteile und die exzellenten mechanischen Eigenschaften können Endprodukte und endproduktnahe Bauteile entstehen. Das Verfahren wird häufig als selektives Laserstrahlschmelzverfahren (engl. Selective Laser Melting; SLM®) bezeichnet, jedoch existieren weitere Begriffe, die den gleichen Prozess kennzeichnen, beispielsweise „Laser Metal Fusion", „Direct Laser Metal Sintering", „LaserCusing" oder „Direct Metal Printing". Meist ist die verwendete Bezeichnung des Verfahrens vor allem abhängig vom jeweiligen Anlagenhersteller [1, 3].

Bestehende Herausforderungen sind heutzutage unter anderem die Umsetzung einer umfassenden Prozesskontrolle zur Sicherstellung reproduzierbarer Eigenschaften oder auch die Entfernung der Stützstrukturen nach Prozessende, beispielsweise bei schwer zugänglichen Bereichen. Auch die Abkühlraten nach Einbringung der Laserenergie in das Bauteil sind zu kontrollieren, um einen Bauteilverzug durch induzierte Thermospannungen zu verhindern [3].

## 2.2 Industriell etablierte Werkstoffe und Anwendungsbeispiele

Der Laserstrahlschmelzprozess wurde 2002 kommerzialisiert [6]. Um das selektive Laserstrahlschmelzen anzuwenden, ist das Vorliegen des metallischen Werkstoffes in Pulverform erforderlich. Das Metallpulver sollte zudem eine gute Fließfähigkeit vorweisen. Sphärische Pulverpartikel sind daher von Vorteil (siehe Abb. 2). Allgemein sind fast alle Werkstoffe verarbeitbar, die auch schweißbar sind. Zahlreiche Metalle und Legierungen sind bereits industriell etabliert oder bereits im SLM®-Prozess gut verarbeitbar. Neben Edelstählen, Stählen und Aluminium-, Kobalt-Chrom- oder Titan-Legierungen sind auch

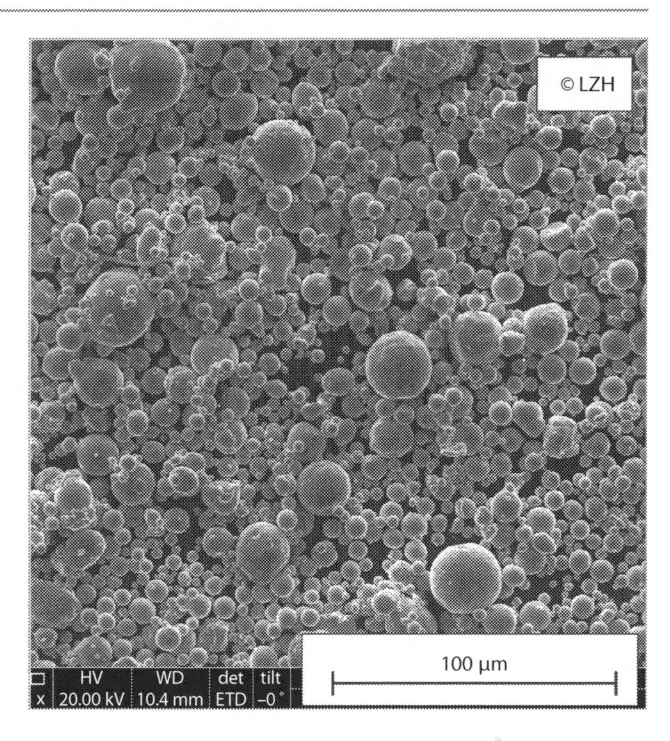


**Abb. 2** Aufnahme von sphärischen Edelstahlpulverpartikeln im Raster-Elektronen-Mikroskop

Nickelbasislegierungen und sogar Edelmetalle gut prozessierbar [3]. Weitere Materialien sind derzeit noch in der Entwicklung. So kann je nach den erforderlichen Eigenschaften des späteren Bauteils ein Metall bzw. eine Legierung ausgewählt werden.

Kobalt-Chrom-Legierungen wurden bereits früh im SLM®-Prozess verarbeitet und werden seitdem vor allem zur industriellen Fertigung von Dentalimplantaten eingesetzt. Mit biokompatiblen Materialien können Kronen und Brücken mit hoher Materialdichte, daher mit hoher Belastbarkeit und individueller Passung gefertigt werden, sodass patientenspezifische Zahnimplantate entstehen. Aufgrund der Umsetzbarkeit hochkomplexer Bauteile im SLM®-Prozess sowie der guten Biokompatibilität des Materials sind auch weitere medizinische Implantate, wie z. B. Teile von Knieendoprothesen, laseradditiv fertigbar [7, 8].

Weitere industriell häufig verwendete Werkstoffe sind Aluminium und Aluminiumlegierungen. Aufgrund der geringen Dichte wird das Material hauptsächlich für Leichtbaukonstruktionen eingesetzt. Der Einsatz des SLM®-Verfahrens in Verbindung mit dem Werkstoff geringer Dichte ermöglicht komplexe, häufig auch bionisch gestaltete Leichtbauteile für verschiedenste Anwendungsbereiche. Durch konstruktiv optimierte Bauteilgeometrien können bei gleichbleibender hoher Belastbarkeit deutliche Gewichtseinsparungen im Vergleich zu konventionell gefertigten Bauteilen erzielt werden [9]. Aufgrund der unzureichenden Biokompatibilität des Materials sind Anwendungen in der Biomedizintechnik eher selten.

Auch Metallpulver aus Titan und Titanlegierungen können industriell mit dem SLM®-Verfahren zu Bauteilen verarbeitet werden. Anwendungsmöglichkeiten sind aufgrund der Eigenschaften des Titans vor allem Leichtbaukonstruktionen oder aber auch medizinische Implantate. Titan zeichnet sich besonders durch eine geringe Dichte von 4,5 g/cm³ aus und weist zudem eine äußerst hohe Biokompatibilität auf. Durch das bioinerte Materialverhalten treten daher auch bei Dauereinsätzen im Körper keine allergischen Reaktionen auf. Laseradditiv gefertigte Implantate werden vor allem für orthopädische Anwendungen eingesetzt, da durch die hohe spezifische Festigkeit auch lasttragende Implantate realisierbar sind. Durch die Verwendung von Leichtbaustrukturen sind auch bei den Implantaten deutliche Gewichtseinsparungen möglich. Neben patientenindividuell angepassten Einzelprothesen, beispielsweise zur Versorgung von tumorbedingten größeren Defekten, werden unter anderem auch Hüftpfannen mit besonders gestalteter Oberfläche für ein optimiertes Anwachsen des Knochens in größerer Stückzahl gefertigt. Zudem ist Titan röntgentransparent, geschmacksneutral und gut mit Keramik zu verblenden, sodass es für Dentalimplantate ebenfalls eingesetzt wird. Die geringe Dichte im Vergleich zu beispielsweise Gold und die geringe Wärmeleitung sind weitere Vorteile und bieten den Patienten einen hohen Tragekomfort der Zahnimplantate [3, 10].

Neben biomedizintechnischen Anwendungen werden SLM®-gefertigte Leichtbauteile aus Titan oder Titanlegierungen auch im Bereich der Luftfahrt eingesetzt. Vereinzelt finden SLM®-gefertigte Titanbauteile auch in der Automobilbranche und der Raumfahrt Anwendung. Durch die hohe Geometriefreiheit des SLM®-Verfahrens und das Material geringer Dichte werden hier vor allem Leichtbaukonstruktionen zur Gewichtseinsparung gefertigt. Titan weist zudem eine geringe Duktilität und eine hohe Festigkeit auf. Konventionell gegossenes Reintitan weist eine Zugfestigkeit von 235 MPa auf, wohingegen die Zugfestigkeit bei einem laseradditiv gefertigten Titanbauteil auf 757 MPa gesteigert wurde. Dieser Effekt ist auch bei Titanlegierungen sichtbar. Gegossene Bauteile aus TiAl6V4 haben eine Zugfestigkeit von 900–1100 MPa, laseradditiv gefertigte Bauteile aus TiAl6V4 eine Zugfestigkeit von 1100–1300 [11]. Als Beispielanwendung kann hier der additiv gefertigte Kabinenhalter (eng. Bracket) von Airbus angeführt werden, bei dem durch optimierte Konstruktion und der Verwendung des Werkstoffes Titan eine Gewichtsreduktion von 30 % im Vergleich zum zuvor verwendeten Bauteil erzielt werden konnte [3].

Die derzeit etablierten Werkstoffe für das SLM®-Verfahren ermöglichen die Realisierung vielzähliger Produkte aus Industrie und Medizin und decken bereits eine große Bandbreite an Produkten ab. Die Herstellung innovativer Produkte erfordert jedoch neue Werkstoffe mit besonderen Eigenschaften. Nickel-Titan- wie auch Magnesiumlegierungen sind zwei Werkstoffgruppen mit einer hohen Relevanz für innovative Produkte. Die Formgedächtniseigenschaften von Nickel-Titan und die hohe spezifische Festigkeit und Bioresorbierbarkeit von Magnesium ermöglichen die Realisierung von neuartigen intelligenten Produkten und Leichtbauteilen. Die Etablierung beider Werkstoffe ist derzeit Gegenstand der Forschung.

# 3 Selektives Laserstrahlschmelzen von Nickel-Titan-Legierungen

Nickel-Titan-Legierungen sind aufgrund der hohen Elastizität und der Eigenschaft der Biokompatibilität ein attraktiver Werkstoff für medizinische Anwendungen [12, 13]. Das Material zählt zu den Formgedächtnislegierungen. Durch eine Phasenumwandlung treten zwei Ausprägungen auf, die Superelastizität und der Einweg-Effekt. Beim Einweg-Effekt erfolgt die Phasenumwandlung wärmeinduziert und erlaubt beträchtliche Formänderungen, die beispielweise für Stellbewegungen in der Aktorik genutzt werden können. Nickel-Titan-Formgedächtnislegierungen für Aktoren liegen in stöchiometrischer Hinsicht in nahezu äquiatomarer Zusammensetzung aus Nickel und Titan vor. Zur Nutzbarmachung als Aktor muss dieses Atomverhältnis bei der Herstellung sehr exakt eingehalten werden, da sich die Phasenumwandlungstemperaturen bei einer Änderung des Atomverhältnisses von ca. 0,1 at% um 10 K ändern [14]. Bedingt durch die hohe Duktilität des Materials ist eine konventionelle, spanende Bearbeitung erschwert. Für eine Lasermaterialbearbeitung, auch für das SLM®-Verfahren, ist der Werkstoff hingegen hervorragend geeignet.

## 3.1 Eigene Forschungsarbeiten zum Einsatz des SLM®-Verfahrens zur Verarbeitung von Nickel-Titan-Legierungen

Ein möglicher Anwendungsfall des SLM®-Verfahrens für Nickel-Titan ist die Herstellung von Mikroaktoren für Cochlea-Implantat-Elektroden für eine präzisere und effizientere Implantation. Um Patienten mit innenohrbedingter Taubheit einen Höreindruck vermitteln zu können, ist die Implantation eines Cochlea-Implantates der einzige bisher mögliche Lösungsansatz. Cochlea-Implantate sind komplexe, aus einer Mehrzahl von Einzelkomponenten bestehende Neuroprothesen, die operativ in die Hörschnecke (Cochlea) eingeführt werden. Das membranöse Gewebe des Innenohres wird von dem Cochlea-Implantat-Elektrodenträger zur Erzeugung eines Höreindrucks elektrisch stimuliert. Hierfür werden die Schallsignale der Umgebung von einem Signalprozessor digital aufbereitet und in Form schwacher elektrischer Impulse an die Kontakte der Elektrode in der Cochlea geleitet. Dort stimulieren diese direkt den noch intakten und funktionsfähigen Hörnerv, wodurch das Sprachverstehen bei betroffenen Patienten ermöglicht wird [15, 16]. Bei Vorhandensein eines Resthörvermögens werden Cochlea-Implantate wegen des hohen Risikos der intraoperativen Ertaubung durch mechanische Traumatisierung nur selten eingesetzt. Der Erfolg der Operation ist zudem maßgeblich von der Erfahrung und dem Geschick des Operateurs abhängig. Diese Limitation soll durch Integration von im selektiven Laserstrahlschmelzverfahren hergestellten Mikroaktoren aus einer Nickel-Titan-Formgedächtnislegierung überwunden werden. Ziel ist die Zuweisung verschiedener Phasenumwandlungstemperaturen der Aktoren, sodass diese segmentweise durch unterschiedliche Temperaturen angesteuert werden können, um die Platzierung der Elektrode zu unterstützen.

## 3.2 Forschungsergebnisse

Herausforderungen bei der Verarbeitung von Nickel-Titan-Legierungen im SLM®-Verfahren waren hauptsächlich die Einstellung des Formgedächtniseffektes des vorlegierten Metallpulvers und die Steuerung der Phasenumwandlungstemperatur, die durch Verdampfungsprozesse des Nickels und Oxidationsprozesse des Titans im Vergleich zum Ausgangsmaterial verändert wird. Insgesamt konnte das Nickel-Titan-Pulver mit Partikelgrößen < 45 µm erfolgreich auf einer im Laser Zentrum Hannover e.V. entwickelten Laboranlage [17] im SLM®-Prozess verarbeitet werden. Vorgeformte Drahtstrukturen konnten horizontal sowie vertikal aufgebaut werden (siehe Abb. 3). Hierbei wurden Strukturbreiten von ca. 100 µm reproduzierbar erreicht, der Formgedächtniseffekt wurde beibehalten.

Der hohe Energieeintrag bei der Belichtung mit dem Laser bewirkte eine teilweise Verdampfung bzw. Oxidation der Legierungsbestandteile. Da Nickel einen geringeren Dampfdruck aufweist als der Legierungspartner Titan [18] und Titan zudem sehr schnell oxidiert, wurden ungleiche Anteile beider Elemente verdampft, sodass das Verhältnis von Nickel zu Titan insgesamt durch die Laserbearbeitung verändert wurde. Da die Temperatur, bei der der Formgedächtniseffekt eintritt, durch das Verhältnis von Nickel und Titan zueinander beeinflusst wird, kann also die Phasenumwandlungstemperatur durch eine Variation der Prozessparameter eingestellt werden. Die SLM®-gefertigten Mikroaktoren zeigten einen wiederholbaren Formgedächtniseffekt. Horizontal gefertigte Mikroaktoren konnten erfolgreich in einen konventionellen Cochlea-Implantat-Elektrodenträger integriert werden. In einem Versuchsaufbau im Labormaßstab mit temperaturgesteuertem Wasserbad wurden die Elektrodenträger an einem Cochlea-Modell bezüglich ihres Implantationsverhaltens erfolgreich untersucht. Aufgrund der temperaturgesteuerten Deformation konnten die Elektrodenträger erfolgreich in das Cochlea-Modell eingesetzt werden (siehe Abb. 4).

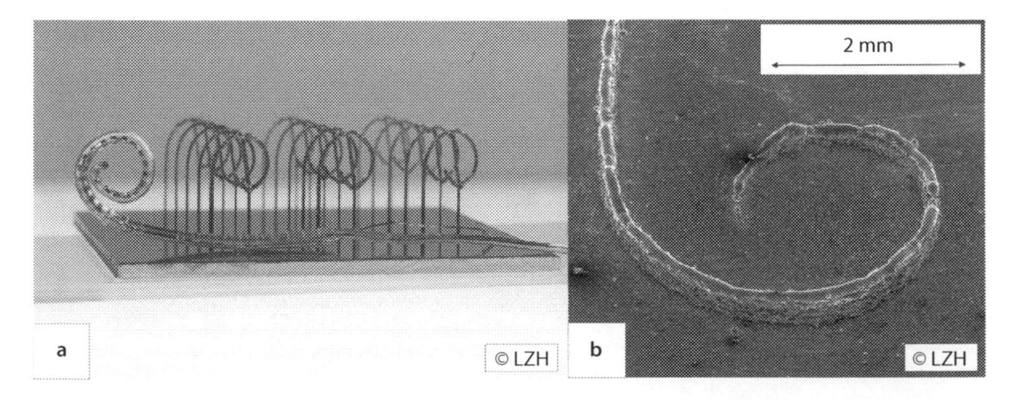


**Abb. 3** (**a**) vertikal aufgebaute Mikroaktoren mit Cochlea-Implantat-Elektrode im Vordergrund; (**b**) horizontal aufgebaute Mikroaktoren

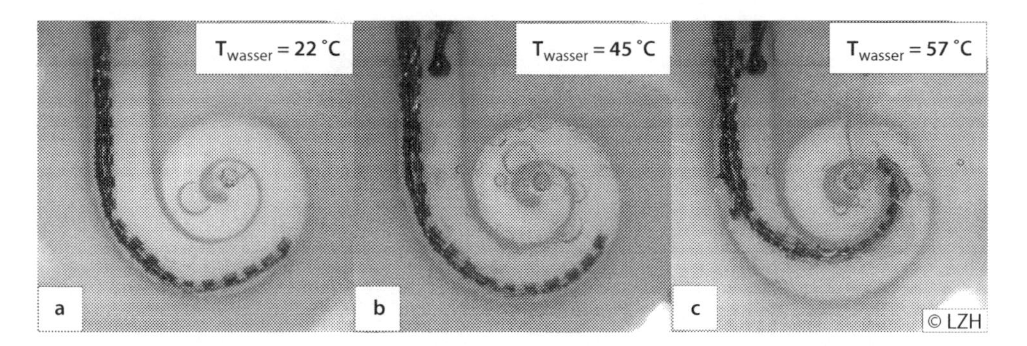


**Abb. 4** Positionierung im Labormaßstab in Cochlea-Modell; $T_{Wasser}$ = 22 °C (**a**); $T_{Wasser}$ = 45 °C (**b**); $T_{Wasser}$ = 57 °C (**c**); (Abbildungen aus [18])

## 4 Selektives Laserstrahlschmelzen von Magnesium und Magnesiumlegierungen

Magnesium und Magnesiumlegierungen sind derzeit noch Stand der Forschung, sollen jedoch zeitnah für den industriellen SLM®-Prozess einführt werden [4]. Grund dafür sind die besonderen Eigenschaften des Materials. Magnesium sowie Magnesiumlegierungen weisen eine hohe spezifische Festigkeit und eine geringe Dichte auf, zusätzlich ist der Werkstoff biokompatibel, hat einen knochenähnlichen E-Modul und ist im Körper abbaubar [19–23]. Eine mögliche Applikation sind SLM®-gefertigte, innovative Leichtbauteile, die zugleich von der geringen Dichte des Materials und der großen Geometriefreiheit des Fertigungsverfahrens profitieren. Eine weitere Anwendungsmöglichkeit von im SLM®-Verfahren prozessierten Magnesiumlegierungen wäre der Einsatz für patientenspezifisch gefertigte bioresorbierbare Implantate zur Versorgung von Knochendefekten.

### 4.1 Eigene Forschungsarbeiten zur Verarbeitung von Magnesium und Magnesiumlegierungen im SLM®-Verfahren

Obwohl bereits seit 2009 an der Verarbeitung von Magnesium und Magnesiumlegierungen im SLM®-Prozess geforscht wird, ist der Werkstoff noch immer nicht industriell etabliert [24–26]. Grund hierfür sind verschiedene Herausforderungen bei der Verarbeitung des Materials, die für einen erfolgreichen Bauteilaufbau zu überwinden sind. Als wichtigstes Kriterium ist der Sicherheitsaspekt zu beachten. Magnesium, wie auch Magnesiumlegierungen, vor allem in Pulverform und somit mit einer vergrößerten Oberfläche sind sehr reaktiv. Die Pulverhandhabung sollte daher mit aller Vorsicht erfolgen. Es empfiehlt sich

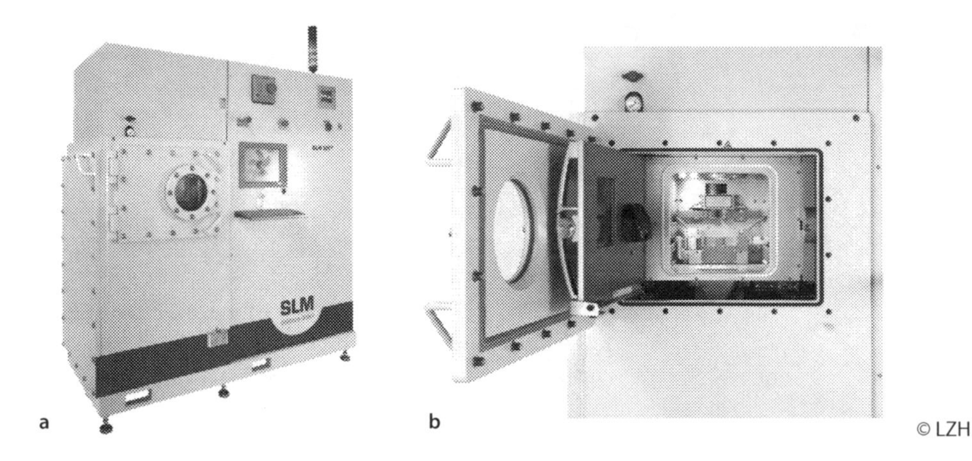


**Abb. 5** (**a**) Modifizierte SLM125HL-Anlage; (**b**) Überdruck-Prozesskammer der SLM125HL

die Verarbeitung von geringen Pulvermengen. Eine Funkenbildung ist in jedem Fall zu verhindern. Für die Arbeiten mit Magnesiumpulverwerkstoffen im Laser Zentrum Hannover e.V. wurde daher eigens eine SLM125HL-Anlage modifiziert und mit einer überdruckfähigen Prozesskammer, reduziertem Bauraum sowie weiteren Sicherheitsvorkehrungen versehen (siehe auch Abb. 5) [25].

Eine weitere Herausforderung bei der Verarbeitung von Magnesium ist zudem die Entstehung von Prozessemissionen [27–29] durch die geringe Verdampfungstemperatur (1093 °C) [20]. Sollte das Material durch den Laserenergieeintrag zu stark verdampft und nicht aufgeschmolzen werden, kann dies zu einer Bildung von Poren führen, die wiederrum eine verringerte mechanische Belastbarkeit des Bauteils bewirken können. Eine zusätzliche Schwierigkeit bei der Verarbeitung des Werkstoffes im SLM®-Prozess ist die geringe Viskosität der Schmelze bei Magnesium. Im SLM®-Prozess erfolgt die Ausbildung von Schweißbahnen durch das Benetzen von bestehenden Schichten mit metallischer Schmelze. Dieser Vorgang wird durch eine geringe Viskosität erschwert.

Attraktive Einsatzmöglichkeiten von SLM®-gefertigten Bauteilen aus Magnesium bzw. aus einer Magnesiumlegierung sind unter anderem patientenspezifische, bioresorbierbare Implantate zur Versorgung von Knochendefekten im Kiefer- und Schädelbereich (siehe Abb. 6). Zielvorstellung hierbei wäre eine Unterstützung des Heilungs- und Wachstumsverlaufs des autogenen Knochens, der in das Implantat hineinwächst, während dieses zeitgleich resorbiert wird, sobald die Stützwirkung durch das Implantat nicht mehr erforderlich ist.

Im Rahmen der Forschungsarbeiten wurde zuerst der Aufbau von Einzelspuren aus Reinmagnesium-Pulver sowie aus verschiedenen Legierungen getestet [4, 25]. Basierend auf den Ergebnissen wurden als Volumenkörper sogenannte Scaffolds (Stützgerüste für den Knochenaufbau) von 3 mm Kantenlänge gefertigt.

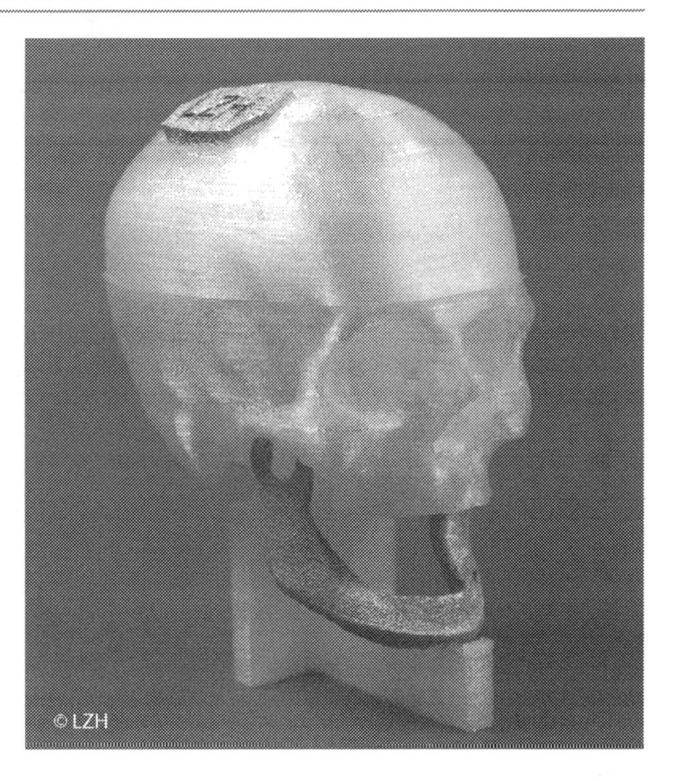


**Abb. 6** Laseradditiv gefertigte Kiefer- und Schädelimplantate

## 4.2 Forschungsergebnisse

Bei der Verarbeitung von Magnesium und Magnesiumlegierungen im SLM®-Prozess konnte die Entwicklung massiver Prozessemissionen beobachtet werden. Hierdurch und durch die Ablagerungen am Schutzglas oberhalb der Bauplattform wurden der Laserstrahl und somit auch die eingebrachte Energie zum Aufschmelzen des Materials beeinträchtigt. Die Prozessierbarkeit war daher nur gegeben, wenn während des Belichtungsprozesses ein Schutzgasstrom über die Bauplattform geleitet wurde, der die Prozessemissionen zu einer Absaugung führte. Es konnte die grundsätzliche Verarbeitbarkeit von Reinmagnesium und Magnesiumlegierungen gezeigt und Bauteile mit Dichten >90 % gefertigt werden. Die schwierige Verarbeitbarkeit von Magnesiumwerkstoffen im SLM®-Prozess ist vor allem auf die schnelle Ausbildung von stabilen und dichten Oxidschichten zu begründen, die die für den Prozess wichtigen Benetzungsvorgänge behindern. Die Ausbildung der Oxidschichten erfolgt unabhängig von der Prozessatmosphäre. Zur Bearbeitbarkeit im SLM®-Prozess muss die Oxidschicht aufgebrochen werden. Hierfür sind hohe Energieeinträge erforderlich, die die Entstehung von Prozessemissionen fördern [4, 30, 31].

Bei der Fertigung von Volumenkörpern zeigte eine WE43-Legierung die beste Verarbeitbarkeit, es konnten Dichten >99 % erzielt werden [4]. Zudem war die Anzahl angesinterter Pulverpartikel bei WE43-Bauteilen im Vergleich zu Proben aus einer anderen

**Abb. 7** SLM®-gefertigtes Makrobauteil aus einer Magnesiumlegierung

Legierung deutlich reduziert. Die WE43-Magnesiumlegierung enthält Yttrium und seltene Erden als Legierungselemente. Diese Elemente weisen gegenüber Magnesium eine deutlich gesteigerte Reaktivität auf und besitzen das Potenzial, Magnesiumoxid im Prozess zu reduzieren. Daher wurde geschlussfolgert, dass die WE43-Legierung oder vergleichbare Legierungen mit reaktiven Legierungselementen über ein hohes Potential für eine industrielle Verwendung verfügen [4, 25, 31].

2015 konnte mit einem Elektron® MAP+43 Pulverwerkstoff der Firma Magnesium Elektron Powders, USA mit den Legierungselementen Yttrium und Neodym ein erster industrieller Magnesiumpulverwerkstoff im SLM®-Verfahren erprobt werden. Hier konnten Bauteildichten >99 % erzielt werden. Außerdem wurden eine Zugfestigkeit bis zu 312 MPa und eine Streckgrenze bis zu 194 MPa bei einer maximalen Dehnung von 14 % erreicht. Aus diesen Ergebnissen wurde geschlossen, dass Elektron® MAP+43 ein geeigneter Pulverwerkstoff für einen industriellen SLM®-Prozess ist [32, 33].

Die gesammelten Ergebnisse und Erfahrungen im Umgang mit Magnesiumpulverwerkstoffen sollen herangezogen werden, um den Werkstoff für das industrielle SLM®-Verfahren einzuführen. Vor allem sind die Gefahrenpotentiale in Bezug auf die industrielle Verarbeitung von Magnesiumpulverwerkstoffen zu beachten. Hierzu zählen unter anderem die Lagerung, das Sieben und die allgemeine Handhabung großer Mengen des Werkstoffes. Zudem ist eine Prozessentwicklung, die auf produktive und wirtschaftliche Parameter zielt, erforderlich. Erste Untersuchungen zur Fertigung von Makrobauteilen aus einer Magnesiumlegierung im SLM®-Prozess laufen derzeit (siehe Abb. 7).

## 5 ZUSAMMENFASSUNG UND AUSBLICK

Der Einsatz des selektiven Laserstrahlschmelzens in Industrie und Biomedizintechnik wird zukünftig weiter an Bedeutung gewinnen. Dieses Verfahren erweist sich für

Einzelanfertigungen und Kleinserien bereits als wirtschaftlich und kann bei konventionell nicht fertigbaren Geometrien auch für Großserien sinnvoll sein. Wie bei den meisten 3D-Druck-Verfahren ist auch hier die Ausgangsbasis ein digital vorliegendes Datenmodell, sodass der Bau zeitnah gestartet werden kann. Die zeitaufwendige Herstellung eines Werkzeuges oder einer Form ist nicht erforderlich.

Durch den Einsatz des laseradditiven Fertigungsverfahrens sind geometrisch komplexe, endproduktnahe Körper umsetzbar, sodass innovative Leichtbaukonstruktionen und individualisierte Implantate gefertigt werden können. Aufgrund der breiten Auswahl an bereits für das Verfahren etablierten Werkstoffen und der hervorragenden mechanischen Eigenschaften der im SLM®-Prozess gefertigten Bauteile resultieren vielfältige Einsatzmöglichkeiten.

Aktuelle Forschungsarbeiten fokussieren außerdem die Einführung und Etablierung neuer Materialien für den industriellen SLM®-Prozess. Bei der Verarbeitung von Nickel-Titan-Legierungen im SLM®-Prozess sind beispielsweise Aktoren und individuelle Implantate mögliche Applikationen. Auch die industrielle Etablierung von Magnesium und Magnesiumlegierungen für den SLM®-Prozess bietet vielseitige Anwendungsmöglichkeiten. Aufgrund der besonderen Eigenschaften dieses Werkstoffes sind einerseits innovative Leichtbaukonstruktionen in Luft- oder Raumfahrt denkbar, andererseits wären auch individuelle, lasttragende und biokompatible Implantate umsetzbar, die im Körper abgebaut werden, sobald ihre Stützfunktion nicht mehr erforderlich ist. Die Einführung von sowohl Nickel-Titan- als auch Magnesiumlegierungen für den SLM®-Prozess hat daher aufgrund der einzigartigen Eigenschaften beider Werkstoffe eine hohe Bedeutung, da die Herstellung vielzähliger neuartiger Produkte ermöglicht werden kann.

## Literaturverzeichnis


[1] *Gebhart, A., 2007, Generative Fertigungsverfahren. Carl Hanser Verlag GmbH & Co. KG, München*

[2] *Airbus A350 MSN5 Prototyp fliegt mit Bauteil aus 3D-Drucker. Online verfügbar unter: https://www.3d-grenzenlos.de/magazin/kurznachrichten/airbus-a350-msn5-prototyp-fliegt-mit-bauteil-aus-3d-drucker-2750663.html.Zugegriffen am 29.09.2016*

[3] *Caffrey, T.; Wohlers, T.: Wohlers Report 2015. Wohlers Associates, 2015. ISBN: 978-0-9913332-1-9*

[4] *Gieseke, M.: Entwicklung des Selektiven Laserstrahlschmelzens von Magnesium und Magnesiumlegierungen zur Herstellung von individuellen und bioresorbierbaren Implantaten. Hannover : PZH Verlag, TEWISS Technik und Wissen GmbH, 2015. ISBN: 978-3-95900-46-8*

[5] *M. Gieseke, D. Albrecht, C. Nölke, S. Kaierle, O. Suttmann, L. Overmeyer (2016): 3D-Druck beleuchtet – Additive Manufacturing auf dem Weg in die Anwendung, Springer Vieweg Verlag, Berlin Heidelberg, Mai 2016, ISBN: 978-3-662-49055-6*

[6] *Gibson, I.; Rosen, D. W. & Stucker, B. Additive Manufacturing Technologies Springer, 2010*

[7] *Die Kobalt-Chrom-Legierung im SLM-Verfahren. Online verfügbar unter: http://www.bego.com/de/cadcam-loesungen/werkstoffe/edelmetallfreie-legierungen/wirobond-c-plus/. Zugegriffen am 29.09.2016*

[8] *Die Kobalt-Chrom-Legierung im SLM-Verfahren. Online verfügbar unter: http://www.bego.com/de/cadcam-loesungen/werkstoffe/edelmetallfreie-legierungen/wirobond-c-plus/. Zugegriffen am 29.09.2016*

[9] *3D-Druck macht Oympia-Räder schneller. Entscheidende Gewichtsvorteile für Rio. Online verfügbar unter: http://www.handling.de/automation/3d-druck-macht-olympia-raeder-schneller.htm. Zugegriffen am 29.09.2016*

[10] *Selektives Laserschmelzen von Titan. SLM Solutions. Online verfügbar unter: http://www.maschinenmarkt.vogel.de/selektives-laserschmelzen-von-titan-a-402474/. Zugegriffen am 29.09.2016*

[11] *Attar, H., Calin, M., Zhang, L. C., Scudino, S., & Eckert, J. (2014). Manufacture by selective laser melting and mechanical behavior of commercially pure titanium. Materials Science and Engineering: A, 593, 170–177*

[12] *Bogdanski, D.: Untersuchungen zur Biokompatibilität und Biofunktionalität von Implantatmaterialien am Beispiel von NiTi-FGLen, Ruhr-Universität Bochum, Dissertation, 2005*

[13] *Freiberg, E. K.; Bremer-Streck, S.; Kiehntopf, M.; Rettenmayr, M.; Undisz, A.: Effect of thermomechanical pre-treatment on short- and long-term Ni release from biomedical NiTi, Acta Biomaterialia, 2014*

[14] *Frenzel, J.; George, E.P.; Dlouhyd, A.; Somsen, Ch.; Wagner, M.F.-X.; Eggeler, V.: Influence of Ni on martensitic phase transformations in NiTi shape memory alloys, Acta Materialia, Volume 58, Issue 9, May 2010, Pages 3444–3458*

[15] *Dillier, N.: Cochlea-Implantate, XVII. Winterschule für Medizinische Physik, Pichl/Steiermark, 2009*

[16] *Stark, T.; Helbig, S.: Cochleaimplantatversorgung Indikation im Wandel, HNO 2011, 59:605–614 DOI 10.1007/s00106-011-2309-9, Springer Verlag, 2011*

[17] *Hagemann, R., Rust, W., Noelke, C., Kaierle, S., Overmeyer, L., Rau, T., ... & Wolkers, W. (2015). Möglichkeiten der funktionellen lokalen Konfiguration von Mikroaktoren aus Nickel-Titan für medizinische Implantate durch selektives Laserstrahlmikroschmelzen. In Neue Entwicklungen in der Additiven Fertigung (pp. 109-124). Springer Berlin Heidelberg*

[18] *Khan, M. I., Pequegnat, A., Zhou, Y. N.: Multi Memory Shape Memory Alloys, Advanced Engineering Materials, 2013, 15, N0. 5*

[19] *Avedesian, M. M.; Baker, H.: Magnesium and Magnesium Alloys. Materials, Park : ASM International, 1999. ISBN 0-8170-657*

[20] *Kammer, C.: Magnesium Taschenbuch. Düsseldorf : Aluminium-Verlag, Marketing & Kommunikation GmbH, 2000. ISBN 3-87017-264-9*

[21] *Friedrich, H.; Mordike, B. L.: Magnesium Technology. Berlin, Heidelberg :Springer-Verlag, 2006. ISBN 3-540-20599-3*

[22] *Hort, N.: Moderne Werkstoffentwicklung – Magnesium, 2008. Online verfügbar unter: ftp://ftp.hzg.de/pub/hort/Hort/Moderne%20Werkstoffentwicklungen/Moderne%20Werkstoffentwicklungen-Magnesium.pdf.zugegriffen am 03.11.2016*

[23] *Witte, F., The history of biodegradable magnesium implants: A review, Acta Biomaterialia, 2010, 6, 1680 – 1692*

[24] *Ng, C.: Selective Laser Sintering of Magnesium Powder for Fabrication of Compact Structures. In: 17th International Conference on Advance Laser Technologies. 26. September – 01. Oktober 2009, Antalya*

[25] *Gieseke, M.; Nölke, C.; Kaierle, S.; Wesling, V.; Haferkamp, H.: Selective Laser Melting of Magnesium and Magnesium Alloys. In: Magnesium Technology 2013. Tagungsband zu "142th TMS Annual Meeting: Magnesium Technology 2013", 3.-7. März 2013, San Antonio. Hoboken: John Wiley & Sons Inc., 2013. ISBN: 978-1-11860-552-3, S. 65–68*

[26] *Ng, C. C.; Savalani, M. M.; Man, H. C.; Gibson, I.: Layer manufacturing of magnesium and its alloy structures for future applications. In: Virtual and Physical Prototyping 5 (2010) 1, S. 13–19*

[27] *Wei, K.; Gao, M.; Wang, Z.; Zeng, X.: Effect of energy input on formability, microstructure and mechanical properties of selective laser melted AZ91D magnesium alloy. In: Materials Science and Engineering: A 611 (2014), S. 212–222*

[28] *Jauer, L.; Meiners, W.: SLM mit optimierter Prozesstechnik und neuen Materialien: Magnesiumlegierungen eröffnen weitere Anwendungsgebiete. Presseinformation. Fraunhofer Institut für Lasertechnik. 2016*

[29] *Zhang, B.; Liao, H.; Coddet, C.: Effects of processing parameters on properties of selective laser melting Mg–9%Al powder mixture. In: Materials & Design 34 (2011), S. 753–758*

[30] *Gieseke, M.; Nölke, C.; Kaierle, S.; Maier, H. J.; Haferkamp, H.: Selective Laser Melting of Magnesium Alloys for Manufacturing Individual Implants. In: Proceedings of the Fraunhofer Direct Digital Manufacturing Conference 2014. 12.-13. März 2014, Berlin*

[31] *Gieseke, M.; Kiesow, T.; Nölke, C.; Kaierle, S.; Maier, H. J.; Haferkamp, H.: Selektives Laserstrahlschmelzen von Magnesium und Magnesiumlegierungen. In: Tagungsband zur Rapid. Tech 2015. 10.-11. Juni 2015, Erfurt*

[32] *Tandon, R.; Wilks, T.; Gieseke, M.; Nölke, C.; Kaierle, S.; Palmer, T. Additive Manufacturing of Elektron® 43 Alloy Using Laser Powder Bed and Directed Energy Deposition. In: Proceedings of the EuroPM 2015, 08.-10. Oktober 2015, Reims*

[33] *Gieseke, M.; Tandon, R.; Kiesow, T.; Nölke, C.; Kaierle, S: Selective Laser Melting of Elektron® MAP43 magnesium powder. In: Tagungsband zur Rapid.Tech 2016. 14.-16. Juni 2016, Erfurt*

# Restriktionsgerechte Gestaltung innerer Strukturen für das Selektive Laserstrahlschmelzen

Rene Bastian Lippert

**Zusammenfassung**

*Durch das Selektive Laserstrahlschmelzen können Leichtbaupotentiale erschlossen werden, welche mit konventionellen Fertigungsverfahren nur mit einem hohen technischen sowie wirtschaftlichen Aufwand umsetzbar sind. Im vorliegenden Beitrag wird der Einsatz von inneren Strukturen zur Gestaltung von gewichtsoptimierten Bauteilen untersucht. Basierend auf grundlegenden Untersuchungen von mechanisch belasteten inneren Strukturen, wird ein Prozess zur Reduzierung des Bauteilgewichts von technischen Systemen durch die Substitution von Wirkräumen mit inneren Strukturen beschrieben. Anhand eines Demonstrators wird die spannungs- und fertigungsgerechte Bauteilgestaltung der inneren Strukturen untersucht. Durch den Einsatz einer strukturmechanischen Simulation (FEM) sowie der Beachtung von Gestaltungsrichtlinien, welche die Maschinen- und Prozessmöglichkeiten abbilden, werden iterativ neue Modellgenerationen aufgebaut. Das resultierende Produktmodell, welches durch den Einsatz von inneren Strukturen neue Leichtbaupotentiale im Vergleich zu konventionelle gefertigten Modellen erschließt und unter Beachtung von Gestaltungsrichtlinien den Möglichkeiten des Selektiven Laserstrahlschmelzens entspricht, wird abschließend aus der Aluminiumlegierung AlSi10Mg gefertigt und hinsichtlich Abweichungen gegenüber dem digitalen Modell bewertet. Rückschlüsse eines Soll-Ist-Vergleichs des*

R.B. Lippert (✉)
Institut für Produktentwicklung und Gerätebau (IPeG), Leibniz Universität Hannover, Hannover, Deutschland
e-mail: lippert@ipeg.uni-hannover.de



R. Lachmayer, R.B. Lippert (Hrsg.), *Additive Manufacturing Quantifiziert*,
DOI 10.1007/978-3-662-54113-5_3

*physikalischen sowie digitalen Modells werden weiterhin in den Gestaltungsprozess zurückgeführt.*

Schlüsselwörter

*Bauteilgestaltung · Innere Strukturen · Selektives Laserstrahlschmelzen · Gestaltungsprozess*

## Inhaltsverzeichnis



## 1 Einleitung

Additive Manufacturing wird zur Herstellung von Prototypen (sog. Rapid Prototyping) sowie von Werkzeugen (sog. Rapid Tooling) eingesetzt [1–3]. Als weiterer Einsatzbereich erlangt die Herstellung und direkte Assemblierung von additiv gefertigten Bauteilen, dass sog. Direct Manufacturing, zunehmend an Bedeutung [3–5]. Bedingt durch die guten mechanischen Eigenschaften der Bauteile, auch im Vergleich zu konventionellen Fertigungsverfahren, erfährt besonders das Selektive Laserstrahlschmelzen von metallischen Pulvern eine rasche Entwicklung [6, 7]. Durch die zunehmende Verbesserung der Prozess- und Maschineneigenschaften kann das Selektive Laserstrahlschmelzen vermehrt als Substitution sowie als Ergänzung zu konventionellen Fertigungsverfahren eingesetzt werden [8].

Als wesentliches Gestaltungsziel, welches einen wirtschaftlich sowie technisch sinnvollen Einsatz des Selektiven Laserstrahlschmelzens ermöglicht, wird oftmals das Potential des (Ultra-) Leichtbaus adressiert [9, 10]. Dabei ermöglicht das Prinzip der schichtweisen und selektiven Verfestigung des Metallpulvers neue Leichtbaupotentiale. Neben der Verwendung von leichteren, hochfesten oder intelligenten (smarten) Materialien ermöglicht das Selektive Laserstrahlschmelzen neu definierte Produktkonzepte und Gestaltungsfreiheiten für den (Ultra-) Leichtbau [11]. Ein maßgebliches Optimierungspotenzial liegt dabei in den konstruktiven Gestaltungsfreiheiten, da das Selektive Laserstrahlschmelzen die Herstellung von nahezu beliebigen Geometrien, Hinterschnitten, Hohlräumen sowie inneren Strukturen ermöglicht [12, 13]. Gegenüber konventionell gefertigten Bauteilen ist eine Gewichtsreduktion von ca. 10 % realistisch [14, 15].

Um dieses Optimierungspotential weiter zu steigern, erfährt besonders der Einsatz von inneren Strukturen (engl. Lattice Structures) für die Herstellung im Selektiven Laserstrahlschmelzen aufgrund des Alleinstellungsmerkmales gegenüber konventionellen Fertigungsverfahren eine große Aufmerksamkeit [16]. Innere Strukturen werden definiert als auf- und aneinandersetzbare Elemente zur Substitution von Solid-Volumenkörpern mit dem Ziel die Materialanordnung auf makroskopischer Ebene ohne Beeinflussung der Materialeigenschaften zu variieren [17]. Die Herausforderung dabei ist die Integration von belastungsoptimierten inneren Strukturen zur Reduzierung des Bauteilgewichts bei gleichbleibenden mechanischen Randbedingungen. So ist beispielsweise eine signifikante Erhöhung von Spannungen im Bauteil zu vermeiden, sodass keine Beeinflussung der Lebenserwartung resultiert [18]. Eine Abschätzung der Auswirkung auf die Spannungsverteilung durch Einbringung von Kerbwirkungen ist in Relation zur Gewichtsreduktion abzuschätzen.

Neben mechanisch optimierten Strukturen, wie z. B. Fachwerkstrukturen, basiert die Bauteilgestaltung unter Verwendung von inneren Strukturen oftmals auf dem Ansatz, Analogien aus der Natur in technischen Systemen zu übertragen. Diese Idee der bionisch inspirierten Gestaltung existiert bereits seit längerer Zeit und ist definiert als eine „Wissenschaft zum Planen und Entwerfen von Systemen, welche die charakteristischen Eigenschaften von biologischen Systemen aufzeigen" [19]. Dabei beinhaltet die bionische Bauteilgestaltung eine Vielzahl von Möglichkeiten zur Übertragung von physikalischen Prinzipien sowie zur Nachbildung von integrierten bionischen Produkten [20]. Ein strukturierter Überblick von Strukturanalogien ist anhand von Bionik-Katalogen gegeben, welche verschiedene Funktionen der Natur aufzeigen und Handlungsstrategien zur Ableitung dieser in technische Systeme darstellt [21, 22]. Ein Auszug bionisch inspirierter sowie mechanisch optimierter Materialanordnungen ist in Abb. 1 dargestellt.

Für unterschiedliche Anwendungsbereiche werden konventionell hergestellte inneren Strukturen bereits industriell eingesetzt. Beispielsweise finden innere Strukturen in der (Endo-) Prothetik Anwendung. Zielsetzung ist die Maximierung der Oberfläche eines Bauteils, sodass eine gute Verwachsung des Knochens mit der Prothese ermöglicht wird. Dabei stoßen konventionelle Verfahren zur Herstellung hochkomplizierter Oberflächenstrukturen an ihre Grenzen [23].

Ein weiterer Anwendungsbereich ist der Einsatz von inneren Strukturen zur Kraftabsorption. Durch den geringen Materialeinsatz können großvolumige Bauteile hergestellt werden, welche ein geringes Gewicht aufweisen und eine optimale Kraftverteilung bei Einwirkung äußerer Lasten ermöglicht [24]. Diese Kraftabsorber finden beispielsweise

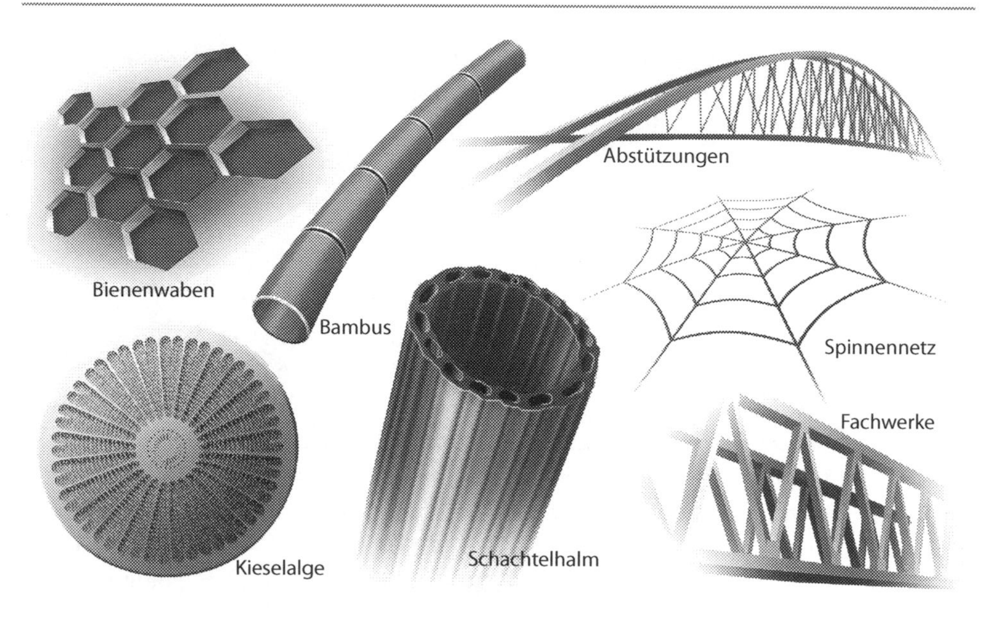


**Abb. 1** Auszug potentieller Strukturanalogien zur Übertragung für innere Strukturen

Anwendung bei der die Integration von sog. Crashabsorbern in der Fahrzeugtechnik sowie in straßenseitigen Infrastrukturrückhaltesystemen [25]. Der prominenteste Anwendungsbereiche ist der Einsatz von belastungsoptimierten inneren Strukturen zur Erhöhung der Bauteilsteifigkeit bei gleichseitig minimalem Materialeinsatz. So werden beispielsweise Fachwerkstrukturen bereits seit 33 v. Chr. im Gebäudebau angewandt [26]. Ein ähnlicher Ansatz ist die Verwendung von Sandwichstrukturen, bei welchen die Steifigkeit von flächigen Geometrien erhöht wird. Diese finden beispielsweise in der Automobilbranche, der Luft- und Raumfahrt sowie in Windenergieanlagen Anwendung [27]. Dabei ist die Materialanordnung an den Kraftfluss in einem Bauteil angepasst, sodass das Gewicht bei einer gleichbleibenden Steifigkeit reduziert werden kann.

## 2 Gestaltungsprozess

Für den Einsatz von inneren Strukturen im Selektiven Laserstrahlschmelzen wird eingangs das Anwendungspotential anhand der Definition von Gestaltungszielen objektiviert. Basierend auf einem multikriteriellen Gestaltungsziel werden die notwendigen Vorgehensschritte zur Integration von inneren Strukturen in ein technisches System anhand eines abstrahierten Gestaltungsprozesses beschrieben. Im Kontext einer restriktionsgerechten Bauteilgestaltung werden weiterhin Gestaltungsmethoden für eine spannungs- und fertigungsgerechte Detaillierung dargestellt.

## 2.1 Gestaltungsziele von inneren Strukturen

Im Vergleich zu konventionellen Fertigungsverfahren, wie dem Trennen oder dem Umformen, welche ein Abbild des formgebenden Werkzeuges darstellen, lassen sich mit der werkzeuglosen Formgebung des Selektiven Laserstrahlschmelzens bislang nicht (bzw. mit hohem technischen sowie wirtschaftlichen Aufwand) umsetzbare Gestaltungsziele ermöglichen. Dabei können sich die Attribute aus der Materialersparnis, der Gewichtsreduktion, der Funktionsintegration, kraftflussangepasster Geometrien, integrierten Strömungskanälen, Net-Shape Geometrien, Individualisierungs- oder Designaspekten zusammensetzen [28, 29].

Zur Realisierung simultaner Gestaltungsziele lassen sich für das Selektive Laserstrahlschmelzen unterschiedliche Gestaltungswerkzeuge und Methoden identifizieren. Neben beispielsweise dem Einsatz von Strukturoptimierungswerkzeugen, wie z. B. der Topologieoptimierung, weist die Gestaltung von inneren Strukturen ein hohes Potential zur Erfüllung eines multikriteriellen Gestaltungsziels auf. In Abb. 2 sind die wesentlichen Einflussfaktoren auf das Anwendungspotential von inneren Strukturen im Vergleich zu konventionellen Gestaltungsmethoden dargestellt.

Inneren Strukturen weisen ein besonderes Potential in den Bereichen der Materialersparnis sowie der Gewichtsreduktion durch die Potentiale zur Herstellung dünnwandiger Geometrien auf. Weitere tangierte Aspekte sind die Möglichkeit der kraftflussangepassten Variation von inneren Strukturen sowie die Eignung zur Realisierung neuer Design-Aspekte.

## 2.2 Vorgehensmodell zur restriktionsgerechten Gestaltung

Für die Gewichtsreduktion als maßgebendes Gestaltungsziel für innere Strukturen wird im Folgenden ein Gestaltungsprozess beschrieben. Basierend auf Strukturanalogien aus Natur und Technik werden die notwendigen Vorgehensschritte zum Aufbau

**Abb. 2** Abgrenzung der Gestaltungsziele für den Einsatz von inneren Strukturen

*Legende:*
◔ ≙ *Geringes Anwendungspotential*
● ≙ *Hohes Anwendungspotential*

| | Wirkflächen-basiert | Struktur-optimierung | Innere Strukturen |
|---|---|---|---|
| Materialersparnis bei hoher Zerspanrate | ◐ | ◕ | ● |
| Funktionsintegration | ● | ◕ | ◔ |
| Gewichtsreduktion durch Dünnwandigkeit | ◐ | ◔ | ● |
| Kraftflussangepasste Geometrien | ◔ | ● | ◔ |
| Integrierte Strömungskanäle | ● | ◐ | ◐ |
| Mass Customization | ◕ | ● | ◕ |
| Design | ● | ◔ | ◕ |
| Net-Shape Geometrien | ● | ◐ | ◐ |

eines restriktionsgerechten Bauteils, welches gegenüber einem Ausgangsmodell eine Gewichtsreduktion bei annährend gleichbleibenden mechanischen Randbedingungen aufweist, beschrieben. Wie in Abb. 3 dargestellt, ist der Gestaltungsprozess in drei Abschnitte unterteilt, welche zur Erreichung des Gesamtziels sequentiell durchlaufen werden. Die drei dargestellten Abschnitte sind wiederum durch eine iterative Gestaltanpassung charakterisiert.

Das Ausgangsbauteil liegt in einer konventionell hergestellten Modellgeneration *n* vor. Für eine kraftflussangepasste Gestaltung müssen ferner Informationen über Kraftangriffspunkte, den Betrag der Lastvektoren sowie den Spannungszustand des Bauteils bekannt sein. Diese Informationen können aus den Lebenszyklusinformationen in Form von maximalen Belastungen oder kritischen Lastfällen zurückgeführt werden [30]. Auf Grundlage des Spannungszustandes ist ein physikalischer Gestaltungsraum festzulegen. Diese umfasst die Definition relevanter Anschluss- und Einbaumaße, sowie die Festlegung für den Einsatzbereich der Struktur auf Basis von relevanten Wirkräumen, welche z. B. für eine spanende Nachbearbeitung notwendig sind.

Im ersten Abschnitt steht die *Potentialanalyse & Applikation* einer inneren Struktur, welche Optimierungspotential für den vorliegenden Belastungsfall der Modellgeneration *n* aufweist. Für diese Selektion muss ein grundlegendes Verständnis des Strukturverhaltens (Spannungen, Verformung, Dehnungen) in Abhängigkeit von mechanischen Belastungen bekannt sein. Zur Definition geeigneter Anwendungsbereiche werden im vorliegenden Beitrag verschiedene innere Strukturen hinsichtlich idealisierter Belastungsfälle untersucht. Anhand einer iterativen Gestaltung sowie rechnerunterstützten Simulation dieser Demonstratoren wird eine grundlegende Dimensionierung der Strukturparameter vorgenommen. Die Ergebnisdarstellung dient der abschließenden Identifikation geeigneter

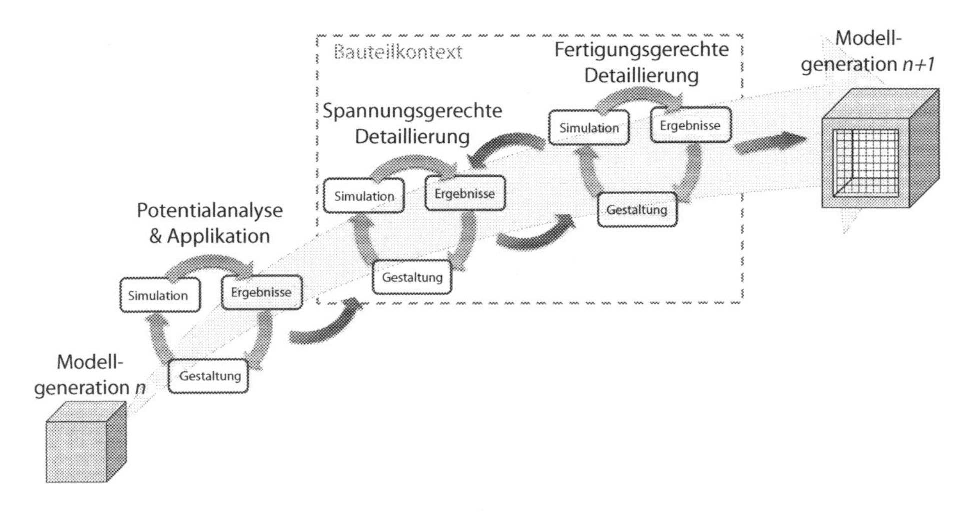


**Abb. 3** Gestaltungsprozess von innerer Strukturen für technische Systeme

Anwendungsbereiche. Auf Basis der Informationen des vorliegenden Belastungsfalls einer Modellgeneration kann abschließend die Auswahl einer inneren Struktur getroffen werden.

Bei der *spannungsgerechten Detaillierung* wird die ausgewählte innere Struktur in den Bauteilkontext übertragen. Im physikalischen Gestaltungsraum erfolgt eine an den Belastungsfall orientierte Ausrichtung. Durch die iterative Validierung in einer Simulationsumgebung werden die Übergangsbereiche zwischen der inneren Struktur und den relevanten Wirkräumen gestaltet. Ferner erfolgt die Anpassung der Strukturparameter zur Homogenisierung und Reduzierung der inneren Spannungen.

Für die *fertigungsgerechte Detaillierung* wird die optimierte Modellgeneration hinsichtlich der Herstellbarkeit im Selektiven Laserstrahlschmelzen bewertet. Dabei erfolgt die Überprüfung des modellierten CAD-Modells anhand von Gestaltungsrichtlinien, welche die Möglichkeiten der verwendeten Parameter von Maschine und Materialien abbilden. Hierunter fallen beispielsweise Strategien zur Vermeidung von Stützstrukturen oder die Einbringung von Reinigungsöffnungen zur Entfernung von nicht verschmolzenem Materialpulver aus Hohlräumen. Durch den iterativen Einsatz von Simulations- und Gestaltungswerkzeugen erfolgt eine stetige Untersuchung der Auswirkungen von den getroffenen Gestaltungsmaßnahmen auf die Festigkeit und Steifigkeit des technischen Systems.

Auf Basis des Spannungszustandes eines mechanisch belasteten Bauteils beschreibt der Gestaltungsprozess die Auswahl einer inneren Struktur, welche in den physikalischen Gestaltungsraum übertragen wird. Die Optimierung zur Reduzierung von inneren Spannungen sowie die Überprüfung der Herstellbarkeit des Bauteils resultiert in der Modellgeneration $n+1$, welche abschließend hinsichtlich des Gestaltungsziels validiert werden muss.

## 2.3 Relevante Gestaltungsrichtlinien für innere Strukturen

In Form von Wissensspeichern, wie beispielsweise Checklisten oder Konstruktionskatalogen, werden mittels Gestaltungsrichtlinien einzuhaltende Richtwerte für die Gestaltung von 3D Geometriemodellen bereitgestellt. Für das Selektive Laserstrahlschmelzen sind diverse Gestaltungsrichtlinien, -regeln oder -empfehlungen (im Folgenden Gestaltungsrichtlinien genannt) partiell untersucht [31–33]. Beispielsweise beschreibt der der *Verein Deutscher Ingenieure* geeignete und ungeeignete Gestaltungsmöglichkeiten für das Selektive Laserstrahlschmelzen. Das Regelwerk zeigt mögliche Gestaltungvariationen, wie beispielsweise von innenliegenden Fluidkanälen unter Berücksichtigung von Materialeinsparungs-, Reinigungs- oder Festigkeitsaspekten [34]. *Zimmer* oder *Emmelmann* spezifizieren weiterhin konkrete Zahlenwerte für unterschiedliche Gestaltungsparameter. Hierunter fallen beispielsweise Grenzwerte für minimale Wandstärken oder Mindestdurchmesser in Abhängigkeit der Baurichtung eines Bauteils [35, 36]. Für die

Einbeziehung von Gestaltungsrichtlinien muss eine Adaption an das verwendete Parameterset, also an die Eigenschaften der Maschine sowie das Material, erfolgen. Durch variierende Parameter, wie beispielsweise dem Laserdurchmesser, der Schmelztemperatur des Materials oder der Korngröße des Pulvers entstehen Wertebereiche für die jeweiligen Restriktionen. Abbildung 4 stellt relevanten Einflussfaktoren des ausgewählten Parametersets sowie einen Auszug zu berücksichtigender Gestaltungsrichtlinien dar.

Bei der Gestaltung eines technischen Systems mit inneren Strukturen werden durch die Bauteilpositionierung, -anordnung und -orientierung grundsätzliche Vorgaben bezüglich der Maßhaltigkeit oder der Notwendigkeit von Stützstrukturen festgelegt. Eine Geometrie ist infolgedessen hinsichtlich maximaler Überhänge oder maximaler Winkel zur Vermeidung von Stützstrukturen und somit zur Reduzierung des Nachbearbeitungsaufwandes zu überprüfen. Im Falle der Notwendigkeit von innenliegenden Stützstrukturen, welche in Folge von Hohlräumen resultieren, müssen Abstützungsstrategien vorgesehen werden. Weiterhin sind Reinigungslöcher in ein Bauteil einzubringen, um nicht verschmolzenes Metallpulver zu entfernen. Gestaltungsrichtlinien limitieren dabei bspw. den minimalen Durchmesser einer solchen Öffnung. Wie in Abb. 4 dargestellt, ist für die Dimensionierung einer inneren Struktur eine minimale Wandstärke oder ein minimales Spaltmaß einzuhalten. Somit sind Grenzwerte zur Skalierung von Strukturelementen vorgegeben. Am des Beispiels eines Gitternetzes ist die maximale Materialeinsparung durch Verfeinerung des Durchmessers oder der Detaillierungsgrad des Netzes limitiert.

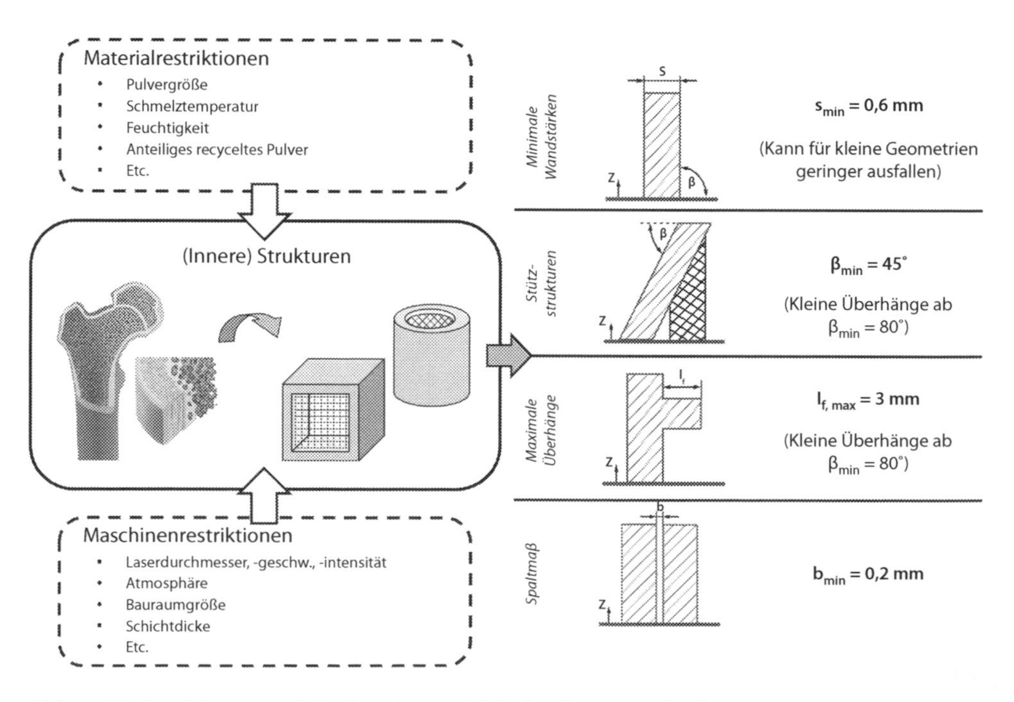


**Abb. 4** Einflussfaktoren auf die Gestaltungsrichtlinien für innere Strukturen

## 3 Anwendungsbereiche innerer Strukturen

Für die Gestaltung von inneren Strukturen in technischen Systemen muss ein grundlegendes Wissen über potentielle Strukturen vorhanden sein. Ferner muss die Belastungsart in Abhängigkeit von der Orientierung einer Struktur erforscht sein, um eine kraftflussangepasste Integration zu gewährleisten.

Für diese grundlegenden Untersuchungen werden im Folgenden digitale Prüfkörper in einer rechnerunterstützten Simulationsumgebung hinsichtlich vorherrschender Belastungsfälle untersucht. Wie in Abb. 5 dargestellt, werden dafür die identifizierten Strukturen in geometrisch einfache Grundkörper übertragen. Am Beispiel eines Quaders wird eingangs der physikalische Gestaltungsraum definiert, in welchem die Integration einer inneren Struktur möglich ist. Weitere Demonstratoren, wie z. B. Zylinder zu Untersuchung von runden inneren Strukturen, werden im vorliegenden Beitrag nicht dargestellt. Die maximalen Abmaße der Prüfkörper $h = b = t = 30\ mm$ beschreiben das aufgespannte Volumen. Anhand einer Wandstärke von $s = 0{,}6\ mm$, welche als minimale Wandstärke mittels der Gestaltungsrichtlinien definiert ist, werden die Rahmenbedingungen des Gestaltungsraums festgelegt.

Für die Untersuchung der Prüfkörper wird die Elementgröße $a_1 = a_2$ der inneren Strukturen mit identischen Abmaßen modelliert. Weiterhin definiert der Parameter $d$ den Durchmesser bzw. die Wandstärke einer Struktur. Dieser ist anhand der Gestaltungsrichtlinien durch den minimalen Durchmesser bzw. der minimalen Wandstärke sowie einem Sicherheitsfaktor limitiert. Tabelle 1 zeigt die Parametersets, welche bei der Modellierung der inneren Strukturen in Anlehnung an Abb. 5 verwendet werden.

Nach der Modellierung der Prüfkörper werden diese hinsichtlich verschiedenen Belastungen untersucht. Zur Analyse wird eine Finite Elemente Methode (FEM) durchgeführt. Um eine Vergleichbarkeit der Ergebnisse zu gewährleistet wird eine rechnerunterstützte Simulationsumgebung aufgebaut. Abbildung 6 zeigt das durchgeführte Vorgehen. Als Eingangsgröße wird in der Simulationssoftware (Ansys Workbench 17.0) eine Materialdatenbank angelegt, welche die Eigenschaften des verwendeten Pulvers spezifiziert. Anhand der Aluminiumlegierung AlSi10Mg werden die Kenngrößen der Dichte $\rho = 2{,}68\ g/cm^3$, des richtungsabhängige E-Modul $E_{xy} = 70\ kN/mm^2$ und

**Tab. 1** Parametersets für die digitalen Prüfkörper

| | Fein | Mittel | Grob |
|---|---|---|---|
| d | 0,6 mm | 0,8 mm | 1 mm |
| s | 0,6 mm | 0,6 mm | 0,6 mm |
| $a_1 = a_2$ | 3 mm | 4 mm | 5 mm |
| h = b = t | 30 mm | 30 mm | 30 mm |

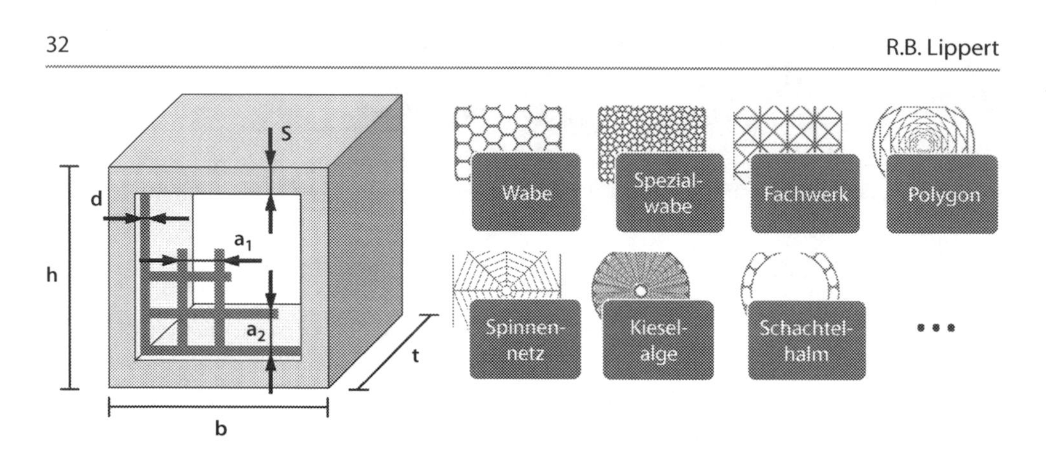


**Abb. 5** Aufbau digitaler Prüfkörper für eine rechnerunterstützte Simulation

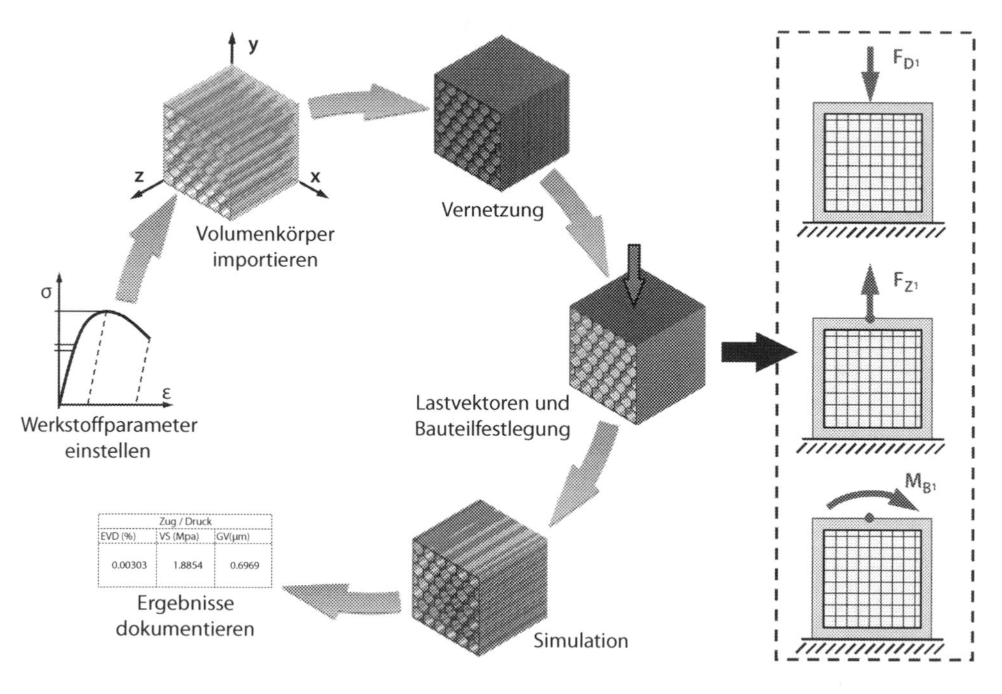


**Abb. 6** Ablauf der rechnerunterstützten Simulation der Prüfkörper

$E_z = 60\ kN/mm^2$, der Querkontraktionszahl $\nu = 0{,}3$ sowie der Dehngrenze $R_{p0,2\,;\,xy} = R_{p0,2;\,z} = 245\ kN/mm^2$ eingestellt [37].

Im zweiten Schritt erfolgt der Import der digitalen Prüfkörper. Dazu werden die in der verwendeten Modellierungssoftware (Autodesk Inventor 2016) aufgebauten Modelle im Surface Tesselation Language (stl) Format mit einer feinen Triangulation exportiert. Anschließend erfolgt die Vernetzung in der Simulationsumgebung. Dabei werden die

Kantenbereiche der inneren Strukturen mit einem höheren Detaillierungsgrad des Netzes versehen, um Spannungsspitzen in Folge von Kerbwirkung bei der Simulation detailliert abzubilden. Das vernetzte Modell wird anschließend mit einem Belastungsfall statisch beansprucht. Wie in Abb. 6 dargestellt, werden dabei die Belastungsfälle Druck $F_D$, Zug $F_Z$ sowie Biegung $M_B$ aufgebracht. Die zylindrischen Modelle, welche im vorliegenden Beitrag nicht weiter dargestellt werden, erfahren weiterhin eine Torsionsbelastung $M_T$. Neben der Variation der Belastungsfälle erfolgt die richtungsabhängige Untersuchung der Prüfkörper, indem die flächige Einspannung an den drei Hauptflächen der Demonstratoren nacheinander angesetzt wird.

Das Ergebnis der rechnerunterstützten Simulation ist eine Übersicht der Spannungen ($\sigma_I$, $\sigma_3$ und $\sigma_{vgl}$), der Dehnung ε sowie der maximale Verformung $\Delta l_{max}$ einer inneren Struktur in Abhängigkeit der aufgebrauchten Belastung sowie der eingestellten Materialkennwerte. Zur Strukturieren der Simulationsergebnisse werden alle Daten in einem Konstruktionskatalog, wie in Abb. 7 schematisch dargestellt, dokumentiert.

Im Gliederungsteil werden die untersuchten inneren Strukturen in einer ersten Ebene in die Grundform des Prüfkörpers unterteilt. Die Formgebung beschreibt in der zweiten Gliederungsebene den charakteristischen Ursprung der inneren Struktur. In einer dritten Gliederungsebene wird die Form, also die eigentliche Ausprägung, in die untersuchten Parametersets (Fein, Mittel, Grob) differenziert. Neben dem Hauptteil, welcher die inneren Strukturen auflistet, beschreibt abschließend der Zugriffsteil die auswahlerleichternden Merkmale, welche für die Selektion einer Struktur herangezogen werden können. In Abb. 7 sind weiterhin die auswahlerleichternden Merkmale am Beispiel der Spezialwabe für die drei untersuchten Parametersets dargestellt.

Die Auswertung des aufgebauten Konstruktionskataloges liefert geeignete Anwendungsfälle der inneren Strukturen. Diese sind in Tab. 2 in Abhängigkeit des absoluten Gewichts dargestellt. Dabei ist die Eignung einer inneren Struktur immer durch die Minimierung der maximalen Spannung sowie einer simultanen Gewichtsreduktion zu verstehen.

| Grundform | Formgebung | Form | Formdetail | |
|---|---|---|---|---|
| Quadratisch | Gitter | Streben | ... | |
| | | Quader | ... | |
| | | Fachwerk | ... | |
| | | Spezialfachwerk | ... | |
| | Bionisch | Spinnennetz | ... | |
| | | Wabe | ... | |
| | | Spezialwabe | Fein | |
| | | | Mittel | |
| | | | Grob | |
| Rund | Gitter | Kreuz | ... | |
| | | Polygon | ... | |
| | Bionisch | Schachtelhalm | ... | |
| | | Kieselalge | ... | 11 |
| | | Bambus | ... | 12 |
| | | Spezialbambus | ... | 13 |

| Struktur - 7 | | Orientierung der Struktur | Abbildung | | |
|---|---|---|---|---|---|
| Grundform | Quadratisch | | | | |
| Formgebung | Bionisch | | | | |
| Form | Wabe Spezial | Formdetail | Wabe Spezial fein | Wabe Spezial mittel | Wabe Spezial grob |
| | | Beschreibung | Innenradius Ri = 3 | Innenradius Ri = 4 | Innenradius Ri = 5 |
| | | | Kreisradius r = 1,25 mm | Kreisradius r = 1,5 mm | Kreisradius r = 2 mm |
| | | Gewicht | 47 g | 44 g | 40 g |

| Belastungsanalyse | | Lösung | Lagerung (Ebene) | | | | | |
|---|---|---|---|---|---|---|---|---|
| | | | XZ | YZ | XZ | YZ | XZ | YZ |
| Belastungs-art | Zug / Druck | EVD [%] | 0,0103 | 0,00292 | 0,00248 | 0,00398 | 0,00376 | 0,003 |
| | | VS [MPa] | 7,288 | 1,991 | 1,7589 | 2,3 | 2,657 | 2,126 |
| | | GV [µm] | 0,455 | 0,24336 | 0,312 | 0,316 | 0,408 | 0,396 |
| | Biegung | EVD [%] | 0,0161 | 0,014 | 0,0111 | 0,0129 | 0,0115 | 0,0126 |
| | | VS [MPa] | 11,41 | 9,55 | 7,894 | 9,127 | 8,0178 | 8,795 |
| | | GV [µm] | 1,937 | 1,898 | 2,169 | 2,314 | 2,701 | 2,697 |

**Abb. 7** Schematische Darstellung des Konstruktionskataloges am Beispiel des Spezialfachwerks

**Tab. 2** Exemplarische Anwendungsbereiche für innere Strukturen

| Innere Struktur | | Gewicht [g] | *Anwendungbereich* |
|---|---|---|---|
| Vollmaterial | | 72 | – |
| Streben | | 20 | Biegung, Torsion |
| Quader | | 22 | Druck (Sandwich), Biegung |
| Fachwerk | | 13 | Biegung |
| Spezialfachwerk | | 30 | Biegung, Zug, Druck |
| Spinnenetz | | 12 | Torsion |
| Wabe | | 20 | Druck (Sandwich), Biegung |
| Spezialwabe | | 47 | Druck (Sandwich), Biegung |

## 4 Restriktionsgerechte Gestaltung eines Demonstratorbauteils

Für die Applikation des Gestaltungsprozesses in einem technischen System wird im Folgenden ein Demonstratorbauteil auf die Integrierbarkeit von inneren Strukturen untersucht. Nach der Analyse des Ausgangsmodells hinsichtlich relevanter Belastungsfälle und dem daraus resultierenden Spannungszustand erfolgt die Festlegung eines physikalischen Gestaltungsraums. Basierend auf dem Wissen über vorherrschende Belastungsfälle im Bauteil werden angepasste Modellgenerationen modelliert und mit einer FEM Simulation hinsichtlich der strukturmechanischen Festigkeit untersucht. Iterativ werden Spannungsspitzen in Folge der eingebrachten inneren Strukturen durch Homogenisieren der Spannungsverteilung unter Berücksichtigung einer maximalen Gewichtsreduktion reduziert.

### 4.1 Untersuchung des Ausgangsmodells

Als Demonstratorbauteil wird eine konventionelle Tretkurbel eines Fahrrades untersucht. Wie in Abb. 8 dargestellt, unterliegt dieses Bauteil in Abhängigkeit zur Rotationsbewegung verschiedenen Belastungsfällen. Dabei beschreibt der Drehwinkel $\alpha_1$ die Position der Tretkurbel in Folge einer Rotation von der Ausgangslage $\alpha_1 = 0°$. Bei einer Drehbewegung von $\alpha_{max} = 360°$ liegen drei vorherrschende Belastungsfälle sowie Lastkollektive dieser vor. Als vierter Belastungsfall, welche im vorliegenden Beitrag nicht weiter berücksichtigt

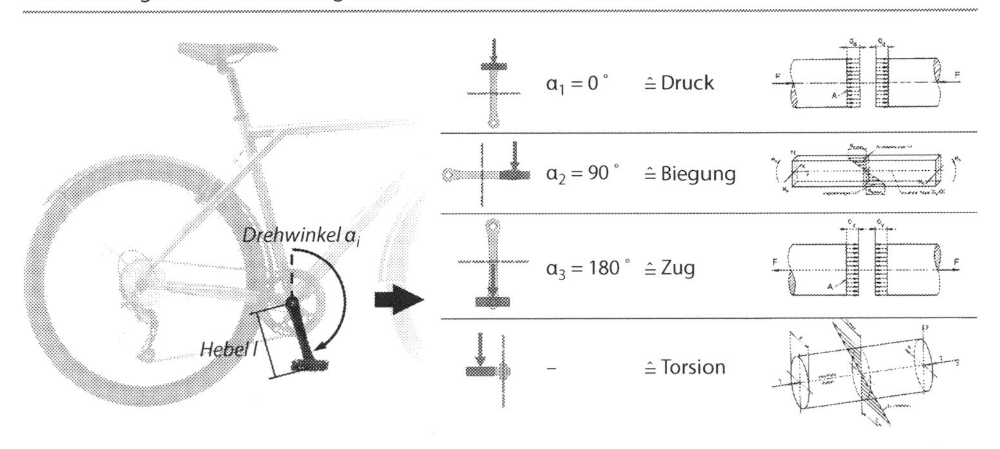


**Abb. 8** Abhängigkeit der Bauteilspannungen vom Drehwinkel $\alpha_i$ einer Tretkurbel

wird, wird eine Tretkurbel durch eine Torsionskomponente belastet. Diese resultiert aufgrund des Hebelarms zwischen dem Pedal und dessen Lagerung in der Tretkurbel. Die Belastungsfälle (Zug, Druck, Biegung und Torsion) verursachen unterschiedliche Spannungsverläufe in der Tretkurbel. Die in Abb. 8 dargestellten Spannungen im Schnittbereich fordern im Zuge dessen unterschiedliche Bauteilgestaltungen einer Tretkurbel. Durch die maximal auftretenden Spannungen, ist bei einer isolierten Zug oder Druck Beanspruchung das Material im Volumen eines Bauteils anzuordnen. Eine Biegebeanspruchung fordert hingegen eine maximale Materialanordnung an den beiden Außenflächen sowie eine Torsionsbeanspruchung auf der Mantelfläche.

Für die Untersuchung des Ausgangsmodells wird eine rechnerunterstützte Simulation durchgeführt. Dabei wird der angreifende Kraftvektor F von $\alpha_1 = 0°$ bis $\alpha_3 = 180°$ in $\alpha_{Schritt} = 15°$ Schritten simuliert. Die Beanspruchung der Tretkurbel in einem Drehwinkelbereich von $\alpha_3 = 180°$ bis $\alpha_{max} = 360°$ wird nicht betrachtet, da in diesem Bereich die der Tretkurbel gegenüberliegende Pedale belastet wird. Basierend auf den realen Belastungen, wird der Kraftvektor mit F = 2250 N angenommen. Dieser Betrag resultiert aus den maximal auftretenden Kräften bei einer beschleunigten Bergauffahrt. Weiterhin beinhaltet der Kraftvektor F einen Sicherheitsfaktor, welcher aufgrund von Messungenauigkeiten, Abweichungen in den Materialkennwerten sowie unvorhergesehenen Beanspruchungssituationen beaufschlagt wird [38]. Abbildung 9 zeigt die maximalen Bauteilspannung (Spannungshypothese nach von Mises) im Abhängigkeit vom Drehwinkel $\alpha_i$. Die maximale Spannung $\sigma_{max} = 211{,}36\ N/mm^2$ liegt bei einem Drehwinkel von $\alpha_2 = 90°$ vor. Hierbei wird das Bauteil ausschließlich auf Biegung belastet.

Bei der Simulation wird die Biegelast durch einen ideal steifen Bolzen in die Tretkurbel eingebracht, um den Spannungsverlauf wie in Abb. 10 nachzubilden. Dies entspricht dem realen Spannungsverlauf bei einem montierten Pedal und erzeugt eine gleichmäßige Belastung ohne lokale Spannungsspitzen.

Bedingt durch den maximalen Hebelarm *l = 170 mm*, welcher durch den Abstand von Kraftangriffspunkt und Bauteillagerung im Tretlager definiert ist, resultiert die maximale

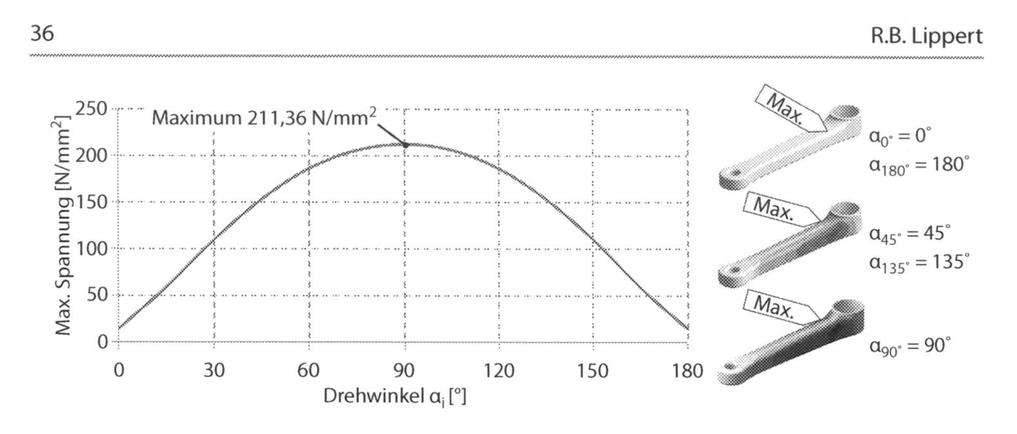


**Abb. 9** Maximale Spannung $\sigma_{vgl}$ einer Tretkurbel in Abhängigkeit vom Drehwinkel $\alpha_i$

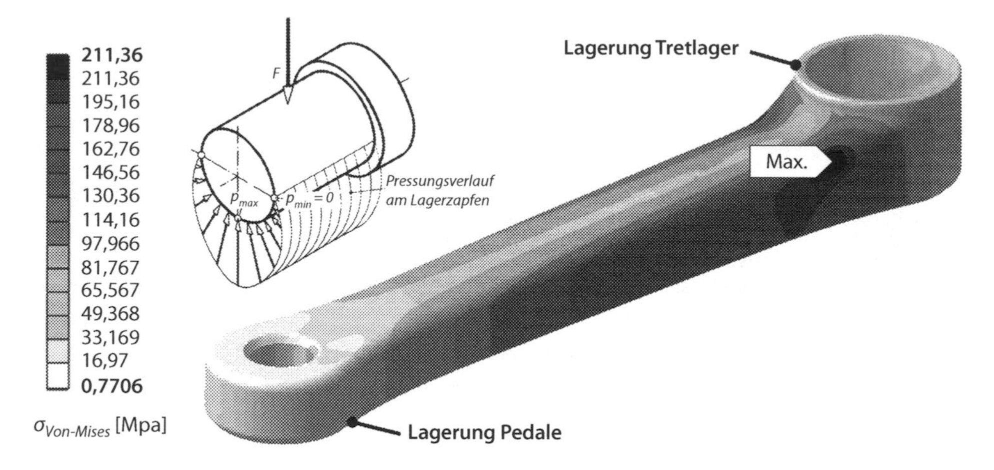


**Abb. 10** Simulationsergebnis der Tretkurbel bei einem Drehwinkel $\alpha_3 = 180°$

Spannung von $\sigma_{max} = \sigma_{vgl} = 211{,}36$ N/mm² im Bereich der Einspannung. Die maximale Spannung $\sigma_{max}$ muss nach (1) unterhalb der zulässigen Spannung $\sigma_{zul}$ liegen, welche sich aus dem maßgebenden Festigkeitswert des Werkstoffs und einem Sicherheitsfaktor ergibt. Zur Bestimmung der zulässigen Spannung $\sigma_{zul}$ wird ein Sicherheitsfaktor K = 1 verwendet, da bereits die beaufschlagte Kraft F mit einem Sicherheitsbeiwert kalkuliert ist.

$$\sigma_{max} \leq \sigma_{zul} = \frac{Dehngrenze\ R_{p0,2}}{Sicherheitsfaktor\ K} = 245\frac{N}{mm^2}$$

Für die Gestaltung einer neuen Modellgeneration mit inneren Strukturen ist das Optimierungskriterium eine Gewichtsreduktion unter Einhaltung der zulässigen Spannung $\sigma_{zul}$.

## 4.2 Festlegung eines physikalischen Gestaltungsraums

Auf Basis der Untersuchung des Ausgangsmodells erfolgt die Festlegung des physikalischen Gestaltungsraums. Dieser beschreibt den Bereich im Bauteil, in welchen die inneren Strukturen zur Optimierung des Gewichts integriert werden können.

Für die Festlegung des physikalischen Gestaltungsraums werden einige grundlegende Voruntersuchungen durchgeführt. Wie in Abb. 11 dargestellt, ist die Zielsetzung bei der Gestaltung eines idealisierten Biegebalkens das Material im Bereich der maximalen Spannungen, welche in den beiden Außenflächen auftreten, anzuordnen. Bei der Tretkurbel ist demnach die Zielsetzung, die Außenflächen, welche parallel zur Mittelebene stehen, zu verstärken. Dazu werden, wie in Abb. 11 dargestellt, vier grundlegende Ausprägungen zur Integration innerer Strukturen sowie eine konventionell herstellbare Geometrie untersucht. Ausprägung 1 zeigt die Tretkurbel mit einem I IPE -Profil zur Verbindung der Lagerungen für Pedal und Tretlager mit einer Wandstärke $s = 1{,}75$ mm. Als Ausprägung 2 ist weiterhin die Ergänzung des IPE -Profils durch innere Strukturen dargestellt. Ansatz hierbei ist die Versteifung des Profils. Ausprägung 3 basiert auf dem gleichen Ansatz wie das IPE-Profil, macht sich jedoch das Potential der inneren Strukturen zu nutze.

Die beiden Außenflächen werden durch eine innere Struktur verbunden, bei welcher eine Materialersparnis bei gleicher Steifigkeit erzielt werden kann. Ausprägung 4 beschreibt die Ummantelung einer inneren Struktur. Hierbei wird wie in Abb. 11 dargestellt, die Wandstärke a von $a_{min} = 0{,}75\ mm$ bis $a_{max} = 7{,}00\ mm$ variiert. Der Grenzwert $a_{min}$ ist durch die minimale Wandstärke (inkl. eines Sicherheitsfaktors) sowie $a_{max}$ durch das minimale Spaltmaß limitiert. Ausprägung 5 ist ebenfalls durch die Ummantelung der inneren Struktur definiert. Im Unterschied zur Variation der kompletten Mantelfläche, werden bei Ausprägung 5 die beiden Außenflächen $c$ bei einer konstanten Wandstärke $b = 1{,}75\ mm$ verstärkt. Beginnend von $c_{min} = 1{,}75\ mm$ erfolgt die Variation bis $c_{max} = 3{,}00\ mm.$

Nach der Modellierung erfolgt die rechnerunterstützte Simulation der aufgebauten Modellgenerationen. In Abb. 12 sind die Simulationsergebnisse der unterschiedlichen Grundkörper sowie deren Variation der beschriebenen Parameter in Relation zum

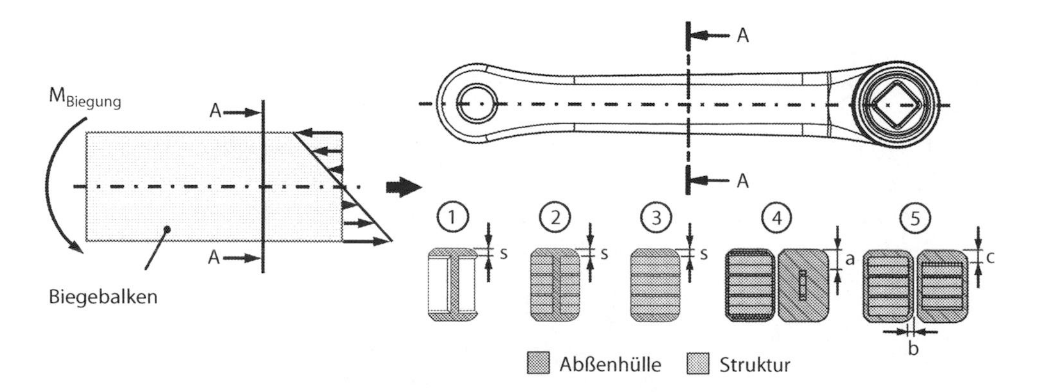


**Abb. 11** Modelle des Grundkörpers zur Festlegung des physikalischen Gestaltungsraums

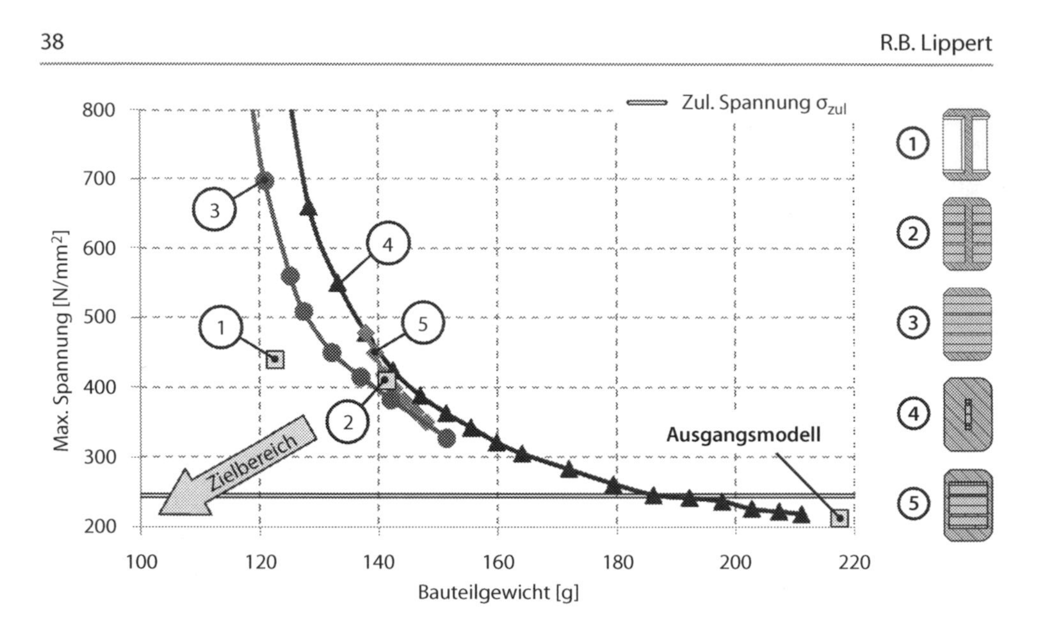


**Abb. 12** Simulationsergebnisse als Grundlage zur Festlegung des physikalischen Gestaltungsraums

Bauteilgewicht und der maximalen Spannung $\sigma_{max}$ aufgeführt. Die Materialeigenschaften entsprechend, analog zur Untersuchung der Prüfkörper in Abschn. 3, dem Material AlSi10Mg. In Abb. 12 ist weiterhin das Ausgangsmodell (Vollmaterial) sowie die zulässige Spannung $\sigma_{zul}$ und einem Zielbereich dargestellt.

Wie aus Abb. 12 ersichtlich, weist das Ausgangsmodell „Vollmaterial" sowie Die Ausprägung 4 mit nahezu marginaler Anteil einer inneren Struktur eine Vergleichsspannung $\sigma_{max} \leq \sigma_{zul}$ auf. Ausprägung 3 zeigt bei einem zunehmenden Volumen der beiden Außenflächen eine Tendenz zur weiteren Optimierung der Modellvariante auf. Auf Basis der Simulationsergebnisse, wird der physikalische Gestaltungsraum wie in Abb. 13 festgelegt. Neben der Begrenzung durch die beiden Außenflächen erfolgt die Limitierung durch die Lagerstellen des Pedals sowie des Tretlagers.

## 4.3 Potentialanalyse und Applikation

Auf Basis des physikalischen Gestaltungsraums werden acht unterschiedliche innere Strukturen in einer stehenden und liegenden Ausrichtung als neue Modellgenerationen der Tretkurbel modelliert. In Abb. 14 sind neben dem physikalischen Gestaltungsraum und

**Abb. 13** Physikalischer Gestaltungsraum zur Integration innerer Strukturen

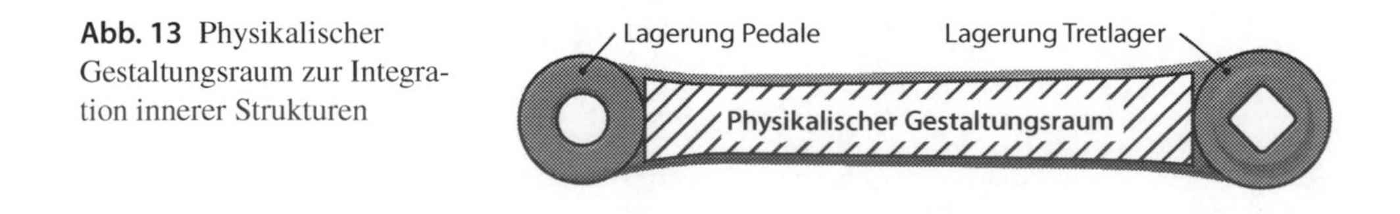

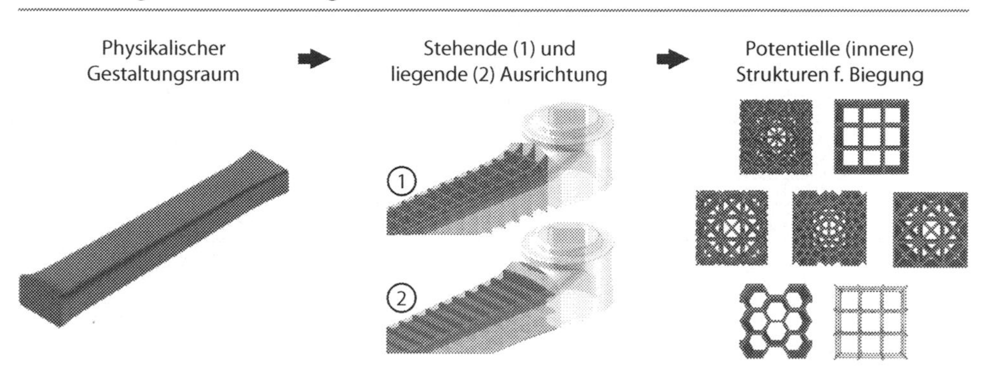


**Abb. 14** Integration innerer Strukturen für eine Biegebeanspruchung in der Tretkurbel

der Anordnung einer Struktur die aus dem Konstruktionskatalog ausgewählten inneren Strukturen mit einer Eignung für Biegelast dargestellt. Alle inneren Strukturen sind mit identischen Elementgrößen $a_1 = a_2$ einem gleichen Parameter $d$ für den Durchmesser bzw. die Wandstärke einer inneren Struktur modelliert.

In einer rechnerunterstützten Simulation werden die maximalen Spannungen $\sigma_{max}$ der neuen Modellgenerationen in Abhängigkeit zum Bauteilgewicht bestimmt. Wie in Abb. 15 dargestellt, resultiert eine große Bandbreite der Simulationsergebnisse aller untersuchten inneren Strukturen bei gleichen Randbedingungen der äußeren Wandstärke, der mechanischen Beanspruchung sowie der Materialeigenschaften. Grund dafür ist zum einen die grundsätzliche Eignung einer inneren Struktur. Weiterhin ist bei der Modellierung keine Anpassung der Geometrie anhand der beschriebenen Parameter erfolgt. Auch sind die Übergangsbereiche einer Struktur zum Grundkörper der Tretkurbel nicht weiter optimiert, so dass lokale Spannungsspitzen in Folge von Kerbwirkungen resultieren können. Die Darstellung in Abb. 15 ist demnach als Tendenz zur Auswahl einer Struktur in der auf Biegung belasteten Tretkurbel zu sehen.

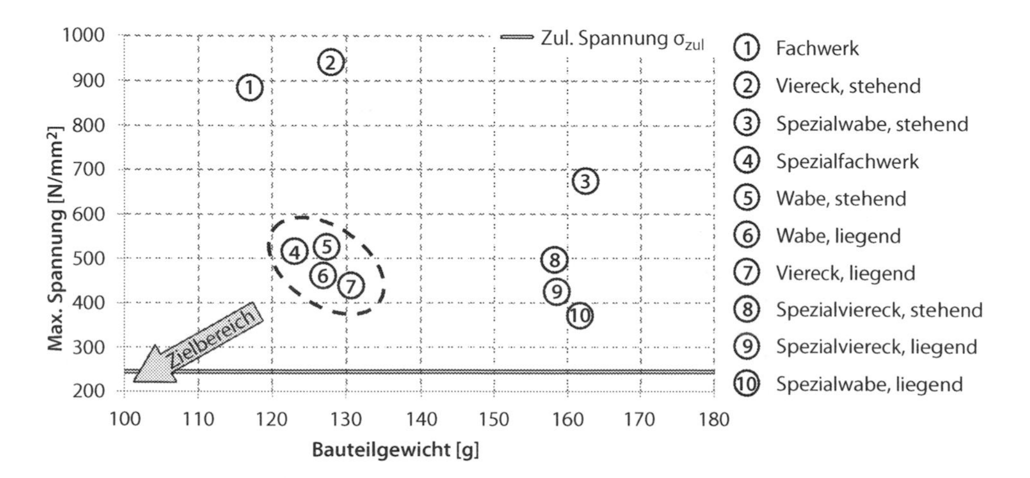

**Abb. 15** Spannungs-/Gewichtsverhältnis biegebeanspruchter innerer Strukturen in der Tretkurbel

Grundsätzlich lässt sich feststellen, dass die liegende Ausrichtung einer inneren Struktur zu besseren Ergebnissen führt. Für die weitere Optimierung des Bauteils wird infolge dessen die Struktur des liegenden Vierecks weiter verfolgt. Im Vergleich zu liegenden Wabe weisen die beiden Strukturen eine nahezu identische Ausprägung des Spannungs-/ Gewichtsverhältnisses auf. Allerdings wird der Modellierungsaufwand beim Viereck als geringer eingeschätzt. Eine Optimierung der weiteren inneren Strukturen würde ebenfalls Potential vermuten.

## 4.4 Spannungsgerechte Detaillierung

Basierend auf der ausgewählten inneren Struktur „Viereck, liegend" werden zwei Optimierungsansätze zur Reduzierung der maximalen Spannungen $\sigma_{max}$ verfolgt. Wie In Abb. 16 dargestellt, wird einerseits die Elementgröße stufenweise verfeinert. In den Bereichen mit hohen Spannungen werden feinere innere Strukturen zur Verdichtung der Materialanordnung eingebracht. Durch die Einbringung einer Unterteilung innerhalb eines Viereckes wird die Elementgröße in drei Stufen $a_i$ bis $a_{iii}$ um jeweils die Hälfte reduziert. Eine vierte Verfeinerungsstufe ist in Hinblick auf die Gestaltungsrichtlinien für ein minimales Spaltmaß nicht herstellbar und wird demnach als Vollmaterial umgesetzt.

Als zweiter Optimierungsansatz wird der physikalische Gestaltungsraum zur Integration einer inneren Struktur variiert. Wie auch bei der Verfeinerung der Elementgröße, orientiert sich dieser Ansatz an der Spannungsverteilung im Ausgangsmodell. Durch Anpassung des Schrägungswinkels β wird iterativ der Gestaltungsraum in den Bereichen mit erhöhten Spannungen variiert. Im Ergebnis stehen, wie in Abb. 16 dargestellt, für diesen Optimierungsansatz zwei Ausprägungen, welche die Spannungsspitzen reduzieren und eine homogenere Spannungsverteilung aufweisen. Für beide Optimierungsansätze ist

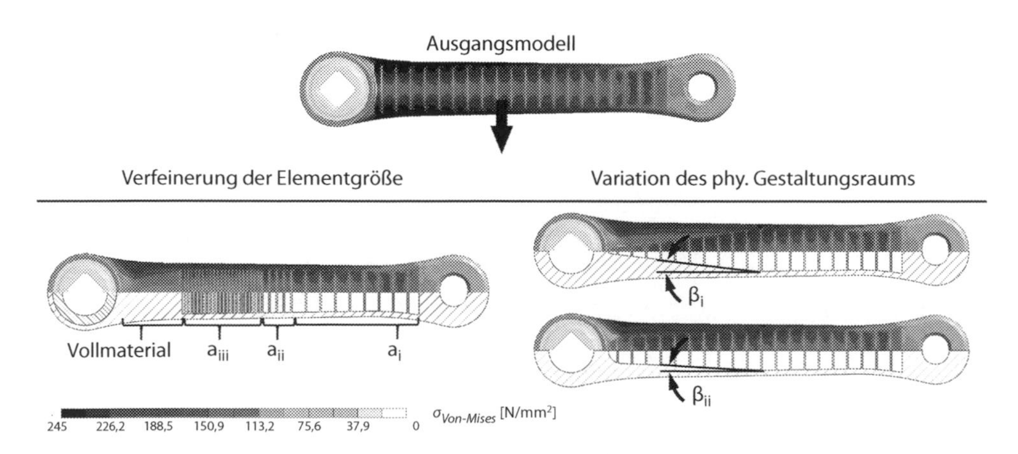


**Abb. 16** Optimierungsstrategien zur Reduzierung der maximalen Spannungen

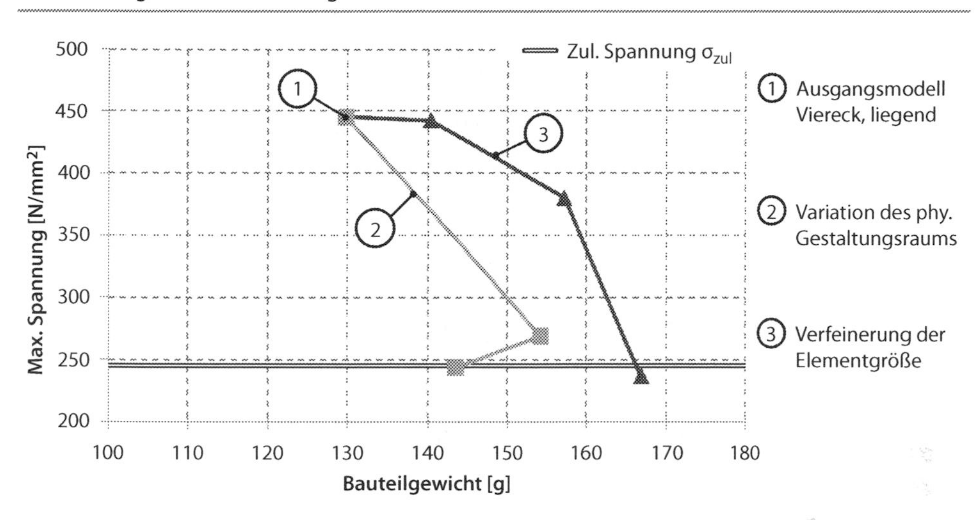


**Abb. 17** Spannungs-/Gewichtsverhältnis der iterativ optimierten Modellgenerationen

erkennbar, dass durch die Erhöhung des Vollmaterialanteils die Spannungsspitzen von der Bauteillagerung im Tretlager in die Bauteilmitte verlagert werden.

Das Spannungs-/Gewichtsverhältnisses der beiden Optimierungsansätze ist in Abb. 17 dargestellt. Auf Basis des Ausgangsmodells (1) zeigt die Variation des Gestaltungsraums anhand des Schrägungswinkels $\beta_i$ und $\beta_{ii}$ (2) ein geringfügig besseren Optimierungsverlauf. Jedoch konnte auch bei der iterativen Verfeinerung der Elementgröße $a_i$ bis $a_{iii}$ (3) das Optimierungskriterium erreicht werden. Die maximalen Spannungen $\sigma_{max}$ der Modellgenerationen liegen damit unterhalb der zulässigen Spannung $\sigma_{zul} = 245$ N/mm². Aufgrund des geringeren Gesamtgewichtes wird die Modellgeneration, welche durch die Variation des physikalischen Gestaltungsraumes erzielt werden konnte, für die fertigungsgerechte Detaillierung weiter betrachtet.

## 4.5 Fertigungsgerechte Detaillierung

Die optimierte Modellgeneration der Tretkurbel stellt ein idealisiertes Modell dar, welches bis dato nicht hinsichtlich einer Herstellbarkeit evaluiert ist. Lediglich eine Grobdimensionierung der inneren Struktur erfolgte bei der Potentialanalyse und Applikation. Für die Betrachtung der Herstellbarkeit im Bauteilkontext weisen derzeit besonders die Gestaltungsrichtlinien der Pulverentfernung sowie notwendiger Stützstrukturen eine Herausforderung für die Herstellung im Selektiven Laserstrahlschmelzen auf.

In einer ersten Iteration werden Reinigungsöffnungen in das Modell eingebraucht, sodass nicht verschmolzenes Aluminiumpulver nach der Herstellung entfernt werden kann. Die Reinigungslöcher werden für jedes innenliegende Viereck vorgesehen und werden auf den weniger belasteten Außenflächen angebracht. Wie in Abb. 18 dargestellt,

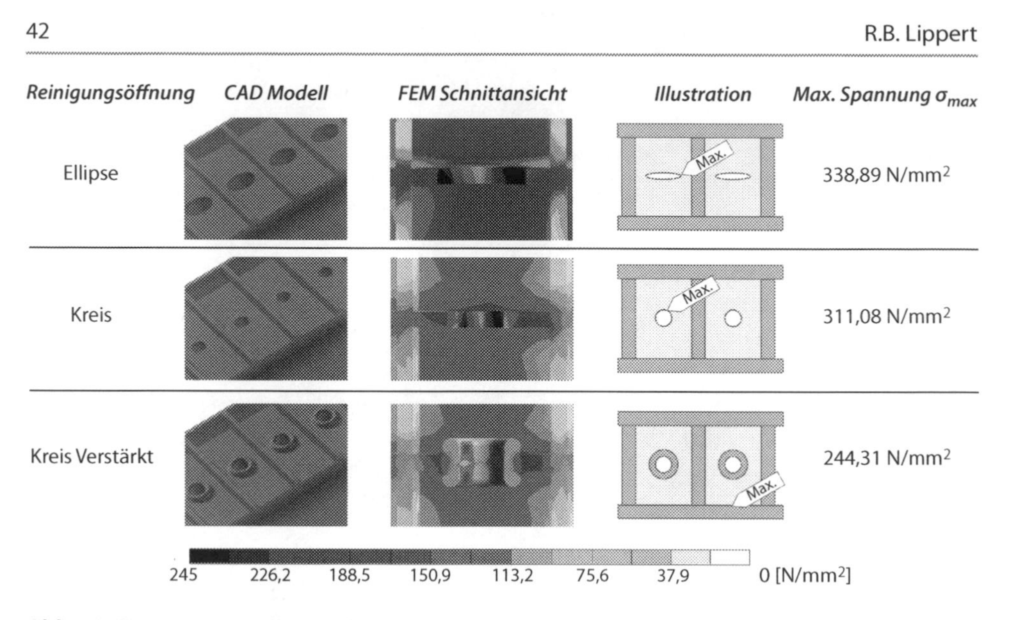


**Abb. 18** Spannungsverteilung infolge von Reinigungslöchern in der Tretkurbel

wird die Form der Reinigungslöcher variiert um eine möglichst geringe Spannung $\sigma_{\mathrm{max}}$ zu erzielen. Die Einbringung von elliptischen Reinigungslöchern basiert auf der Idee, die zwangsläufige Kerbwirkung in die neutrale Phase des Bauteils einzubringen. Die Form eines Kreises lässt hingegen eine minimale Unterbrechung der Bauteiloberfläche zu.

Wie aus Abb. 18 ersichtlich, verursacht die Einbringung der Reinigungslöcher einen Anstieg der maximalen Spannungen $\sigma_{\mathrm{max}}$. Dementgegen werden in einem dritten Gestaltungsansatz die Reinigungslöcher verstärkt. Durch diese Maßnahme ist eine Reduzierung der maximalen Spannung auf $\sigma_{max} = 244{,}31\ N/mm^2 \leq \sigma_{zul}$ möglich. Wie in Abb. 18 schematisch dargestellt, kann die kritische maximale Spannung von der Kerbe, in Form der Reinigungslöcher, in Richtung der Bauteilaußenflanken verlagert werden.

Nach der Einbringung von Reinigungslöchern zur Entfernung von nicht verschmolzenem Aluminiumpulver, wird die neue Modellgeneration hinsichtlich notwendiger Stützstrukturen analysiert. Dabei sind einige Gestaltungsrichtlinien zur Vorbeugung von innenliegenden Stützstrukturen einzuhalten. Zur Überprüfung des Modells hinsichtlich notwendiger Stützstrukturen ist die Festlegung der Bauteilorientierung, -anordnung und -positionierung notwendig. Im vorliegenden Fall wird die Tretkurbel in einer liegenden Orientierung im Bauraum vorgesehen. Dadurch ist eine minimale Bauhöhe gegeben, so dass die Fertigungszeit minimiert werden kann. Weiterhin ist durch die liegende Orientierung eine hohe Maßhaltigkeit der beiden Lagerstellen gegeben. In Folge eines reduzierten Verzugs kann somit der Nachbearbeitungsaufwand verringert werden.

Wie in Abb. 19 dargestellt, ist die innere Struktur der Tretkurbel durch die Breite $b = 6\ mm$, die Höhe $h = 6\ mm$, die Wandstärke $s = 0{,}7\ mm$ sowie den Durchmesser der Reinigungslöcher $\varnothing = 2\ mm$ definiert. Durch die liegende Orientierung entstehen

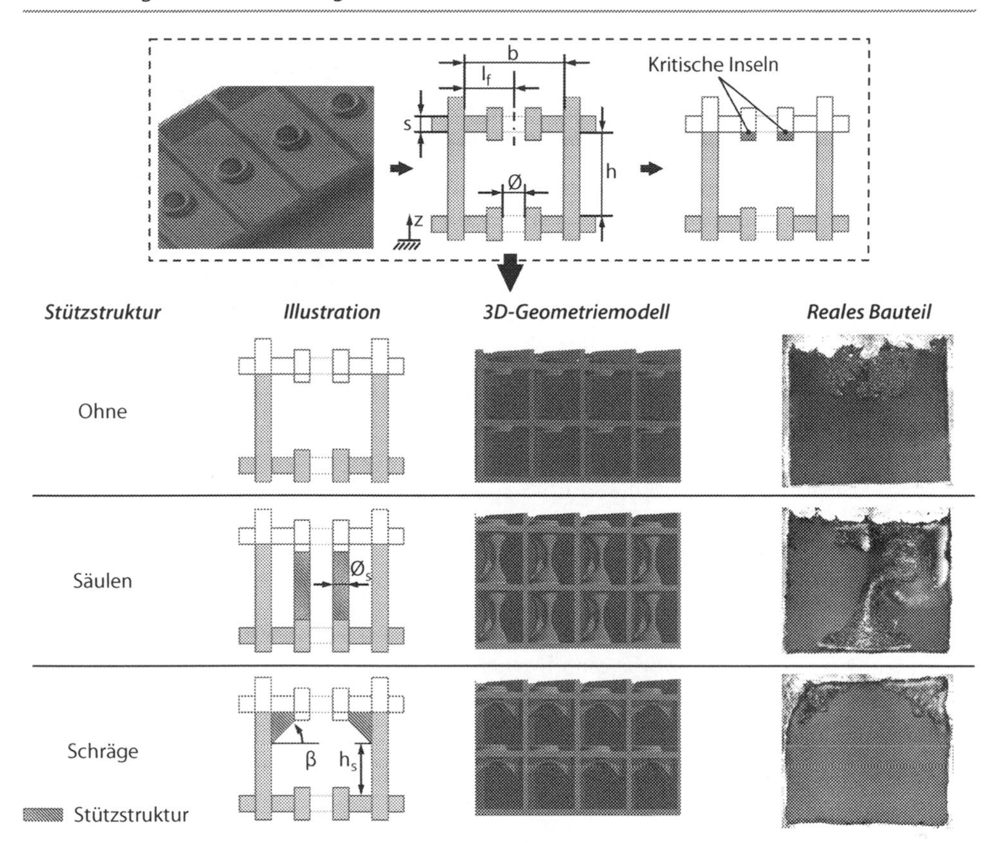


**Abb. 19** Detaildarstellung von Abstützungsstrategien der modellierten und hergestellten kritische Inseln

dabei Bereiche, welche parallel zur Bauplattform angeordnet sind. Da diese Bereiche im Bauteilinneren auftreten, ist ein nachträgliches Entfernen von notwendigen Stützstrukturen nicht realisierbar. Demnach müssen Strategien zur Vermeidung von Stützstrukturen getroffen werden.

Ein relevanter Parameter ist die Breite $b = 6\ mm$ der liegenden Vierecke, welche durch die maximal herstellbaren Überhänge $l_f \leq 3\ mm$ limitiert ist. Der maximal herstellbare Überhang beschreibt die Breite eine Geometrie, welche zu einer Seite abgestützt ist. Bezogen auf die Gestaltung der Tretkurbel, liegt jedoch ein beidseitig abgestützter Überhang vor. Demnach ist die Breite $b = 2\ l_f$ als Obergrenze der Gestaltungsrichtlinie zu interpretieren. Die geringe Höhe h = 6 mm lässt im Zuge dessen auf geringes Einsinken des Überhangs in das nicht verschmolzene Aluminiumpulver während des Bauprozesses erwarten. Allerdings wird aufgrund der horizontal verlaufenden Down-Skin Fläche (Normalenvektor ist in Bezug auf die Baurichtung z negativ [VDI15]) eine hohe Oberflächenrauigkeit dieser resultieren.

Abbildung 19 zeigt weiterhin, dass während des Bauprozesses kritische Inseln an den verstärkten Reinigungslöchern entstehen. Diese sind nicht in Form eines Überhangs mit der restlichen Geometrie verbunden. Demnach kann das Einsinken der kritischen Inseln während des Bauprozesses nicht vermieden werden. In Bezug darauf zeigt Abb. 19 zwei Abstützungsstrategien zur Vermeidung eines Einsinkens der kritischen Inseln während des Bauprozesses. Neben einer schematischen Darstellung, sind weiterhin der konstruktive Gestaltungsansatz sowie eine Detaildarstellung des hergestellten Bauteiles abgebildet. Dabei ist zu erkennen, dass das Ausgangsmodell ohne Stützstruktur starke Fehlstellen in der hergestellten Geometrie aufweist. Zum einen sind die Verstärkungen der Reinigungslöcher stark in negativer z-Richtung abgesunken. Weiterhin entsteht eine nicht definierte Oberfläche, welche durch Rissbildung keine Spannungsreduzierung erzielen kann. Basierend auf diesem Wissen dient die Abstützung mittels Säulen zur Vermeidung das Einsinken. Für die Konstruktion werden die Säulen mit einem minimalen Durchmesser $\varnothing_S = 0{,}7\ mm$ gestaltet, um das Fließverhalten des Pulvers möglichst nicht zu beeinträchtigen. Während des Bauprozesses tritt jedoch eine Beschädigung der Säulen auf, welche aufgrund des Beschichtungsprozesses beim schichtweisen Auftragen des Aluminium Pulvers resultiert. Bei der zweiten Abstützungsstrategie sind Schrägen unterhalb der Reinigungslöcher vorgesehen. Aufgrund des kleinen Überhangs, beträgt in dieser Iteration der Schrägungswinkel $\beta = 30°$. Wie in Abb. 19 erkennbar, konnte die Maßhaltigkeit der hergestellten Geometrie bereits wesentlich gesteigert werden.

Aufgrund der besseren Maßhaltigkeit wird die Abstützungsstrategie mittels Schrägen unterhalb der Reinigungslöcher weiter verfolgt, indem weitere konstruktive Anpassungen zur Optimierung der Down-Skin Fläche getroffen werden. Wie in Abb. 20 dargestellt, wird der Schrägungswinkel $\beta = 45°$ erhöht. Die Untersuchungen am realen Bauteil zeigen eine maßgebliche Reduzierung der Oberflächenrauigkeit. Wie in der Detailaufnahme dargestellt, ist dabei ebenfalls das Einsinken der $\beta = 45°$ Schrägen vorgebeugt. Basierend auf der optimierten Abstützungsstrategie zeigt Abb. 20 eine Übersicht der relevanten Gestaltungsrichtlinien, welche bei der Tretkurbel mit inneren Strukturen einen maßgeblichen Einfluss haben.

Die neue Modellgeneration $n+1$ der Tretkurbel weist eine maximale Spannung $\sigma_{max} = 242{,}46\ N/mm^2$ auf. Nach Einbringen der Stützstrukturen unterhalb der verstärkten Reinigungsöffnungen beträgt das Bauteilgewicht $m = 148{,}92\ g$ (vgl. ohne Abstützung $m = 143{,}85\ g$). Im Vergleich zum Ausgangsmodell, welches ein Gewicht $m = 217{,}45\ g$ aufweist, erschließt der Einsatz von inneren Strukturen neue Leichtbaupotentiale im Vergleich zu konventionell gefertigten Modellen. Es resultiert eine Geometrie, welche mit konventionellen Fertigungsverfahren nicht hergestellt werden kann. Durch die Berücksichtigung von Gestaltungsrichtlinien entspricht die neue Modellgeneration den Möglichkeiten des Selektiven Laserstrahlschmelzens. Die Herstellung der Tretkurbel aus der Aluminiumlegierung AlSi10Mg validiert weiterhin die fertigungsgerechte Detaillierung des Bauteils.

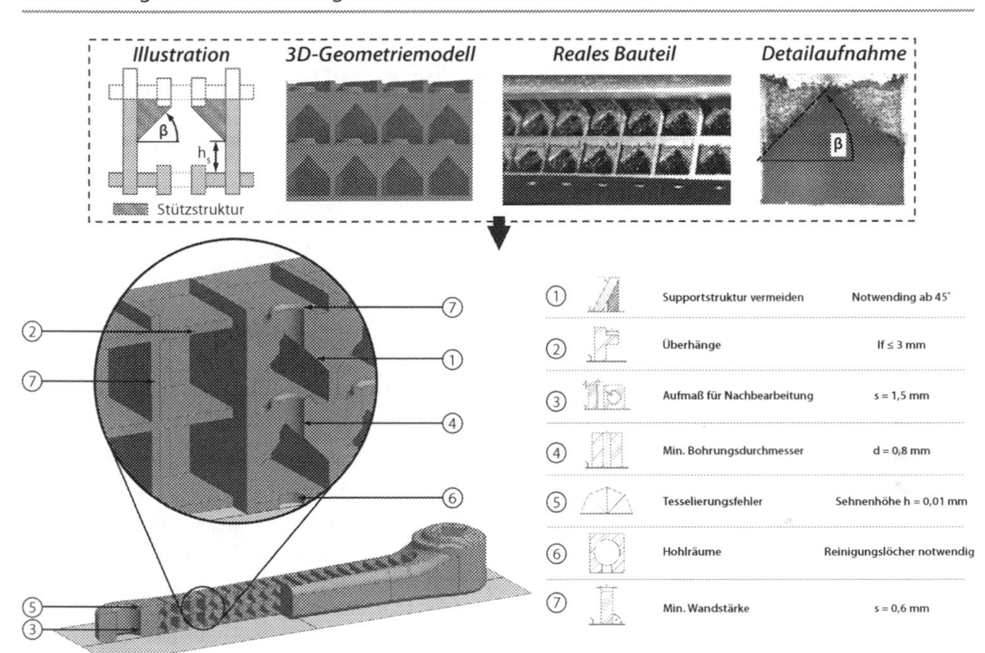


**Abb. 20** Restriktionsgerechte Gestaltung der optimierten Modellgeneration einer Tretkurbel

# 5 Zusammenfassung und Ausblick

Basierend auf dem allgemeinen Gestaltungsprozess, welcher ein Vorgehensmodell zur Erreichung eines multikriteriellen Zielsystems beschreibt, konnten am Demonstratorbauteil die Integration und restriktionsgerechte Gestaltung von kraftflussoptimierten inneren Strukturen aufgezeigt werden. Wie in Abb. 21 dargestellt, weist die neue Modellgeneration der Tretkurbel ein um 40,4 % reduziertes Gesamtgewicht auf. Die Gewichtsoptimierung

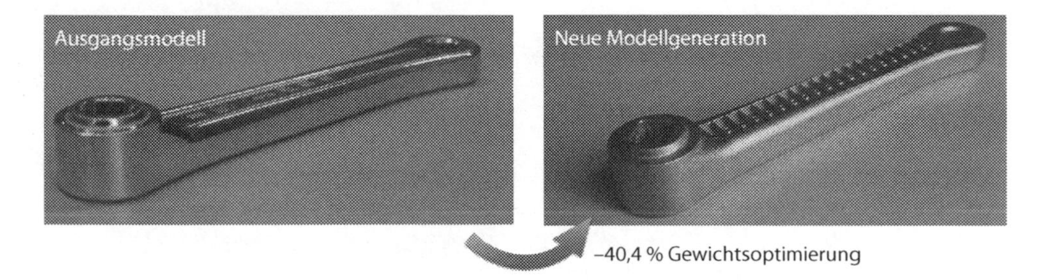


**Abb. 21** Vergleich des Ausgangsmodells mit der neuen Modellgeneration

ist dabei jedoch in Relation zum Optimierungspotential des Ausgangsmodells für konventionelle Herstellungsverfahren zu sehen.

Basierend auf den eingangs beschriebenen Gestaltungszielen (vergleiche Abb. 2) zeigt die neue Modellgeneration neben der Gewichtsoptimierung ebenfalls ein hohes Potential zur Materialeinsparung. Die Gestaltung der kraftflussangepassten Geometrien, basierend auf der Auswahl einer kraftflussoptimierten inneren Struktur, erlaubt in Kombination mit der eingangs beschriebenen Dimensionierung eine Anpassung des Bauteils für eine kundenindividuelle Herstellung. Neben den Gestaltungszielen, welche maßgeblich anhand der Gewichtsreduktion erreicht werden konnten, ist die maximale Spannung um ca. 15 % gestiegen. Im Kontext der Eigenschaften des verwendeten Aluminiumpulvers AlSi10Mg liegt die Spannung an der maximal zulässigen Obergrenze. Aufgrund des angenommenen Betrags der Krafteinwirkung ist dabei ein geringer Sicherheitsfaktor berücksichtigt. Für die weiteren Untersuchungen müssen folglich Prüfstandversuche von physikalischen Modellen erfolgen. Neben der Untersuchung von statischen Beanspruchungen zur Validierung der FEM Simulation, muss weiterhin eine Untersuchung der dynamischen Eigenschaften zur Lebensdauerprüfung erfolgen.

Ein weiterer Ansatzpunkt ist die Variation der Rahmenbedingungen der Tretkurbel. Einerseits ist die Untersuchung einer überlagerten Biege- und Torsionsbeanspruchung vorzunehmen. Weiterhin kann eine Variation des physikalischen Gestaltungsraums vorgenommen werden. Die Abmessungen des Ausgangsmodells sind durch Einbaurestriktionen (z. B. Pedal, Tretlager) sowie dem Abstand $l = 170\ mm$ zwischen den Lagerstellen gegeben. Eine Vergrößerung des physikalischen Gestaltungsraums ist zur Erhöhung der Biegesteifigkeit demnach möglich.

Der sequentielle Ablauf des Gestaltungsprozesses erfordert eine iterative Überprüfung des Spannungszustandes sowie einer fertigungsgerechten Gestaltung. Um eine maßgebliche Reduzierung des Optimierungsaufwandes zu erreichen, folgt die Beschreibung eines mathematischen Algorithmus, welcher auf Basis der maximalen Spannungen im Bauteil die makroskopische Materialanordnung variiert. Dadurch kann eine Erhöhung des Vollmaterialanteils in spannungskritischen Bereichen erfolgen. Teil des Algorithmus ist weiterhin die Berücksichtigung von Gestaltungsrichtlinien, welche in Form von Restriktionen (wie z. B. minimale Wandstärke, maximalen Überhang, notwendiger Schrägungswinkel) einbezogen werden kann.

## Literaturverzeichnis

[1] *A. Gebhardt (2013): Generative Fertigungsverfahren: Additive Manufacturing und 3D Drucken für Prototyping – Tooling – Produktion, 4. Auflage, Hanser Verlag*

[2] *I. Gibson, D. Rosen, B. Stucker (2015): Additive Manufacturing technologies: 3D Printing, Rapid Prototyping, and Direct Digital Manufacturing, 2. Auflage, Springer Verlag, ISBN: 978-1-4939-2112-6*

[3] *VDI Gesellschaft Produktion und Logistik (2014): VDI 3405: Additive manufacturing processes, rapid manufacturing - Basics, definitions, processes, VDI Handbuch, Berlin, Germany*

[4] *P. Fastermann (2012): 3D-Druck/ Rapid Prototyping: Eine Zukunftstechnologie kompakt erklärt, Düsseldorf, Springer Vieweg, ISBN: 978-3-642-29224-8*

[5] *US Marktforschungsunternehmen Gartner (2014): Hype Cycle for emerging technologies maps the journey to digital business. www.gartner.com, Zugriff: 17.06.2016*

[6] *R. Poprawe, et. al. (2015): SL; Production Systems: recent Developments in process Development, machine concepts and component Design. Advances in production Technology, S. 49 – 65, Springer Verlag*

[7] *Eurpean Space Agency (2014): Additive Manufacturing: SASAM Standardisation Roadmap*

[8] *R. Lachmayer, R.B. Lippert, T. Fahlbusch (Hrsg.) (2016): 3D-Druck beleuchtet – Additive Manufacturing auf dem Weg in die Anwendung, Springer Vieweg Verlag, Berlin Heidelberg, Mai 2016, ISBN: 978-3-662-49055-6*

[9] *J. Ohlsen, F. Herzog, S. Raso, C. Emmelmann (2015): Funktiontsintegrierte, bionisch optimierte Fahrzeugleichtbaustruktur in flexibler Fertigung, ATZ 10/2015, Entwicklung Werkstoffe*

[10] *C. Emmelmann, P. Sander, J. Kranz, E. Wycisk (2011): Laser Additive Manufacturing and Bionics: Redefining Lightweight Design, Physics Procedia 12 (2011), S. 364 – 368*

[11] *U. N. Gandhi, R. M. Gorguluarslan, Y. Song (2016): Development of light weight lattice structure using 3D printing, Fraunhofer / DDMC 2016, © Fraunhofer / DDMC 2016*

[12] *R. Hague, S. Mansour, N.Saleg (2002): Design opportunities with rapid manufacturing, Assembly Automation, Volume 23, Number 4, S. 346 - 356*

[13] *R. Hagl (2015): Das 3D-Druck-Kompendium: Leitfaden für Unternehmer, Berater und Innovationstreiber, 2. Auflage, Springer Gabler, Wiesbaden, ISBN 978-3-658-07046-5*

[14] *C. Lindemann, et al. (2013): Additive Manufacturing als serienreifes Produktionsverfahren, Industrie Management, Ausgabe 2/2013, ISSN 1434-1980*

[15] *T. Chen, S. Fritz, K. Shea (2015): Design for Mass Cusomization using Additive Manufacturing: Case-Study of a Balloon-Powered car, Proceedings of the 20th International Conference on Engineering Design (ICED15), Milan, Italy*

[16] *S. Teufelhart (2012): Geometrie- und belastungsgerechte Optimierung von Leichtbaustrukturen für die additive Fertigung, Seminarbericht: Additive Fertigung*

[17] *R. B. Lippert, R. Lachmayer (2016): Bionic inspired Infill Structurs for a Light-Weight Design by using SLM, Proceedings of the 14th International Design Conference (DESIGN), S. 331 – 340, Dubrovnik, Croatia, 16. - 19. Mai 2016, ISBN: 1847-9073*

[18] *M. Smith, Z. Guan, W.J. Cantwell (2013): Finite element modelling of the compressive response of lattice structures manufactured using the selective laser melting technique, International Journal of Mechanical Sciences 67, S. 28 - 41*

[19] *W.E. Zerbst (1987: Bionik - Biologische Funktionsprinzipien und ihre technischen Anwendungen, Springer Verlag, ISBN: 978-3-519-03607-4, Wiesbaden, Germany*

[20] *W. Nachtigall (2002): Bionik - Grundlagen und Beispiele für Ingenieure und Naturwissenschaftler, Springer Verlag, ISBN: 978-3-642-62399-8, Saarbrücken, Germany*

[21] *Nachtigall, W., „Vorbild Natur - Bionik-Design für funktionelles Gestalten", Springer Verlag, ISBN: 3-540-63245-X, Berling and Heidelberg, Germany, 1997*

[22] *Nachtigall, W., „Biologisches Design - Systematischer Katalog für bionisches gestalten", Springer Verlag, ISBN: 3-540-22789-X, Berlin, Germany, 2005*

[23] *P. Diehl, M. Haenle, P. Bergschmidt, H. Gollwitzer, J. Schauwecker, R. Bader und W. Mittelmeier (2010): Zementfreie Hüftendoprothetik: eine aktuelle Übersicht, Biomed Tech S. 251 - 264, Berlin, New York*

[24] *M. Kröger (2002): Methodische Auslegung und Erprobung von Fahrzeug-Crashstrukturen, Hannover*

[25] *A. Tahric, T. Karall, C. Kurzböck (2012): Lastaufnehmende Raumgitterstruktur, Lightweight Design, Volume 5, Issue 1, S. 36 – 40*

[26] *J. Wetzel: Holzfachwerk, Expert-Verlag 2003, ISBN 3-8169-2243-0 (Seite 19)*

[27] *G. Kopp, J. Kuppinger, H. E. Friedrich, F. Henning (2009): Innovative Sandwichstrukturen für den funktionsintegrierten Leichtbau, Automobiltechnische Zeitschrift (ATZ), Volume 111, Issue 4, S. 298 - 305*

[28] *R. B. Lippert, R. Lachmayer (2016): Topology Examination for Additive Manufactured Aluminum Components, Proceedings of the 3rd Fraunhofer Direct Digital Manufacturing Conference (DDMC16), Berlin, Germany, 16.-17.03.2016, ISBN: 978-3-8396-1001-5*

[29] *R.B. Lippert, R. Lachmayer (2016): Restriktionsgerechte Bauteilgestaltung für das Selektive Laserstrahlschmelzen, Proceedings of the Rapid.Tech 2016 International Trade Show & Conference for Additive Manufacturing, Erfurt, Germany, 14.-16.06.2016*

[30] *P. Gottwald (2016): Prozess einer generationsübergreifenden Produktentwicklung durch technische Vererbung, TEWISS – Technik und Wissen GmbH Verlag, Garbsen ISBN: 978-3-95900-067-3*

[31] *Vayre, B., et. al.: Designing for Additive Manufacturing, 45th CIRP Conference on Manufacturing Systems, 2012*

[32] *Wartzack, S., et. al.: Besonderheiten bei der Auslegung und Gestaltung lasergesinterter Bauteile, RTejournal – Forum für Rapid Technologie, Vol. 7, Iss. 1, 2010*

[33] *Thomas, D.: The Development of Design Rules for Selective Laser Melting, University of Wales Institute, Cardiff, 2009*

[34] *VDI Gesellschaft Produktion und Logistik: VDI 3405 Blatt 3: Additive manufacturing processes, rapid manufacturing - Design rules for part production using laser sintering and laser beam melting, In: VDI Handbuch, Berlin, Germany, 2015*

[35] *Zimmer, D., Adam, G.: Direct Manufacturing Design Rules, In: Innovative Developments in Virtual and Physical prototyping, London, 2012*

[36] *Kranz, J., Herzog, D., Emmelmann, C.: Design guidelines for laser additive manufacturing of lightweight structures in TiAl6V4, Journal of Laser Applications, 2015*

[37] *EOS GmbH (2014): Materialdatenblatt EOS Aluminium AlSi10Mg*

[38] *S. Sullivan, H. Chris (2013): Weight Reduction Case Study of a Premium Road Bicycle Crank Arm Set by Implementing Beralcast® 310, Vancouver : s.n.*

# Unterstützung des Entscheidungsprozesses in der Produktentwicklung additiv herzustellender Produkte mithilfe von Ähnlichkeitskennzahlen

Peter Hartogh und Thomas Vietor

**Zusammenfassung**

*Durch die stetige Weiterentwicklung der additiven Fertigungsverfahren wächst die konstruktive Gestaltungsfreiheit bei der Produktentwicklung. Der Entscheidungsprozess bei der Auslegung und Umsetzung neuer Produktideen wird somit gerade für im Bereich der additiven Fertigung unerfahrene Produktentwickler/innen erschwert. Aussagen über Fertigungsmerkmale wie z. B. die Fertigungszeit oder den Materialverbrauch sind in der Konzeptphase bereits nach der Erstellung des ersten 3D-CAD-Modells möglich. Softwarelösungen der Fertigungsmaschinenhersteller liefern diese Erkenntnisse durch eine Fertigungssimulation. Je nach Anwendungsfall nimmt eine solche Simulation jedoch viel Zeit in Anspruch und erfordert das Ex- und Importieren des Modells zur Übergabe.*

*In dieser Arbeit wird ein Vorgehen zur Vorhersage von Fertigungsmerkmalen vorgestellt, das in Bruchteilen einer Sekunde Ergebnisse im CAD-System liefert: Die Grundidee liegt hierbei in der Abstraktion eines CAD-Modells in einen geometrischen*

P. Hartogh (✉) · T. Vietor
Institut für Konstruktionstechnik (IK), Technische Universität Braunschweig, Braunschweig, Deutschland
e-mail: p.hartogh@tu-braunschweig.de



R. Lachmayer, R.B. Lippert (Hrsg.), *Additive Manufacturing Quantifiziert*,
DOI 10.1007/978-3-662-54113-5_4

*Grundkörper, für den Erkenntnisse aus der Fertigung bekannt sind. Die Abstraktion basiert auf einer dimensionslosen geometrischen Ähnlichkeitskennzahl. Diese lässt sich aus der Oberfläche und dem Volumen für Volumenkörper errechnen.*

*Erkenntnisse aus der Fertigung werden dem/der Anwender/in transparent und darüber hinaus deutlich schneller und komfortabler bereitgestellt. Ein Zugang zu Softwarelösungen der Maschinenhersteller ist damit nicht erforderlich, um Aussagen über verschiedene Herstellungsverfahren zu generieren. Ferner entfällt die Notwendigkeit eines Im- oder Exportes des CAD-Modells. Dies beschleunigt den Entscheidungsprozess maßgeblich.*

**Schlüsselwörter**

*Ähnlichkeitskennzahlen · geometrische Komplexität · Additive Fertigung · Abstraktion geometrischer Körper · Entscheidungsprozess*

## Inhaltsverzeichnis



## 1 Einleitung

Bei der additiven Fertigung können Aussagen über Fertigungsmerkmale bereits aus ersten CAD-Modellen gelesen werden. Sobald ein erster Entwurf eines Produktes als 3D-Modell vorliegt, liefert eine Fertigungssimulation Erkenntnisse z. B. über Fertigungszeit, Materialverbrauch oder die Herstellungskosten. Hierzu ist ein z. T. zeitintensiver Prozess notwendig: Das 3D-Modell muss zunächst aus einem CAD-Programm exportiert und in die Software des entsprechenden Maschinenherstellers importiert werden. Anschließend wird das Modell in ebene Schichten zerteilt und die Fertigung wird für jede dieser Schichten berechnet. Das Ergebnis dieses Prozesses ist ein Skript, das alle zur Fertigung notwendigen Informationen für die Maschine überliefert. Für die Bewertung des Bauteils sind die Informationen Bauzeit und Materialverbrauch interessant, um bspw. die Herstellungskosten zu errechnen. Für jede Änderung des Bauteils und bei der Wahl eines anderen Fertigungsverfahrens muss dieser Prozess durchlaufen werden. Die Abfolge unterbricht den Konstruktionsprozess und nimmt je nach Anwendungsfall mehrere Minuten Zeit in Anspruch.

Ziel dieser Ausführungen ist es, ein Verfahren zur Vorhersage von Fertigungsmerkmalen zu erarbeiten. Im Kern der Überlegungen steht eine Abstraktion eines Bauteils in geometrische Grundkörper, für die Erkenntnisse aus der Fertigung vorliegen. Aussagen über Fertigungsmerkmale sollen dem Anwender durch Berechnungen aus einer Datenbank bereitgestellt werden. Der Zugriff auf die Datenbank und die Berechnung der Vorhersagewerte soll in Bruchteilen einer Sekunde erfolgen. Dem/der Anwender/in soll somit ein direktes Feedback in Bezug auf die Fertigung bereitgestellt werden. Der Entscheidungsprozess der Konzeptphase soll dadurch maßgeblich beschleunigt und erleichtert werden. Die Überlegungen sollen einen Beitrag zur Beantwortung folgender Forschungsfragen leisten:

1. Inwieweit ist es möglich, aus der Bauteiloberfläche und dem Volumen eines Bauteils aussagekräftige Vorhersagen über Fertigungsmerkmale (z. B. Fertigungszeit oder Materialverbrauch) des additiven Fertigungsverfahrens Fused Layer Modeling treffen zu können?
2. Inwieweit lassen sich Erkenntnisse aus der Fertigung eines Volumenkörpers auf andere Volumenkörper übertragen, um deren Fertigungsmerkmale vorherzusagen?
3. Inwieweit muss die Formkomplexität eines Bauteils für Fertigungsmerkmale auch bei additiven Fertigungsverfahren betrachtet werden?

Die Struktur dieses Beitrags beginnt in Abschn. 2 mit einer Einführung in den Stand der Technik maßgeblicher Grundlagen. In Abschn. 3 wird eine dimensionslose geometrische Ähnlichkeitskennzahl K definiert, die verschiedene Volumenkörper durch ihre geometrische Ähnlichkeit miteinander vergleichbar macht. Die Kennzahl wird in Abschn. 4 auf Modelle zur Abstraktion von Bauteilen übertragen. Am Beispiel des additiven Fertigungsverfahrens Fused Layer Modeling (FLM) werden in Abschn. 5 Erkenntnisse zur Fertigung generiert, die einen späteren Zugriff auf die Vorhersage ermöglichen. In Abschn. 6 wird die Vorhersage ausgewählter Fertigungsmerkmale am Beispiel FLM validiert. Mit einer Zusammenfassung und einem Ausblick schließt die Betrachtung in Abschn. 7.

## 2 Stand der Technik

In diesem Abschnitt werden die der Betrachtung zugrunde liegenden Inhalte vermittelt. In Abschn. 2.1 werden hierzu die Begriffe „additive Fertigung“ und „FLM“ erläutert.

Abschn. 2.2 soll dazu dienen, den Begriff „Komplexität" zu definieren, um später eine Verbindung zu der hier erarbeiteten dimensionslosen geometrischen Ähnlichkeitskennzahl K herstellen zu können. Der Erarbeitung der Kennzahl liegt die Definition des Begriffs „Ähnlichkeit" zugrunde. Diese wird in Abschn. 2.3 gegeben. Zur Abstraktion von Produktmodellen wird in dieser Betrachtung auf die fraktale Geometrie zurückgegriffen. Abschnitt 2.4 definiert hierzu den Begriff „Fraktal" und einen Vertreter, den „Menger-Schwamm".

## 2.1 Additive Fertigung

Bei der additiven Fertigung wird ein Werkstück durch das schichtweise Hinzufügen von Material hergestellt. Hierzu sind keine bauteilspezifischen Werkzeuge notwendig. Alle für die Fertigung relevanten Informationen können aus dem CAD-Datensatz des Bauteils bestimmt werden. Abhängig von der Art des Materialauftrags können die Verfahren nach Gebhardt [1] eingeteilt werden in:

- Polymerisation: Bps.: Laser-Stereolithografie, Digital Light Processing
- Sintern und Schmelzen: Bsp.: Lasersintern, Laserschmelzen, Elektronenstrahl-Schmelzen
- Extrusion: Fused Layer Modeling
- Pulver-Binder-Verfahren: Dreidimensionales Drucken
- Layer Laminate Manufacturing: Layer Laminate Manufacturing
- Andere Prozesse: Bsp.: Aerosolprinting, Bioplotter

Der Fokus liegt in diesem Beitrag auf dem Extrusionsverfahren Fused Layer Modeling (FLM). Es handelt sich hierbei um ein Strangablegeverfahren, bei dem der Werkstoff über einen dünnen Kunststoffdraht, das sogenannte Filament, hinzugeführt wird. Das Filament wird unmittelbar vor dem Ablegen aufgeschmolzen und durch eine Düse extrudiert. Die Düse wird in einer Ebene zweidimensional geführt, sodass ein Abzeichnen von definierten Konturen ermöglicht wird. Das aufgeschlolzene Filament wird auf einer Bauplattform abgelegt. Nach Fertigstellung einer Schicht senkt sich die Bauplattform um die definierte Schichtdicke ab, sodass die folgende Schicht abgelegt werden kann. Nach diesem Muster entsteht das Bauteil schichtweise [1].

Um das vorliegende CAD-Modell für die Fertigung vorzubereiten, wird es aus dem CAD-System als angenähertes Polygonnetz z. B. als STL-Datei exportiert und in eine sogenannte AM- oder „Front-End"-Software importiert. Diese kann ein integrierter Teil der Fertigungsmaschine oder eine Fremdsoftware sein. Mit dieser sogenannten Slicing-Software wird definiert, wie das CAD-Modell in Bezug auf die Fertigung interpretiert werden soll [1]. Am Beispiel des FLM-Verfahrens kann bspw. der Füllgrad eines Bauteils bestimmt werden. Wird ein Füllgrad kleiner 100 % gewählt, so wird das Bauteil bei gleichem Volumen mit weniger Material gefüllt. Um die Kontur des Bauteils gewährleisten zu können, wird eine minimale Wandstärke definiert, die mit vollem

Material abgelegt wird. Das Innere des Körpers wird entsprechend des Füllgrades z. B. mit einem Waben- oder Kreuzmuster gefüllt, sodass Hohlräume innerhalb des Bauteils entstehen.

## 2.2 Komplexität

In dieser Untersuchung sollen geometrische Produkteigenschaften dazu verwendet werden, Ähnlichkeiten zwischen verschiedenen Volumenkörpern herzustellen. In Folge wird daher die Eigenschaft der Formkomplexität betrachtet. Diese gilt als Maß für die Oberflächengestalt und wird in mehreren Untersuchungen verschieden definiert. In Folge sollen die Grundgedanken ausgewählter Definitionen vermittelt werden.

In verschiedenen Untersuchungen wird die Komplexität als dimensionslose Zahl aus einzelnen Komplexitätssummanden errechnet [2]. Im Folgenden ist eine Auswahl der Summanden gegeben.

- Volumenverhältnis: Verhältnis des Produktvolumens zum Volumen der begrenzenden Boundingbox
- Oberflächenverhältnis: Verhältnis der Produktoberfläche zur Oberfläche einer Kugel bei gleichem Produktvolumen
- Anzahl der Kerne: Anzahl der Kerne, die notwendig sind, um innere Strukturen in einem Gussverfahren herzustellen

Eine Gewichtung der Summanden ermöglicht die Berechnung der dimensionslosen Komplexitätszahl zur Beschreibung geometrischer Produkteigenschaften. Eine alternative Gewichtung der Summanden liefert in [3] eine Aussage über den Sinn der Anwendung additiver Fertigungsverfahren. Das Ergebnis der Untersuchungen ist die Aussage, dass die additive Fertigung ab einem bestimmten Zahlenwert der Komplexität gegenüber einer konventionellen Fertigung geringere Herstellungskosten erfordert.

Die Untersuchungen von [4] definieren die geometrische Komplexität über die Ausprägung der STL-Datei, die als Austauschformat der additiven Fertigung verbreitet ist. In diesem Dateiformat werden Oberflächen nicht durch mathematische Funktionen beschrieben, sondern durch ein geschlossenes Polygonnetz aus Dreiecken angenähert. Ein Modell mit komplexen Strukturen wie bspw. Rippen oder Rundungen mit kleinen Radien wird durch eine höhere Anzahl von Dreiecken angenähert. In der Untersuchung wird auch ein Verhältnis aus Volumen zu Oberfläche eines Produktes betrachtet, um die Komplexität zu bestimmen.

Neben analogen Betrachtungen von [5] und [6] wird in [7] eine alternative Definition der Komplexität beim Strangpressen gegeben. Die maßgebliche Größe ist hierbei der Druck, der für das vollständige Pressen durch ein Profil notwendig ist. Komplexere Bauteilgeometrien erfordern hierbei höhere Drücke. Im Allgemeinen ist die Komplexität eines Bauteils abhängig von dessen Geometrie [7].

## 2.3 Ähnlichkeit und deren Kennzahlen

Der Begriff Ähnlichkeit wird allgemein als „Übereinstimmung von Dingen in mehreren (nicht allen) Merkmalen“ verstanden [8]. Die Begriffsdefinition der Ähnlichkeit in der Geometrie beschreibt zwei geometrische Figuren genau dann als ähnlich, wenn deren Gestalt gleich ist oder wenn entsprechende Winkel und Verhältnisse gleich sind [9]. Die Beschreibung einer Ähnlichkeit kann mithilfe einer Kennzahl erfolgen. Dimensionslose Kennzahlen wie bspw. der Wirkungsgrad $\mu = P_2/P_1$ oder die Dehnung $\varepsilon = \Delta l/l$ werden in verschiedenen technischen Bereichen verwendet, um Sachverhalte zu beschreiben [10].

Deimel definiert Ähnlichkeitskennzahlen als „dimensionsloses Potenzprodukt von messbaren und mit Einheiten behafteten Größen“ [10]. Um einen Vergleich zwischen verschiedenen Volumenkörpern zu ermöglichen, wird in der vorliegenden Arbeit an mehreren Stellen auf diese Definition zurückgegriffen.

## 2.4 Fraktale Geometrie

In den folgenden Ausführungen wird häufig auf Fraktale bzw. die fraktale Geometrie verwiesen. Dieser Abschnitt soll den Begriff „Fraktal” klären und einen Vertreter, den sog. Menger-Schwamm, vorstellen.

### Franktale

Die Grundlage der fraktalen Geometrie ist die Auseinandersetzung mit Teilmengen metrischer Räume [11]. Die Teilmengen entstehen durch ein Herunterbrechen eines Grundzustandes der Menge. Der Begriff „Fraktal“ wurde durch den Mathematiker Mandelbrot eingeführt. Die Wortbedeutung entstammt hierbei dem Lateinischen und trägt die Bedeutung „Zerbrechen“ in sich. Prominente Vertreter der Fraktale sind die Cantor-Menge und die Koch-Kurve [12, 13]. Am Beispiel des Sierpinski-Teppichs soll in Folge die Anweisung zum „Zerbrechen“ eines Körpers aus dem Grundzustand eines zweidimensionalen Quadrates erläutert werden.

Die folgende Abb. 1 illustriert das fortlaufende Zerteilen einer zweidimensionalen Menge aus dem Grundzustand eines Quadrates. Es handelt sich bei diesem Fraktal um einen sogenannten Sierpinski-Teppich [13], der in der Abbildung für die Iterationsschritte null bis vier dargestellt ist.

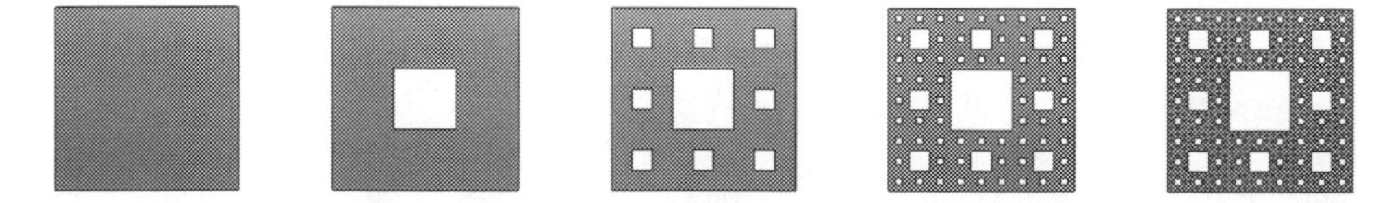

**Abb. 1** Sierpinski-Teppiche der Iterationsstufen null (Quadrat) bis vier (nach [13])

Im ersten Iterationsschritt wird das Quadrat in neun Teilquadrate geteilt. Das innere Quadrat wird anschließend „herausgebrochen“. Dieser Anweisung folgen die Teilquadrate für alle weiteren Iterationsschritte, sodass beim Fortgang der Anwendung eine Fläche mit unendlichem Umfang und einem Inhalt von Null entsteht.

## Der Menger-Schwamm

Beim Menger-Schwamm handelt es sich um eine Menge der fraktalen Geometrie. Das Gebilde entsteht durch fortwährendes Zerteilen eines Würfels in 27 Teilwürfel, von denen die inneren sieben Würfel herausgetrennt werden. Jeder der übrigen 20 Würfel wird im folgenden Iterationsschritt „n“ nach demselben Muster dezimiert [14]. Die begrenzenden Flächen der entstehenden „durchlöcherten“ Menge ermöglichen die Erstellung eines geschlossenen Volumenkörpers. Somit entsteht ein begreifbarer Körper analog zum Sierpinski-Teppich im dreidimensionalen Raum. Die in eine zur Würfelseitenfläche parallele Ebene projizierte Seitenansicht des Menger-Schwamms entspricht im zweidimensionalen exakt dem Sierpinski-Teppich. In Abb. 2 ist ein Menger-Schwamm beispielhaft für den Iterationsschritt vier dargestellt.

Eine Besonderheit dieses eindeutig beschreibbaren Körpers liegt im Verhalten von Oberfläche und Volumen bei fortlaufender Anwendung der Iterationsvorschrift.

$$A_\infty = \lim_{n\to\infty} A_0 \cdot \frac{1}{9} \cdot \left(\frac{20}{9}\right)^{n-1} \left[40 + 80 \cdot \left(\frac{2}{5}\right)^{n}\right] = \infty \tag{1}$$

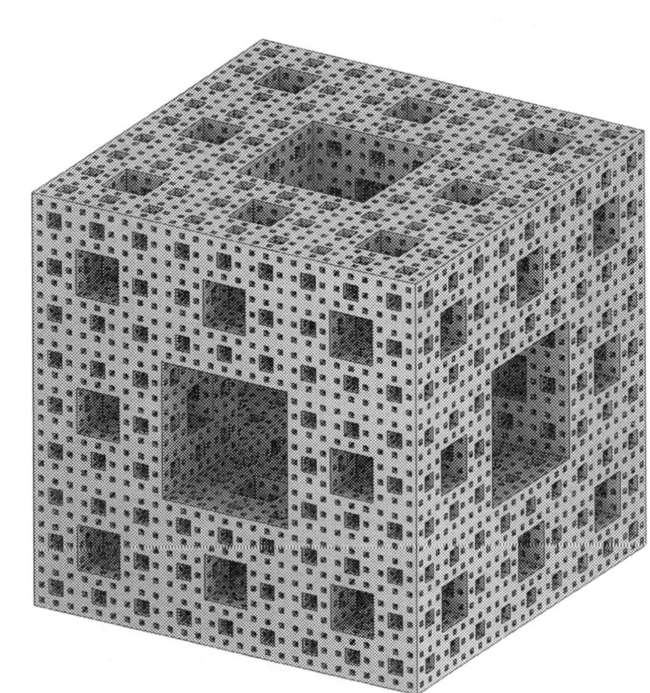

**Abb. 2** Menger-Schwamm der Iterationsstufe vier

Bei Betrachtung der Formel (1) zur Beschreibung der Oberfläche fällt auf, dass diese bei fortlaufenden Iterationsschritten gegen unendlich läuft. Das Volumen verhält sich gegensätzlich und nähert sich dem Wert Null an [14].

$$V_\infty = \lim_{n\to\infty} V_0 \cdot \left(\frac{20}{27}\right)^n = 0 \qquad (2)$$

Nach Definitionen von [14] nimmt damit die geometrische Komplexität des Menger-Schwamms für steigende Iterationsschritte zu (vgl. Abschn. 2.2). Für die folgende Betrachtung wird der Menger-Schwamm verwendet, um reproduzierbare und eindeutige Beispielprodukte zu generieren. Darüber hinaus finden diese Zusammenhänge Anwendung in einem der vorgestellten Abstraktionsmodelle.

## 3 Definition einer dimensionslosen geometrischen Ähnlichkeitskennzahl

Die Grundidee dieser Betrachtung liegt in der Abstraktion eines Produktmodelles in standardisierte Körper, für die eindeutig beschreibbare Erkenntnisse, bspw. in Bezug auf die Fertigung, vorliegen. Im Kern dieser Überlegungen steht eine Kennzahl, die als Verbindungsglied zwischen dem Produktmodell (3D-CAD-Modell) und der Abstraktion dient, indem die in Folge definierte dimensionslose geometrische Ähnlichkeit in Verbindung gebracht wird. Bei der Kennzahl handelt es sich um eine geometrische Produkteigenschaft, die einen Vergleich zu anderen Körpern erlaubt.

Als eindeutig bestimmbare Eigenschaften sollen die Oberfläche und das Volumen eines Produktes in die Definition der Kennzahl einfließen. Diese Überlegung liegt den Betrachtungen der Formkomplexität zugrunde (vgl. Abschn. 2.2):

$$K\left(A_{Produkt}, V_{Produkt}\right) \qquad (3)$$

Das Verhältnis aus Oberfläche zu Volumen liefert eine Kennzahl mit der Einheit 1/mm:

$$K_{trivial} = \frac{A_{Produkt}}{V_{Produkt}} \qquad (4)$$

Dieser Faktor ist also von der Dimensionierung des Produktes abhängig. Nach Formel (4) hat z. B. eine größere Kugel einen geringeren Wert der Kennzahl zur Folge als eine kleinere Kugel, obwohl es sich um den gleichen geometrischen Körper handelt. Um diesem Problem zu begegnen, muss das triviale Verhältnis also mit einer Längeneinheit multipliziert werden, um die Kennzahl dimensionslos zu gestalten. An dieser Stelle können alle eindimensionalen Größen verwendet werden, die sich aus dem Volumen oder der Oberfläche eines Körpers lesen lassen. Im einfachsten Fall ist dies entweder die Kantenlänge des flächenbeschreibenden Quadrates (aus der Oberfläche des Produktes) oder die Kantenlänge des volumenbeschreibenden Würfels (aus dem Produktvolumen). Die Auswahl einer dieser Größen wird zu unterschiedlichen Zahlenwerten der Kennzahl führen; das Ergebnis der Abstraktion ist jedoch dasselbe, da die Formel auf Produkt und Abstraktion angewendet wird.

Für die weitere Betrachtung wird auf die Kantenlänge des volumenbeschreibenden Würfels zurückgegriffen, die sich aus dem Produktvolumen bestimmen lässt:

$$K = \frac{A_{Produkt}}{V_{Produkt}} \cdot a_{Volumen} \quad (5)$$

Die Kantenlänge $a_{Volumen}$ ist für die Annahme eines Würfels eindeutig beschreibbar durch:

$$a_{Volumen} = \sqrt[3]{V_{Produkt}} \quad (6)$$

Somit lässt sich die Beschreibung der dimensionslosen geometrischen Ähnlichkeitskennzahl beschreiben:

$$K = A_{Produkt} \cdot V_{Produkt}^{-\frac{2}{3}} \quad (7)$$

Die folgende Tab. 1 stellt den Wert der betrachteten Kennzahl für ausgewählte geometrische Körper dar. Des Weiteren werden die Werte für den Menger-Schwamm (vgl. Abschn. 2.4) verschiedener Iterationsschritte aufgezeigt, um eindeutig beschreibbare Beispiele für verhältnismäßig komplexe (vgl. Begriffsdefinition „Komplexität", Abschn. 2.2) Geometrien abzudecken. Die Einträge sind nach steigendem Wert der Kennzahl K geordnet. Die Formeln zur Bestimmung von Oberfläche und Volumen sind aus [15] entnommen. Die Berechnung der Oberfläche und des Volumens der Menger-Schwämme erfolgte mithilfe von [14].

Um die Abstraktion der verschiedenen Modelle zu verdeutlichen, werden diese nach der Erläuterung auf ein Beispielprodukt angewendet. Es handelt sich hierbei um ein in der Maker-Szene weit verbreitetes Produkt mit der Bezeichnung „#3DBenchy". Es steht der Öffentlichkeit unter der Creative Commons Lizenz zur Verfügung und findet Anwendung als Benchmarkprodukt verschiedener additiver Fertigungsmaschinen [16].

In Tab. 1 bezeichnet die Größe r den Radius der Kugel. Die Größe a bezeichnet jeweils eine maximale Kantenlänge des betrachteten Körpers.

Die Kennzahl wird als neue Eigenschaft eines geometrischen Körpers definiert. Dies ermöglicht eine Ähnlichkeitsbetrachtung zwischen verschiedenen Körpern (vgl. Abschn. 2.3). Mit Betrachtung der Tab. 1 fällt auf, dass Körper, die nach der Definition sehr komplex sind (vgl. Abschn. 2.2), einen größeren Zahlenwert der Kennzahl aufweisen. Die hier eingeführte dimensionslose Ähnlichkeitskennzahl lässt damit eine Beschreibung der geometrischen Komplexität zu, die allein auf der Oberfläche und dem Volumen des Körpers beruht.

**Tab. 1** Dimensionslose Ähnlichkeitskennzahl für verschiedene geometrische Körper

| Bezeichung | Abbildung | Oberfläche und Volumen | $K = AV^{-\frac{2}{3}}$ | K |
|---|---|---|---|---|
| Kugel | | $A = 4\pi r^2$<br>$V = \frac{4}{3}\pi r^3$ | $K = \sqrt[3]{36 \cdot \pi}$ | 4,48 |
| Ikosaeder | | $A = 5 \cdot \sqrt{3} \cdot a^2$<br>$V = \frac{5}{12} \cdot \left(3 + \sqrt{5}\right) a^3$ | $K = \sqrt{3} \cdot \sqrt[3]{\frac{720}{\left(3+\sqrt{5}\right)^2}}$ | 5,15 |
| Pentagon – Dodekaeder | | $A = 3 \cdot \sqrt{5 \cdot \left(5 + 2 \cdot \sqrt{5}\right)} \cdot a^2$<br>$V = \frac{1}{4} \cdot \left(15 + 7 \cdot \sqrt{5}\right) \cdot a^3$ | $K = \frac{\sqrt{5\left(5+2\sqrt{5}\right)} \cdot 3}{\left(\frac{15}{4} + \frac{7}{4}\sqrt{5}\right)^{\frac{2}{3}}}$ | 5,31 |
| Oktaeder | | $A = 2 \cdot \sqrt{3} \cdot a^2$<br>$V = \frac{\sqrt{2}}{3} \cdot a^3$ | $K = 2 \cdot \sqrt{3} \cdot \sqrt[3]{\frac{9}{2}}$ | 5,75 |
| Hexaeder – Würfel | | $A = 6 \cdot a^2$<br>$V = a^3$ | $K = 6$ | *6,00* |
| Tetraeder | | $A = \sqrt{3} \cdot a^2$<br>$V = \frac{\sqrt{2}}{12} \cdot a^3$ | $K = \sqrt{3} \cdot \sqrt[3]{72}$ | 7,21 |
| Menger-Schwamm n = 1 | | $A = \frac{1}{9} \cdot \left(\frac{20}{9}\right)^{n-1} \left[40 + 80 \cdot \left(\frac{2}{5}\right)^n\right] a^2$<br>$V = \left(\frac{20}{27}\right)^n a^3$ | $K = 20^{\left(\frac{n}{3}\right)} \cdot \left[2 + 4 \cdot \left(\frac{2}{5}\right)^n\right]$ | *9,77* |

**Tab. 1** (Fortsetzung)

| Bezeichung | Abbildung | Oberfläche und Volumen | $K = AV^{-\frac{2}{3}}$ | K |
|---|---|---|---|---|
| Menger-Schwamm n = 2 | | $A = \frac{1}{9} \cdot \left(\frac{20}{9}\right)^{n-1} \left[40 + 80 \cdot \left(\frac{2}{5}\right)^n\right] a^2$ <br> $V = \left(\frac{20}{27}\right)^n a^3$ | $K = 20^{\lfloor \frac{n}{3} \rfloor} \cdot \left[2 + 4 \cdot \left(\frac{2}{5}\right)^n\right]$ | *19,45* |
| Menger-Schwamm n = 3 | | $A = \frac{1}{9} \cdot \left(\frac{20}{9}\right)^{n-1} \left[40 + 80 \cdot \left(\frac{2}{5}\right)^n\right] a^2$ <br> $V = \left(\frac{20}{27}\right)^n a^3$ | $K = 20^{\lfloor \frac{n}{3} \rfloor} \cdot \left[2 + 4 \cdot \left(\frac{2}{5}\right)^n\right]$ | *45,12* |
| Menger-Schwamm n = 4 | | $A = \frac{1}{9} \cdot \left(\frac{20}{9}\right)^{n-1} \left[40 + 80 \cdot \left(\frac{2}{5}\right)^n\right] a^2$ <br> $V = \left(\frac{20}{27}\right)^n a^3$ | $K = 20^{\lfloor \frac{n}{3} \rfloor} \cdot \left[2 + 4 \cdot \left(\frac{2}{5}\right)^n\right]$ | *116,1* |
| Beispielprodukt #3DBenchy [16] | | $A = 9431{,}09\ mm^2$ <br> $V = 15.550{,}8\ mm^3$ | $K = 15{,}14$ | *15,14* |

# 4 Modell zur Abstraktion geometrischer Volumenkörper

Die zuvor definierte Kennzahl K soll geometrische Körper über ihre geometrische Ähnlichkeit miteinander vergleichbar machen (vgl. Abschn. 3). In diesem Abschnitt wird ein Modell zur Abstraktion vorgestellt, das ein Produktmodell durch einen mathematisch eindeutig beschreibbaren geometrischen Vergleichskörper ersetzt, der in Folge als „Analogon" bezeichnet wird. Die Grundidee liegt jeweils in der Übertragung bekannter Fertigungsmerkmale des Analogons auf das Produkt.

## 4.1 Referenzmodell Volumenwürfel

Das Referenzmodell Volumenwürfel soll die einfachste Form der Abstraktion darstellen, indem ein einzelner Würfel als Analogon generiert wird, der in seinem Volumen identisch mit dem Produktmodell ist. Mit diesem Modell soll im Vergleich die Anwendung des Menger-Schwamm-Modells gerechtfertigt werden. Die Kantenlänge des Würfels ergibt sich allgemein zu:

$$a_{Volumenwürfel} = \sqrt[3]{V_{Produkt}} \tag{8}$$

In Abb. 4b ist das Ergebnis der Anwendung des Volumenwürfel-Modells auf das Beispielprodukt „#3DBenchy" [16] (Abb. 4a) dargestellt. Das Produkt wird in diesem Beispiel mit einem einzelnen Würfel der Kantenlänge a = 24,96 mm abstrahiert.

Das Referenzmodell Volumenwürfel zeichnet sich durch eine verhältnismäßig sehr einfache Abstraktion in nur einem Rechenschritt aus, die allein auf das Volumen des Produktes zurückgreift. Es werden keine Seitenverhältnisse, keine Schrägen und keine geometrische Ähnlichkeit zum Produkt berücksichtigt. Dieses Modell wird bezogen auf Vorhersagen von Fertigungsmerkmalen eine verhältnismäßig geringe Aussagekraft aufweisen und soll in dieser Betrachtung daher lediglich als Referenz verwendet werden.

## 4.2 Das Menger-Schwamm-Modell

Analog zum Referenzmodell aus Abschn. 4.1 wird ein Produkt in diesem Modell mit einem einzelnen geometrischen Körper abstrahiert. Es handelt sich hierbei um einen Menger-Schwamm (vgl. Abschn. 2.4).

Die Oberfläche und das Volumen des Menger-Würfels sind abhängig von dessen maximaler Kantenlänge und dem Iterationsschritt n. Zunächst soll die dimensionslose geometrische Ähnlichkeitskennzahl für den Körper bestimmt werden. Ein Einsetzen der Formeln (1) und (2) in (7) liefert:

$$K_{Menger}(n) = 20^{\left(\frac{n}{3}\right)} \cdot \left[2 + 4 \cdot \left(\frac{2}{5}\right)^n\right] \tag{9}$$

Die Grundidee ist es, die Ähnlichkeitskennzahlen eines Produktes und dessen Menger-Analogons gleichzusetzen, um so den entsprechenden Iterationsschritt des Schwammes zu bestimmen:

$$K_{Produkt} = 20^{\left(\frac{n}{3}\right)} \cdot \left[2 + 4 \cdot \left(\frac{2}{5}\right)^n\right] \tag{10}$$

Für dieses Problem existiert keine analytische Lösung. Zur automatisierten Lösung bietet sich eine numerische Annäherung mithilfe des Newton-Verfahrens an. Weiterhin ist eine Taylor-Annäherung des Verlaufes der Formel (10) mit anschließender Lösung denkbar. Zur Implementierung in eine rechnerunterstützte Entwicklungsumgebung soll auf eine Lösung mithilfe dieser Annäherungen zurückgegriffen werden, da diese automatisierbar sind. In dieser Betrachtung wird jedoch eine grafische Lösung gewählt, um den Umfang der Betrachtung einzuschränken und dem/der Leser/in die Grundidee zu vermitteln.

Zur Bestimmung des Iterationsschrittes kann das Diagramm aus Abb. 3 verwendet werden, das den Verlauf der Lösung der Formel (9) für gegebene Iterationsschritte darstellt. Zur Erstellung des Diagramms wurde die Formel mit einer Schrittweite von 0,1 für n = 0 bis n = 4 gelöst. An dieser Stelle werden Kennzahlen nur bis zu einem Wert von K = 110 betrachtet, da angenommen wird, dass Produkte den entsprechenden Wert der geometrischen Ähnlichkeit nicht übersteigen.

Für eine vollständig automatisierte Anwendung in einer rechnerunterstützten Entwicklungsumgebung sind die Werte der Lösungen in einer Datenbank hinterlegt oder es wird auf ein numerisches Annäherungsverfahren für die Formel (10) zurückgegriffen.

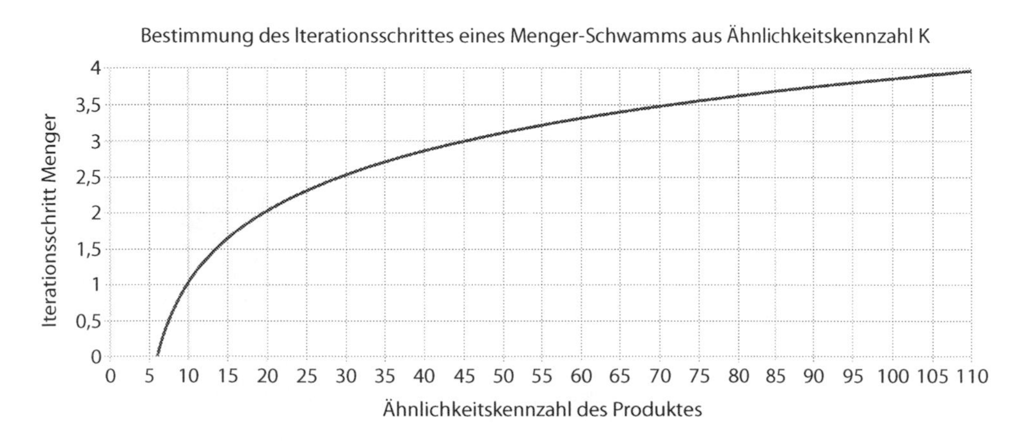


**Abb. 3** Iterationsschritt eines Menger-Schwamms nach dimensionsloser geometrischer Ähnlichkeitskennzahl

Der Bestimmung des Iterationsschrittes mithilfe eines der erläuterten Verfahren folgt die Bestimmung der maximalen Kantenlänge des Menger-Schwamms aus dem Produktvolumen. Es gilt:

$$a_{Menger} = \sqrt[3]{\frac{V_{Produkt}}{\left(\frac{20}{27}\right)^{n}}} \qquad (11)$$

Da der Menger-Schwamm nur für ganzzahlige Iterationsschritte definiert ist, müssen die beiden begrenzenden ganzzahligen Analoga erstellt werden, um einen im wahrsten Sinne begreifbaren geometrischen Körper zu generieren: Wird z. B. ein Iterationsschritt n = 1,2 bestimmt, so muss ein Menger-Schwamm mit $n_{min} = 1$ und einer mit $n_{max} = 2$ erstellt werden. Durch die verschiedenen Iterationsschritte ergeben sich bei gleichbleibendem Volumen also zwei Analoga mit unterschiedlichen Kantenlängen und Kennzahlen K. Für die spätere Anwendung auf ein Fertigungsverfahren müssen die Werte zwischen den beiden Analoga entsprechend des berechneten Iterationsschrittes interpoliert werden.

Am Beispielprodukt „#3DBenchy" [16] wird das Menger-Schwamm-Modell angewendet. Das Produkt wird in diesem Beispiel mit einem Menger-Schwamm der Iterationsstufe n = 1,7 abstrahiert (Wert abgelesen aus Abb. 3 für K = 15). Da der Menger-Schwamm nicht für Fließkommazahlen definiert ist, werden die beiden begrenzenden ganzzahligen Menger-Schwämme der Iterationsstufen n = 1 (Abb. 4c1) und n = 2 (Abb. 4c2) dargestellt. Aufgrund der verschiedenen Iterationsstufen sind die Kantenlängen der begrenzenden Schwämme verschieden: a(n = 1) = 27,59 mm und a(n = 2) = 30,49 mm. Das Volumen beider begrenzender Schwämme stimmt mit dem des Produktes überein. Die

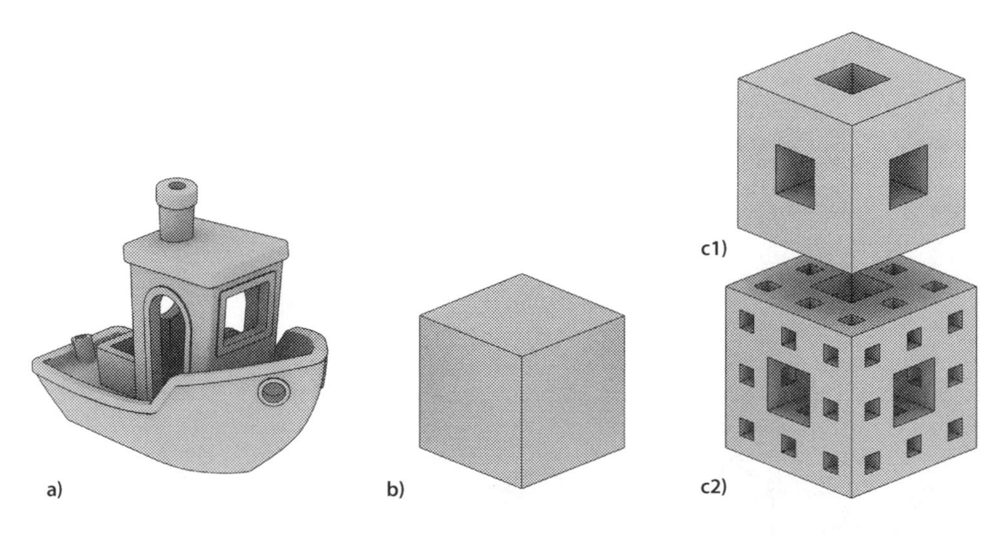


**Abb. 4** Anwendung der Abstraktionsmodelle „Referenzmodell-Volumenwürfel" (b) und „Menger-Schwamm-Modell" (c1 & c2) auf das Produktmodell „#3DBenchy" (a) [16] – Maßstab: Kantenlänge des Würfels (**b**): 24,96 mm

geometrische Ähnlichkeit befindet sich jedoch zwischen den begrenzenden Schwämmen. Bei der späteren Vorhersage der Erkenntnisse aus der Fertigung muss zwischen diesen Zuständen interpoliert werden.

Das Menger-Schwamm-Modell berücksichtigt keine Seitenverhältnisse und auch keine schrägen Oberflächen des Produktes. Durch Extrapolation der Erkenntnisse wird das Menger-Schwamm-Modell auch für Aussagen über Körper anwendbar sein, deren Wert der geometrischen Ähnlichkeit unterhalb K = 6 liegt, obwohl dies der geringste Wert des Analogons ist.

# 5 Anwendung auf ein additives Fertigungsverfahren

Zur Anwendung der Abstraktionsmodelle auf ein additives Fertigungsverfahren soll auf eine Geometrie-/Material-Datenbank zurückgegriffen werden. Zum Erstellen der Datenbank ist die Bestimmung relevanter Fertigungsmerkmale aus Prüfkörpern notwendig. Abbildung 5 illustriert hierzu qualitativ die Erstellung eines Prüfkörpersatzes in Abhängigkeit der Merkmale Iterationsschritt, Kantenlänge und Füllgrad.

Relevante Fertigungsmerkmale werden den Prüfkörpern zugehörig in einer Datenbank abgelegt. Durch die definierten Prüfkörpermerkmale (Kantenlänge. Iterationsschritt und Füllgrad) ist ein eindeutiger Zugriff auf die Datenbank möglich. Fertigungsmerkmale für Analoga, die durch die Datenbank nicht abgedeckt werden, können durch Inter- oder Extrapolation bestimmt werden.

Durch den Zugriff auf die Datenbank muss die Fertigung des Produktmodells nicht mehr simuliert werden. Fertigungsmerkmale können somit in Bruchteilen einer Sekunde errechnet werden.

Um den Umfang der Betrachtungen zu beschränken, wird von der Erstellung einer Datenbank abgesehen und ein alternatives Verfahren zur Vorhersage der Fertigungsmerkmale gewählt: Ein Produktmodell wird entsprechend des Menger-Schwamm-Modells

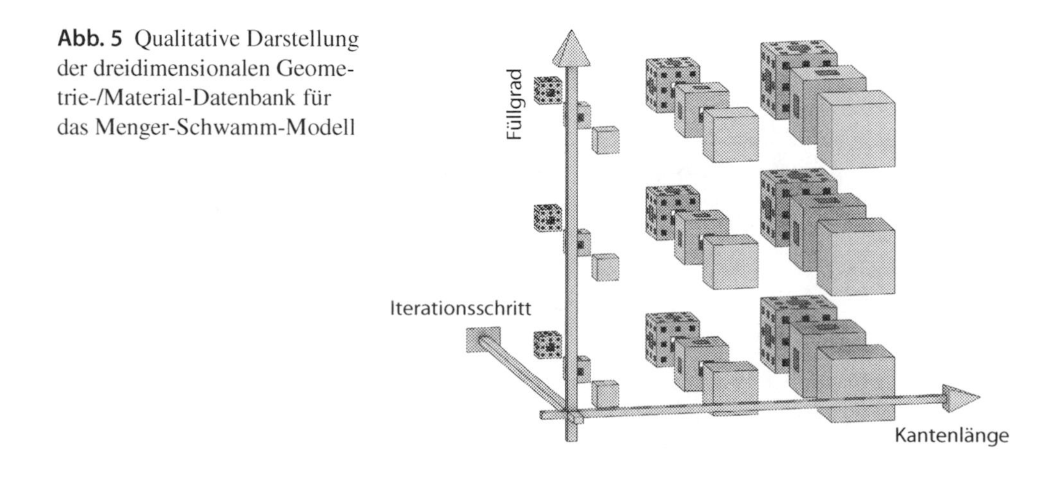


**Abb. 5** Qualitative Darstellung der dreidimensionalen Geometrie-/Material-Datenbank für das Menger-Schwamm-Modell

abstrahiert und die entstehenden Analoga werden direkt in Bezug auf die Fertigung simuliert. Dieses Verfahren bietet keinen zeitlichen Vorteil der Fertigungssimulation gegenüber dem direkten Simulieren des Produktes. An dieser Stelle soll das Verfahren jedoch genutzt werden, um das Abstraktionsmodell zu validieren.

## 6 Validierung am Beispiel des Fused Layer Modeling

Am Beispiel eines Violinenhals-Rohlings sollen die Erkenntnisse dieser Überlegungen validiert werden. Abbildung 6 illustriert die Abstraktion dieses Produktes mithilfe der vorgestellten Modelle b): Referenzmodell Volumenwürfel und c): Menger-Schwamm-Modell.

Zur Validierung wird die gesamte Prozesskette bis zum Vorhersagewert der Fertigungszeit und des Materialverbrauchs durchlaufen. Abschließend werden die Vorhersagen mit der Fertigungssimulation des Produktes verglichen. Zur Bestimmung der Fertigungsmerkmale werden folgende Schritte durchlaufen:

1. Bestimmung der dimensionslosen geometrischen Ähnlichkeitskennzahl K aus dem Volumen und der Oberfläche des Produktes nach Formel (7). Hier K = 13,22.
2. Automatisierte Bestimmung des entsprechenden Iterationsschrittes im Menger-Schwamm Modell aus K. Hier graphische Bestimmung mithilfe Abb. 3. Hier n = 1,5.
3. Bestimmung der Kantenlängen für die ganzzahligen begrenzenden Menger-Schwämme aus dem Produktvolumen mithilfe Formel (11). Hier a(n = 1) = 51,35 mm und a(n = 2) = 56,75 mm.
4. Bestimmung relevanter Fertigungsmerkmale für die begrenzenden Menger-Schwämme und Interpolation der Ergebnisse. Hier: Fertigungszeit t = 343 min; Materialverbrauch m = 77 g und Materialverbrauch l = 9,735 m

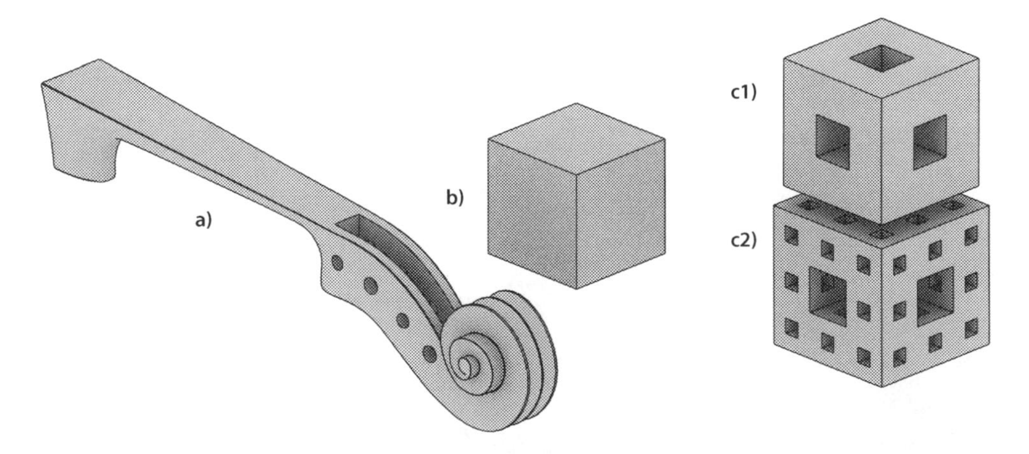


**Abb. 6** Anwendung der Abstraktionsmodelle „Referenzmodell-Volumenwürfel" (b) und „Menger-Schwamm-Modell" (c1 & c2) auf das Produktmodell „Violinenhals-Rohling" (a) – Maßstab: Kantenlänge des Würfels (**b**): 46,46 mm

**Tab. 2** Vorhersage der Fertigungsmerkmale am Beispiel des Produktes Violinenhals mit Füllgrad 50 %

| Modell | Geom. Merkmale | Fertigungs-merkmale | Vorhersage | Abweichung |
|---|---|---|---|---|
| Produkt: Violinenhals | $A = 28.523\ mm^2$<br>$V = 100.272\ mm^3$<br>$K = 13{,}22$ | $t = 379\ min$<br>$m = 78$ g<br>$l = 9{,}86$ m | Referenzwerte zur Bestimmung der Abweichung der folgenden Modelle | 0 %<br>0 %<br>0 % |
| Referenzmodell Volumenwürfel | $a = 46{,}46\ mm$ | $t = 250\ min$<br>$m = 68$ g<br>$l = 8{,}64$ m | $t = 250\ min$<br>$m = 68$ g<br>$l = 8{,}64$ m | **–34,04 %**<br>**–12,82 %**<br>**–12,37 %** |
| Menger-Schwamm-Modell n = 1 | $n = 1$<br>$a = 51{,}35\ mm$ | $t = 298\ min$<br>$m = 72$ g<br>$l = 9{,}11$ m | Betrachtung beider Menger-Schwämme notwendig | Betrachtung beider Menger-Schwämme notwendig |
| Menger-Schwamm-Modell n = 2 | $n = 2$<br>$a = 56{,}75\ mm$ | $t = 388\ min$<br>$m = 82$ g<br>$l = 10{,}4$ m | Gewichtung beider Menger-Schwämme liefert:<br>$t = 343\ min$<br>$m = 77$ g<br>$l = 9{,}735$ m | **–9,50 %**<br>**–1,28 %**<br>**–1,27 %** |

Verglichen mit der direkten Fertigungssimulation des Produktes ergeben sich die in Tab. 2 notierten Abweichungen. Für die Bestimmung der Werte wurde das Slicing-Programm Cura [17] verwendet.

Die Werte zeigen, dass eine Abstraktion des Produktes mit einer Abweichung von ca. 2 % bezogen auf den Materialverbrauch und ca. 10 % bezogen auf die Fertigungszeit möglich ist. Mit Betrachtung der Abweichung von ca. 34 % bezogen auf die Fertigungszeit und ca. 12 % bezogen auf den Materialverbrauch zeigt sich, dass alleinige Erkenntnisse aus dem Produktvolumen nicht ausreichend für die Bestimmung von Fertigungsmerkmalen sind.

## 7 Zusammenfassung und Ausblick

Die Untersuchungen haben gezeigt, dass sich beliebige Produktmodelle durch das vorgestellte Menger-Schwamm-Modell abstrahieren lassen und dass sich Erkenntnisse zu Fertigungsmerkmalen dieser Analoga auf das Produkt übertragen lassen. In Folge ist eine Zusammenfassung der Überlegungen mit einem abschließenden Ausblick gegeben.

## 7.1 Zusammenfassung

In der vorliegenden Arbeit wurde ein Vorgehen zur schnellen Vorhersage von Fertigungsmerkmalen additiv herzustellender Produkte vorgestellt. Die Vorhersage basiert hierbei auf der Abstraktion von 3D-CAD-Modellen in geometrische Grundkörper, für die Erkenntnisse aus der Fertigung vorliegen.

Für die Abstraktion wurde eine dimensionslose geometrische Ähnlichkeitskennzahl K eingeführt. Diese lässt sich für Volumenkörper aus dessen Volumen und Oberfläche errechnen. Die Kennzahl wurde als neue Eigenschaft eines Volumenkörpers definiert.

Mit dem vorgestellten Verfahren kann die allgemeine Prozesskette zur Bestimmung von Fertigungsmerkmalen nach [1] für die Konzeptphase der Produktentwicklung gekürzt werden. Ein Exportieren aus dem verwendeten CAD-System und Importieren in die Front-End-Software ist nicht mehr notwendig. Durch den Zugriff auf eine Datenbank können Erkenntnisse für die Fertigung innerhalb der CAD-Software in Bruchteilen einer Sekunde aus der Geometrie des Produktes bereitgestellt werden. Die Bereitstellung des direkten Feedbacks aus der Fertigung beschleunigt und erleichtert den Entscheidungsprozess in der Konzeptphase der Produktentwicklung maßgeblich.

Die eingangs formulierten Forschungsfragen können positiv beantwortet werden:

1. Die Untersuchungen haben gezeigt, dass die Betrachtung der Oberfläche und des Volumens eines Produktes notwendig ist, um Vorhersagen mit einer Abweichung von ca. 2 % in Bezug auf den Materialverbrauch und ca. 10 % in Bezug auf die Fertigungszeit zu ermöglichen. Die alleinige Betrachtung des Produktvolumens ist für das FLM-Verfahren nicht ausreichend.
2. Um verschiedene Volumenkörper miteinander vergleichbar zu machen, wurde eine dimensionslose Ähnlichkeitskennzahl K eingeführt und als neue Produkteigenschaft definiert. Die Validierung hat gezeigt, dass eine Abstraktion über das Gleichsetzen dieser Kennzahl mit anderen Körpern zu aussagekräftigen Vorhersagen in Bezug auf die Fertigung führen. Es wurde festgestellt, dass das Produktvolumen allein keine aussagekräftigen Vorhersagen ermöglicht.
3. In der vorliegenden Arbeit wurden Produktmodelle mithilfe der Kennzahl und alternativ allein mit dem Produktvolumen abstrahiert. Es hat sich gezeigt, dass die Abstraktion mithilfe der Kennzahl eine deutlich aussagekräftigere Vorhersage ermöglicht. Die Kennzahl kann als Maß der Komplexität verstanden werden. Somit ist die Formkomplexität im Hinblick auf die Fertigung im FLM-Verfahren relevant.

## 7.2 Ausblick

Zur Weiterentwicklung und Anwendung der Abstraktionsmodelle müssen zusätzlich spezifische Fertigungsrestriktiva wie bspw. Stützmaterialien oder die Orientierung des Bauteils im Bauraum berücksichtigt werden. Weiterhin ist eine Anwendung der Abstraktion auf andere Fertigungsmerkmale wie den Energieverbrauch SLM/EBM [18] denkbar, um die Aussagekraft auch für diese Merkmale zu validieren. Weitere Eingabeparameter wie bspw. der Flächeninhalt aller Flächen, die eine Schrägung von mehr als 45° aufweisen, oder die Ausrichtung im Bauraum können dazu verwendet werden, um die Aussagekraft der Modelle weiter zu schärfen.

Beim vorgestellten Menger-Schwamm-Modell ist der errechnete Vorhersagewert der Fertigungszeit zu gering. In weiteren Untersuchungen kann dies durch einen Korrekturfaktor, der von der dimensionslosen geometrischen Ähnlichkeitskennzahl abhängig ist, korrigiert werden.

Die Übertragung der Erkenntnisse auf konventionelle Fertigungsverfahren wie z. B. Fräsen wird die Erkenntnisse aus der additiven Fertigung mit den konventionellen Verfahren vergleichbar machen.

Eine Implementierung des Vorgehens in ein CAD-System steht aus. Eine Validierung in einem ausgewählten Anwenderkreis ist notwendig, um die Bedienbarkeit und Funktionalität für verschiedene Anwender/innen nachzuweisen.

## Literaturverzeichnis

[1] *A. Gebhardt: 3D-Drucken: Grundlagen und Anwendungen des Additive Manufacturing (AM). Carl Hanser Verlag GmbH Co KG, 2014.*

[2] *JOSHI, Durgesh; RAVI, Bhallamudi. Quantifying the shape complexity of cast parts. Computer-Aided Design and Applications, 2010, 7. Jg., Nr. 5, S. 685–700.*

[3] *Conner BP, et al. Making sense of 3-D printing: Creating a map of additive manufacturing products and services. Addit Manuf (2014), http://dx.doi.org/10.1016/j.addma.2014.08.005*

[4] *VALENTAN, B., et al. Basic solutions on shape complexity evaluation of STL data. Journal of Achievements in Materials and Manufacturing Engineering, 2008, 26. Jg., Nr. 1, S. 73–80.*

[5] *CHOUGULE, R. G.; RAVI*, B. Variant process planning of castings using AHP-based nearest neighbour algorithm for case retrieval. International journal of production research, 2005, 43. Jg., Nr. 6, S. 1255–1273.*

[6] *MERKT, S., et al. Geometric complexity analysis in an integrative technology evaluation model (ITEM) for selective laser melting (SLM). South African Journal of Industrial Engineering, 2012, 23. Jg., Nr. 2, S. 97–105.*

[7] *QAMAR, S. Z.; ARIF, A. F. M.; SHEIKH, A. K. A new definition of shape complexity for metal extrusion. Journal of Materials Processing Technology, 2004, 155. Jg., S. 1734–1739.*

[8] *R. Koschorrek: Systematisches Konzipieren mittels Ähnlichkeitsmethoden am Beispiel von PKW-Karosserien, Logos-Verlag, Techn. Univ. Braunschweig, Berlin 2007, ISBN: 978-3-8325-1784-7*

[9] *W.-D. Klix: Konstruktive Geometrie - darstellend und analytisch, Fachbuchverlag Leipzig im Carl-Hanser-Verlag, München u.a., 2001, ISBN: 3-446-21566-2*

[10] *M. Deimel: Ähnlichkeitskennzahlen zur systematischen Synthese, Beurteilung und Optimierung von Konstruktionslösungen, VDI-Verlag, Techn. Univ. Braunschweig, Düsseldorf 2007, ISBN: 978-3-18-339801-0*

[11] *M. Barnsley: Fraktale: Theorie und Praxis der deterministischen Geometrie, Heidelberg u.a., Spektrum, Akad. Verl., 1995, ISBN: 3-86025-010-8*

[12] *K. Falconer: Fractal geometry : mathematical foundations and applications, Chichester u.a., Wiley, 1990, ISBN: 0-471-92287-0*

[13] *H. Zeitler, W. Neidhardt: Fraktale und Chaos: Eine Einführung, Darmstadt, WBG (Wissenschaftliche Buchgesellschaft), 2005, ISBN: 3-534-18972-8*

[14] *H. Zeitler, D. Pagon: Fraktale Geometrie: eine Einführung für Studienanfänger, Studierende des Lehramtes, Lehrer und Schüler, Vieweg, Braunschweig u.a., 2000, ISBN: 3-528-03152-2*

[15] *W. Beitz, K.-H. Grote: Taschenbuch für den Maschinenbau / Dubbel, 19. Auflage, Berlin u. a., Springer, 1997, ISBN: 3-540-62467-8*

[16] *Benchmark Produkt „#3DBenchy": url: http://www.3dbenchy.com/, Stand: 31.08.2016*

[17] *Cura Slicing Software: url: https://ultimaker.com/en/products/cura-software , Stand: 05.09.2016*

[18] *BAUMERS, Martin, et al. Shape Complexity and Process Energy Consumption in Electron Beam Melting: A Case of Something for Nothing in Additive Manufacturing?. Journal of Industrial Ecology, 2016.*

# Entwicklung individualisierter Produkte durch den Einsatz Additiver Fertigung

Johanna Spallek und Dieter Krause

**Zusammenfassung**

*Ein häufig genanntes Potential additiver Fertigungsverfahren ist die Individualisierung von Produkten. Zur Individualisierung werden additive Fertigungsverfahren aktuell u. a. bei Konsumgütern, Kunstgegenständen sowie Produkten in der Medizintechnik angewendet. Das nicht ausgeschöpfte Potential wird besonders durch die zu erwartenden Innovationen der Fertigungstechnologien an Relevanz gewinnen.*

*In diesem Beitrag wird analysiert, worauf sich das Potential der additiven Fertigungsverfahren zur Individualisierung gründet und welches die wesentlichen Treiber für die Anwendung additiver Fertigungsverfahren sind. Es werden Ausprägungen der Individualisierung herausgearbeitet, welche durch das Vorgehen in der Produktentwicklung beeinflusst werden können. Durch verschiedene Vorgehen der Produktentwicklung kann der Vorbereitungsgrad zur Individualisierung definiert werden. Diese Prozesstypen werden an der Produktindividualisierung von Blutgefäßmodelle mittels additiver Fertigungsverfahren vorgestellt, die an patientenspezifische Blutgefäßgeometrien sowie individuelle Kundenwünsche angepasst werden können. Es wird deutlich, dass auch bei dem bestehenden Potential der additiven Fertigung zur Individualisierung die ansteigende interne Vielfalt und Komplexität in allen Produktlebensphasen zu berücksichtigen ist.*

J. Spallek (✉) · D. Krause
Institut für Produktentwicklung und Konstruktionstechnik (PKT), Technische Universi-tät Hamburg-Harburg, Hamburg, Deutschland
e-mail: j.spallek@tuhh.de



R. Lachmayer, R.B. Lippert (Hrsg.), *Additive Manufacturing Quantifiziert*,
DOI 10.1007/978-3-662-54113-5_5

Schlüsselwörter

*Additive Manufacturing · Mass Personalization · Produktentwicklung · Kundenindividualisierte Produkte · Patientenspezifische Blutgefäßmodelle*

## Inhaltsverzeichnis



## 1 Einleitung

Die Nachfrage zur Differenzierung von Produkten bei möglichst niedrigen Preisen stellt viele produzierende Unternehmen in den heutigen heterogenen und globalisierten Märkten vor Herausforderungen. Der technologische Fortschritt der additiven Fertigungstechnologien wird häufig als mögliche Antwort auf die Frage genannt, wie kundenspezifische Produkte kosteneffizient produziert werden können [1]. Verschiedene additiv gefertigte, individualisierte Produkte, beispielsweise Hörgeräte, werden bereits industriell angeboten [2].

Eine hohe externe Produktvielfalt birgt jedoch das Risiko einer intern induzierten Varianz und Prozesskomplexität [3]. Entscheidenden Einfluss auf die Reduktion von interner Vielfalt kann die Produktentwicklung durch die Gestaltung nachgelagerter Prozesse nehmen. Jedoch sind mögliche Strategien und Vorgehen in der Produktentwicklung individualisierter Produkte, die durch den Einsatz additiver Fertigungsverfahren produziert werden, bisher nicht ausreichend untersucht worden.

In diesem Beitrag wird literaturbasiert analysiert, worauf das Potential der additiven Fertigungsverfahren zur Individualisierung gründet. Anhand aktueller Anwendungen werden wesentliche Treiber für die Nutzung additiver Fertigung zur Produktindividualisierung herausgearbeitet. Darauf aufbauend wird untersucht, inwieweit die Ausprägungen der Individualisierung durch das Vorgehen in der Produktentwicklung beeinflusst werden. Typen von Produktentwicklungsprozessen zur Individualisierung werden dargestellt. Anhand des Produktbeispiels von Blutgefäßmodellen für medizinische Trainings werden zwei Produktentwicklungsprozesse und die resultierende Ausprägung der

Individualisierung vorgestellt. Abschließend werden die Auswirkungen der Individualisierung durch additive Fertigung diskutiert.

## 2 Produktvielfalt und individualisierte Produkte

Kundenwünsche nach einem vielfältigen Produktangebot und einer individuellen Leistungserbringung steigen stetig an [3]. Zunehmende Globalisierung und der damit verbundene Wandel der Märkte, die hohe Dynamik im Unternehmensumfeld und neue Technologien, die u. a. eine Kundenbeteiligung durch Web-Technologien ermöglichen, erfordern daher ein ausgereiftes Produktprogramm [4].

Der am Institut für Produktentwicklung und Konstruktionstechnik entwickelte „Integrierte PKT-Ansatz zur Entwicklung modularer Produktfamilien" unterstützt die Entwicklung einer Produktfamilie mit mehreren Produktvarianten. Ziel ist es, eine definierte externe Vielfalt im Produktprogramm anzubieten und gleichzeitig die interne Komponenten- und Prozessvielfalt zu verringern, siehe Abb. 1 links [3]. Solch eine modulare Produktfamilie mit vordefinierten und ggf. vorproduzierten Modulen ermöglicht verschieden konfigurierte Varianten, die ab der Montage kundenspezifisch gehandhabt werden können. Bei einer variantenreichen Serienproduktion erfolgt die Produktentwicklung in der Regel in einem kundenneutralen Prozess, sodass der individuelle Kunde einen limitierten – seinem Wunsch nach Differenzierung oftmals ausreichenden – Einfluss auf die finale Gestalt der Produktvariante hat [4].

Eine direkte Beeinflussung durch den individuellen Kunden kann durch Individualisierung von Produkten ermöglicht werden, in dem z. B. das ästhetische Design individualisiert wird, die Funktionalitäten angepasst oder Schnittstellen an die Maße des Nutzers adaptiert werden. Durch die Individualisierung (engl. häufig: „mass personalization") wird das Produkt den Kundenwünschen angepasst [5]. Zur Beherrschung der internen Varianz sind hierbei drei Arten von Modulen zu empfehlen (siehe Abb. 1

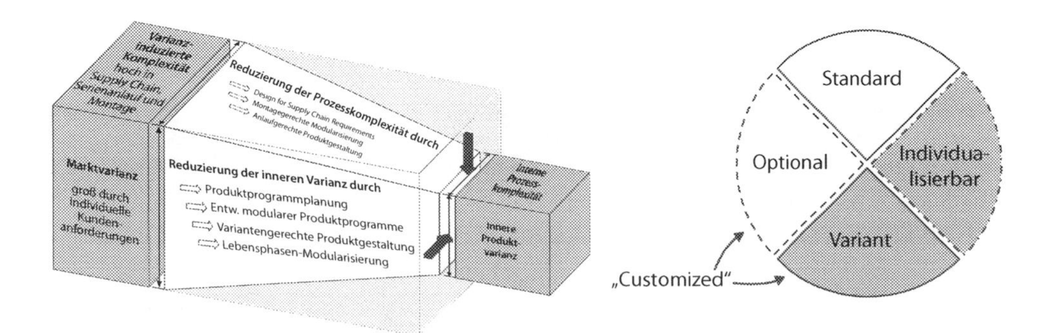


**Abb. 1** Der Integrierte PKT-Ansatz zur Entwicklung modularer Produktfamilien (links [3]); Zusammensetzung der Produktarchitektur individualisierter Produkte (rechts, angepasst nach [6])

rechts): *Standard* Module werden über die ganze Produktfamilie genutzt. Bei Berry et al. (2013) als „*customized*" bezeichnete Module sind variant ausgeführt und/oder optional wählbar [6]. Eine solche Produktarchitektur entspricht dem Ansatz konfigurierbarer Produktfamilien. Diese sind im Rahmen der variantengerechten Produktgestaltung so auszulegen, dass variante bzw. optionale Komponenten möglichst in einer Eins-zu-eins-Beziehung durch die kundenrelevanten Produkteigenschaften beeinflusst werden [3]. Ein individualisiertes Produkt wird um *individualisierbare* Module erweitert, die kundenspezifisch, ggf. durch direkte Mitwirkung des Kunden, gestaltet werden [6]. Indem diese Module entsprechend der spezifischen Kundenanforderungen designt werden, können individuelle Kundenwünsche erfüllt werden. Gleichzeitig soll der interne Aufwand aufgrund der Zusammensetzung der verschiedenen Modularten möglichst gering gehalten werden. Die Individualisierung wird durch einen hohen Grad an Produktänderung, Co-Creation und einen hohen Erfahrungswert des Nutzers unterstützt, sodass das Produkt und die Produktstruktur adaptier- und konfigurierbar sind [7]. Dies impliziert aber auch, dass die Eigenschaften des finalen Produkts weniger prognostizierbar sind [5].

## 3 Potential der additiven Fertigung zur Produktindividualisierung

Die additive Fertigung ist ein Sammelbegriff für verschiedene Verfahren, bei denen schichtweise ein Körper direkt aus CAD-Daten oder durch die Implementierung von Daten anderer Quellen, z. B. medizinischer Bilddaten gefertigt wird [8]. Die in den deutschsprachigen Medien oft als „3D-Druck" zusammengefassten Verfahren werden im englischen „Additive Manufacturing" (AM) genannt. Durch den werkzeuglosen Aufbau bieten die Technologien eine hohe Geometriefreiheit, sodass Geometrien, die mit traditionellen Fertigungsverfahren schwierig zu fertigen sind, durch AM ermöglicht werden [9]. Auch die Fertigung unterschiedlicher Materialien ist durch die verschiedenen additiven Technologien, wie Lasersintern, Fused Deposition Modelling und Stereolithographie, realisierbar. Üblicherweise werden Polymere, Metalle oder Keramik gefertigt [1]. Die additiven Technologien wurden in den letzten Jahren stetig weiterentwickelt und es wird auch für die Zukunft prognostiziert, dass die Technologien weiter wachsen werden [9].

Neben dem langjährigen Einsatz zum Prototypenbau wird AM mit steigender Zahl auch zur Produktion von Bauteilen von Endprodukten eingesetzt. Der Einsatz von additiver Fertigung für finale Bauteile wird für verschiedene Anwendungsfelder empfohlen. Oft werden die Geometriefreiheit zur Fertigung von geometrisch komplizierten Strukturen, zum Beispiel beim kraftflussgerechten Materialeinsatz im Bereich des Leichtbaus, die ökonomische Fertigung von geringen Stückzahlen, sowie die Funktionsintegration zur Reduzierung der verbauten Einzelteile als Empfehlungen genannt [8].

In der Fachliteratur wird das Potential additiver Fertigung zur Individualisierung oft hervorgehoben und meist anhand einzelner Beschreibung von Anwendungsbeispielen konkretisiert. Die nächsten Abschnitt dieses Beitrags widmen sich der näheren Untersuchung dieses Potentials. Die Literatur wird auf konkrete Aussagen zum Potential der additiven Fertigung zur Produktindividualisierung hin untersucht (Abschn. 3.1) und anschließend wird eine Auswahl von Produkten, die aktuell mittels AM kundenindividualisiert gefertigt werden, vorgestellt und auf die Motivation zur Individualisierung hin untersucht (Abschn. 3.2).

## 3.1 Hintergrund des Individualisierungspotentials additiver Fertigung

Der Mehrwert der additiven Fertigungstechnologien für die Produktentwicklung wurde früh erkannt, wobei der Schwerpunkt zunächst auf dem Prototypenbau[1] lag [11]. Durch die fortschreitende Entwicklung der Technologien hat die additive Fertigung vermehrt auch für Endprodukte an Relevanz gewonnen. In der Fachliteratur werden Vorteile der additiven Fertigung zur Produktion zumeist in Hinblick auf Produktionen von Kleinserien sowie von kundenindividuellen Produkten formuliert (beispielhaft seien hier [8, 12–14] genannt). Schon länger werden zwei industrielle Anwendungen aufgeführt, in denen additive Fertigungstechnologien für kundenspezifische Produkte eingesetzt werden: patientenspezifische Aligner zur kieferorthopädischen Behandlung und individuelle Hörgeräteschalen (siehe Abschn. 3.2) [15].

### Werkzeuglose Fertigung

Bei traditionellen Fertigungsverfahren, wie Spritzguss, Füge- oder subtraktiven Fertigungsprozessen, werden oft Werkzeuge benötigt, deren Kosten eine Fertigung in höherer Stückzahl empfehlenswert macht [13]. Die Möglichkeit der additiven Fertigung, Teile oder sogar finale Produkte direkt aus digitalen Daten fertigen zu können, ermöglicht aufgrund des Wegfalls von Werkzeugkosten die effiziente Fertigung kleinerer Stückzahlen [13] und eine Relativierung von Skaleneffekten in der Produktion:

> It has been recognized that the traditional economy-of-scale model is not relevant to 3D printing leading to what is called an »economy-of-one«.[…] Likewise, the low production rate of current 3D printing equipment tends to cause some to recommend it as primarily suitable for products that are of high value and low volume. [16]

---

[1] Der Einsatz von AM im Prototypenbau zum Erkennen von Kundenwünschen sowie zur individuellen Spezifikation des Produkts ist zur Entwicklung von Produkten mit kundenspezifischen Anforderungen von hoher Relevanz und kann verstärkte Einbeziehung des Verbrauchers ermöglichen [10]. In diesem Beitrag hingegen liegt der Fokus auf der Nutzung der additiven Fertigung zur Produktion von finalen Produktbauteilen.

Vor dem Hintergrund der Potentiale additiver Fertigung verschiebt sich das Paradigma der „economies of scale" zunehmend hin zu der „economies of one". Laut Petrick und Simpson (2013) werden beide Businessmodelle auch weiterhin parallel fortbestehen, jeweils aber für spezifizierte Zielprodukte Anwendung finden. Wo verbraucherspezifische Individualisierung wünschenswert ist, geringe Stückzahlen oder Eigenschaften erforderlich sind, die mit traditioneller Fertigung nicht bzw. kostenintensiv gefertigt werden können, werden additive Fertigungstechnologien zukünftig rentabel und wettbewerbsfähig sein [17].

### Geometriefreiheit

Neben dem Vorteil relativierter Skaleneffekte und reduzierter Werkzeugkosten ist die erhöhte Geometriefreiheit als entscheidender Vorteil zu nennen. Sie ist ebenfalls für die Individualisierung von Produkten ein wichtiger Faktor. Zum einen können Kundenwünsche und -anforderungen durch eine höhere Geometriefreiheit häufig erst ermöglicht bzw. einfacher erfüllt werden. Zum anderen können personenspezifische Formen, z. B. basierend auf physischen Daten, einfach gefertigt werden [13]. Viele Regeln der fertigungsgerechten Konstruktion können vernachlässigt werden. Beachtet werden müssen hierbei selbstverständlich die AM-technologiespezifischen Gestaltungsrichtlinien, z. B. Einschränkungen für Wandstärken, Winkel und Stützmaterialien [1].

### Mehrwert für Kunden und Unternehmen

Das Potential additiver Fertigung erstreckt sich neben ökonomischen Aspekten auch auf die Bereiche der Ökologie und den Erfahrungswert der Kunden [18]. Speziell mit Blick auf den Erfahrungswert der Endverbraucher gewinnt die durch AM ermöglichte Produktindividualisierung zunehmende Bedeutung. Hierdurch erzielbare Verbesserungen beziehen sich sowohl auf extrinsische Werte, z. B. durch Anpassung der Funktionalität und Anwendbarkeit des Produkts, wie auch intrinsische Werte, z. B. durch eine emotionale Bindung des Kunden. Durch die Anwendung additiver Fertigung kann das Verhältnis von Unternehmen und Kunden folglich auf vielerlei Weisen positiv beeinflusst werden. Für Unternehmen hat dies den Vorteil, dass sowohl ein höherer Produktwert als auch eine engere Kundenbindung erzielt werden kann [18].

Für Unternehmen werden additive Fertigungsverfahren besonders dann von Interesse, wenn neue Arten von Premiumprodukten denkbar werden, für die Kunden bereit sein werden, einen „Premium Preis" zu zahlen, weil sie um die Einzigartigkeit des Produkts wissen [18]. Hinzu kommt eine ermöglichte Änderung der Betriebswege. Der flexible Einsatz additiver Fertigungsverfahren ermöglicht eine dezentrale Produktion, die eine Just-In-Time Fertigung auch unmittelbar vor Ort näher bringt [2]. Markante Verzögerungen in der Herstellung und Lieferzeit, die bei kundenindividualisierten Entwicklungen nicht ungewöhnlich sind, können so vermieden werden. Um einen ökonomischen Mehrwert zu generieren, ist dies von grundlegender Bedeutung [14].

**Zusammenfassung: Potential zur Produktindividualisierung**
Die additiven Fertigungsverfahren haben aufgrund der werkzeuglosen Fertigung, der relativierten Skaleneffekte und der hohen Geometriefreiheit das Potential, einen Mehrwert für den Kunden durch individualisierte Produkte zu generieren, wodurch sich ihre ökonomische Relevanz für Unternehmen erklärt. Ein Großteil der Fachliteratur legt den Fokus auf der Herausstellung der Potentiale und Vorteile, die durch AM eröffnet werden. Hierzu zwei Beispiele:

> A given manufacturing facility would be capable of printing a huge range of types of products without retooling – and each printing could be customized without additional cost. [12]

> We can now consider the possibility of mass customization, where a product can be produced according to the tastes of an individual consumer but at a cost-effective price. [8]

Bei der Produktplanung und Konstruktion müssen jedoch ebenso die Einschränkungen der additiven Fertigung berücksichtigt werden, die technologiebedingt auftreten können, z. B. Materialeinschränkungen, Genauigkeit, Hohlräume, Stützen, Baugeschwindigkeit, etc. Auch können längst nicht alle Teile kosteneffizient bzw. mit ausreichender Qualität durch AM gefertigt werden. Zugleich beeinflussen die Fertigungsparameter der jeweiligen Verfahren die Vorplanung und Kosten der Fertigung, z. B. durch die Bauorientierung, der Laserenergie, oder der Scangeschwindigkeit, die bei der Planung von Produktvarianten beachtet werden müssen [19].

## 3.2 Aktuelle Anwendungen additiver Fertigung zur Individualisierung

Vermehrt wird die additive Fertigung auch industriell zur Individualisierung genutzt oder in ersten Fallstudien untersucht. Die individualisierten medizinischen Anwendungen reichen von Hörgeräten, Implantaten, Zahnspangen, Schienen, Einlagen und Brillen bis hin zu Prothesen [1, 2]. Auch patientenspezifische Modelle und Phantome werden zur Operationsplanung und Training sowie als Operationshilfsmittel individualisiert entwickelt [9, 20]. Diese Vielfalt zeigt, dass die Medizinindustrie aktuell die vielversprechendste Branche für die durch AM ermöglichte Individualisierung von Produkten ist. Die dadurch implizierte Verbesserung der medizinischen Versorgung stellt laut Huang et al. (2013) einen der drei wesentlichen Faktoren des gesellschaftlichen Einflusses der additiven Fertigung dar [21]. Kundenspezifische Verpackungs- und Versandmaterialien, Konsumgüter wie Laufschuhe oder Kopfhörer, Möbel wie Lampen und Stühle stellen weitere aktuelle Anwendungen der durch AM ermöglichten Individualisierung dar [1, 14]. Die Schmuckindustrie profitiert von individualisierbaren Uhren und Modeaccessoires und vermehrt werden Figuren als 3D-Selfies gedruckt [9].

Die Entscheidung der Unternehmen, individualisierte Produkte anzubieten und die höhere interne Vielfalt in Kauf zu nehmen, gründet auf verschiedenen Motivationen. Die Individualisierung kann *notwendig* sein, wenn ohne Individualisierung keine Anwendbarkeit des Produkts vorliegt, z. B. bei den In-Ohr-Hörgeräten. Eine *optionale* Individualisierung, wie sie bei vielen Konsumgütern vorliegt, ermöglicht dem Kunden, ein individualisiertes Premiumprodukt anstatt eines Standardprodukts bzw. einer konfigurierten Produktvariante wählen zu können. Mittels additiver Fertigung sind auch lediglich einzelne Komponenten eines ansonsten standardisierten Produkts flexibel zu gestalten, um eine erhöhte Änderungs- und Anpassungsmöglichkeit des Produkts zu ermöglichen. Viele individualisierte Produkte fallen auch unter die Kategorie „*novelty item*". Sie haben geringen bzw. keinen praktischen Mehrwert, erfahren aber in ihrer individualisierten Form ein hohes Kundeninteresse, wie z. B. Figuren als 3D-Selfie. Hierbei spielen nicht zuletzt der aktuelle Trend sowie der mediale Hype um das Themengebiet 3D-Druck eine entscheidende Rolle. Diese Begeisterungswelle – deren Beständigkeit für die Zukunft schwer prognostizierbar ist – unterstützt die Relevanz dieser Individualisierung.

## 4 Produktentwicklung zur AM-ermöglichten Individualisierung

Das Anbieten individualisierter Produkte beeinflusst neben der Produktion auch die anderen Produktlebensphasen. In der Produktentwicklung sind verschiedene Faktoren zur Individualisierung zu berücksichtigen bzw. können durch das Vorgehen in der Produktentwicklung beeinflusst werden.

### 4.1 Vorbereitungsgrad individualisierbarer Module

Im Rahmen der Produktentwicklung kann durch eine geschickte Produktstrukturierung eine Reduzierung der Komponentenvielfalt und der Prozesse erreicht werden. Beim Anbieten individualisierter Produkte wird eine hohe externe Varianz gezielt erzeugt, weil sie als kundenrelevant bewertet wird. Eine beherrschbare interne Varianz ist hier von großer Bedeutung. Die standardisierten und die varianten bzw. optionalen Module werden nach Gesichtspunkten von Modul- und Plattformstrategien möglichst variantengerecht konzipiert und auftragsunabhängig konstruiert. Standardisierte Module können mehrfach verwendet werden und in der Produktion den Vorteil von Skaleneffekten bieten. Variante kundenrelevante Produkteigenschaften sollten wenn möglich als variante oder optionale Komponenten ausgeführt werden. Kundenrelevante Produkteigenschaften, deren Ausprägungen nicht vollständig prognostizierbar sind, werden zur Erfüllung der Kundenwünsche individualisierbar gestaltet. Die beeinflussten Komponenten werden an die individuellen Kundenanforderungen angepasst und auftragsbezogen konstruiert.

Im Rahmen der Produktstrukturierung wird der Vorbereitungsgrad der individualisierbaren Komponenten festgelegt. Dadurch wird definiert, welche Einschränkungen zur

Individualisierung gegeben werden und wieviel Unvorhersehbarkeit der individualisierbaren Module zugelassen wird. Bei vielen der individualisierbaren Produkte gibt es oft eine kundenrelevante Eigenschaft, die für jeden individuellen Kunden angepasst werden soll, wobei deren Randbedingungen zuvor gut prognostizierbar sind. Die zu erwartenden Ausprägungen, wie die maximalen und minimalen Abmaße, sind hierbei bekannt. Andere Komponenten werden nur in Abhängigkeit dieser Eigenschaft verändert. Dies ist bei den In-Ohr-Hörgeräten die Form der Gehäuseschale, die an den Gehörgang angepasst werden soll. Obwohl die entsprechende Form noch unbekannt ist, ist die Prognostizierbarkeit des Produktmerkmals relativ hoch. Das individualisierbare Modul kann daher in einem hohen Ausmaß vordefiniert und anschließend für jeden Kunden nach Auftragsannahme angepasst bzw. parametrisiert werden. Im Gegensatz dazu sind die Ausprägungen spezifischer Kundenwünsche im Rahmen der Produktentwicklung oft nicht eindeutig prognostizierbar, sollen aber individualisierbar sein. Daher werden Individualisierungsfreiräume eingeplant oder prinzipielle Lösungen vorbereitet, die daraufhin auftragsbezogen ausgestaltet werden können. Um einen zunehmenden Kundennutzen verwirklichen zu können, wird diese Unvorhersehbarkeit mit geringerem Vorbereitungsgrad trotz der induzierten Komplexität in Kauf genommen. Gerade hier kann die Produktion stark von der additiven Fertigung profitieren.

## 4.2 Entwicklungsprozesstypen

Abhängig von der Prognostizierbarkeit der individualisierbaren Module sind unterschiedliche Prozesse beim Konzipieren, Entwerfen und Ausarbeiten zielführend [22]. Wenn individualisierbare Module durch Kundenwünsche beeinflusst werden, die weniger prognostizierbar sind und die beim Konzipieren nicht vordefiniert werden können, ist ein möglichst flexibler Prozess mit definierten Freiräumen zur Anpassung empfehlenswert [22]. Die *spezifische Adaption* ermöglicht die Aufnahme von Kundenanforderungen, ohne eine aufwändige Einzelanfertigung durchzuführen. Die Anpassbarkeit benötigt eine präzise Strukturplanung, in der die Kernstruktur des Produkts mit den änderbaren Eigenschaften und den Freiräumen für die Individualisierung definiert wird. Das vordefinierte Produkt wird innerhalb dieses festgelegten Freiraums an die Kundenwünsche adaptiert, sodass einzelne Phasen der Produktentwicklung entsprechend des spezifischen Auftrags erneut durchlaufen werden (siehe Abb. 2 oben). Hierbei ist ein relativ hoher Aufwand für die Adaption notwendig, wobei durch die direkte Anforderungsaufnahme eine verstärkte Kundeneinbindung sowie individuelle Leistungserbringung realisiert werden kann.

Bei einer hohen Prognostizierbarkeit der Individualisierbarkeit, bei dem eine Komponente wiederkehrend mit denselben Anforderungen angepasst wird, sollte dies in einem *standardisierten Individualisierungsprozess* vorgenommen werden (siehe Abb. 2 unten). Während der Konzeptions- und Konstruktionsphase werden dabei die Rahmenbedingungen dieser Individualisierung bei hohem Vorbereitungsgrad festgelegt und der wiederkehrende Individualisierungsprozess entwickelt. Dieser Prozess beschreibt das Vorgehen von

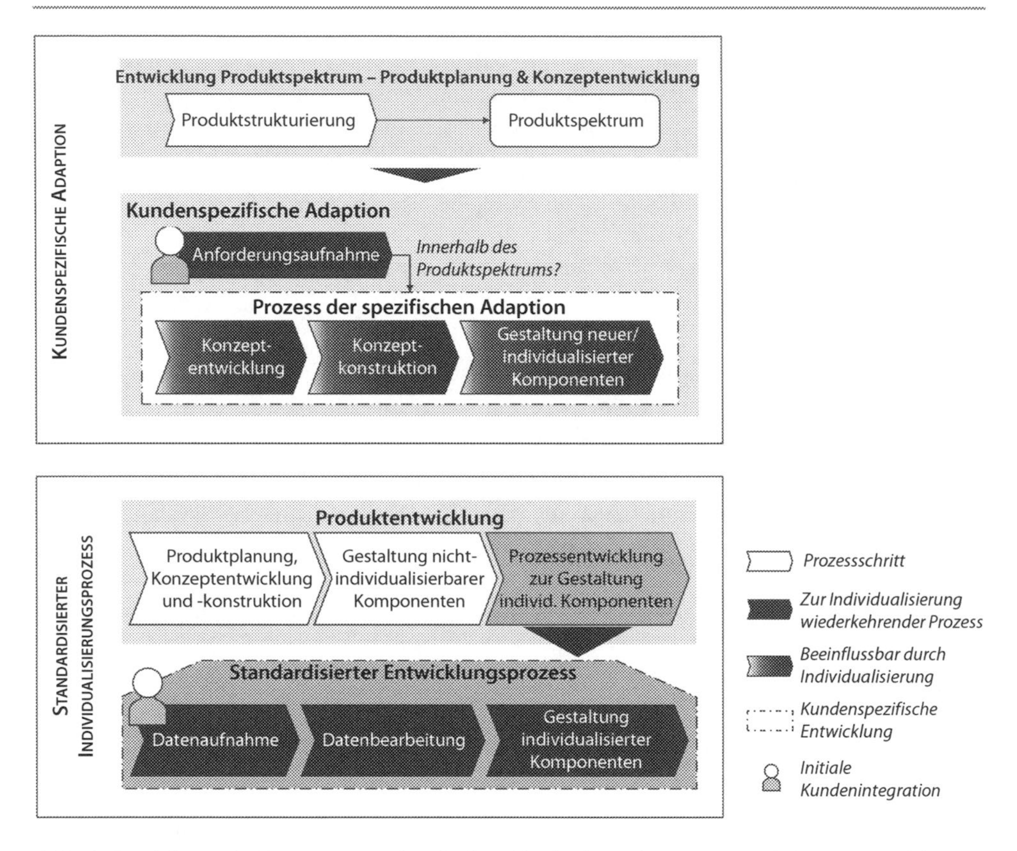


**Abb. 2** Produktentwicklungsprozess für die Spezifische Adaption (oben) und den standardisierten Individualisierungsprozess (unten) nach [22]

der initialen Datenaufnahme des Kunden bis zur Generierung finaler Produktionsdaten. Da dieser Prozess bei jedem Kunden identisch ist, ermöglichen Standardisierung und Automatisierung eine Bewerkstelligung mit vergleichbar geringem Aufwand. Denkbar ist ebenfalls eine Auslagerung in eine andere Abteilung. Da Produktstruktur und Funktionalitäten des Produkts unverändert bleiben, findet keine spezifische Anforderungsaufnahme statt. Lediglich der zu individualisierende Parameter wird angepasst. Dies ist besonders bei körperspezifischen Anpassungen relevant. Der Erfahrungswert des Kunden kann gesteigert werden, wobei im Hintergrund nur geringe Anpassungen bei einem ansonsten identischen Prozess vorgenommen werden.

## 4.3 Anwendungsbeispiel: Individualisierte Blutgefäßmodelle

Die Medizin ist ein großes Anwendungsfeld der additiven Fertigung für individualisierte Produkte. Hierzu zählt auch die Anwendung individualisierter Blutgefäßmodelle, an der im Folgenden die Prozesstypen vorgestellt werden. Blutgefäßerkrankungen innerhalb des Schädels stellen ein tödliches Risiko für den Patienten dar. Ein Aneurysma, eine pathologische Ausbeulung eines Blutgefäßes, birgt die Gefahr einer Ruptur, bei der es zu lebensbedrohlichen Blutungen kommen kann. Ein intrakranielles Aneurysma kann neurovaskulär aus dem Inneren des Blutgefäßes behandelt werden, wobei ein flexibler Katheter zur Positionierung von Platinspiralen in das Innere des Aneurysmas geführt wird [20]. Ein kontinuierliches Training der behandelnden Neuroradiologen ist hierbei für die Sicherheit der Patienten notwendig. Ein solches Training kann an dreidimensionalen Nachbildungen von erkrankten Blutgefäßen erfolgen. Die Blutgefäßwand wird hierbei so nachgestellt, dass die Instrumente in das Innere des Blutgefäßmodells eingeführt werden können. Die Fertigung der hohlen und verzweigten Gefäßbäume eines solchen Aneurysmamodells profitiert dabei von der hohen Geometriefreiheit der additiven Fertigungsverfahren [20].

Ein realitätsnahes Training sollte möglichst an Aneurysmageometrien individueller Patienten durchgeführt werden. Die spezifische Geometrie des Aneurysmamodells ist in der initialen Produktentwicklung nicht bekannt und wird daher individualisierbar entwickelt. Im Rahmen der Produktentwicklung wird ein Basisaufbau des Trainingsmodells ausgearbeitet, der möglichst viele standardisierte oder optionale Module beinhaltet, wie Pumpe, Katheter, Aorta, Gehäusekomponenten, Schläuche und Schlauchkonnektoren (siehe Abb. 3). Die Ausprägungen des Aneurysmamodells sind durch die Lage an den Gehirnblutgefäßen sowie den üblichen Aneurysmagrößenordnungen sehr gut prognostizierbar, sodass ein standardisierter Prozess für die Entwicklung der individuellen Aneurysmamodelle definiert wird. Dieser Prozess von der Datenaufnahme eines Hirnaneurysmas durch medizinische Bildgebung über die Modellentwicklung bis hin zur Fertigung wird für jedes patientenspezifische Modell durchlaufen [22].

Ein solcher Basisaufbau soll für variantenreiche Trainingsszenarien angepasst werden können und dabei verschiedene Anforderungen der Mediziner erfüllen. Im Gegensatz zu

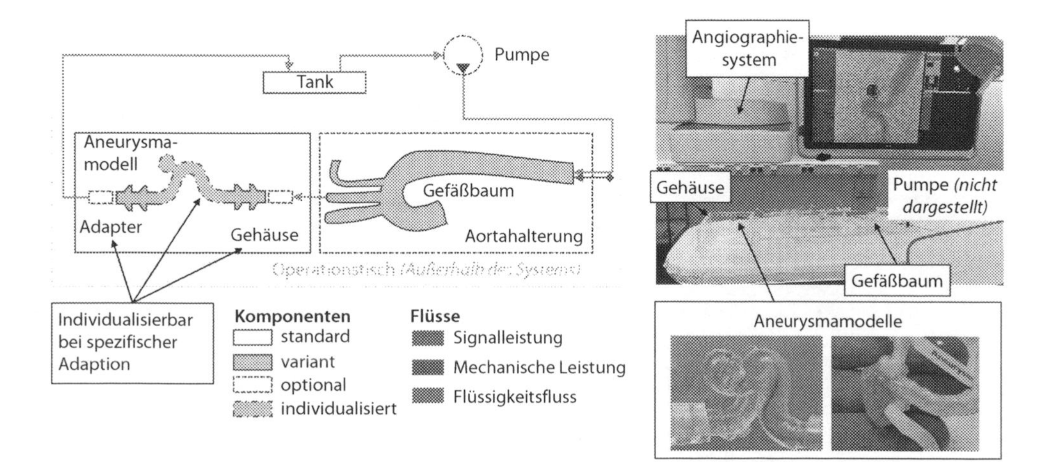


**Abb. 3** Aufbau des Blutgefäßmodells mit patientenspezifischen Aneurysmamodellen, links: Schema der Module, rechts: Aufbau zum Training (Foto)

den einzelnen patientenspezifischen Aneurysmamodellen sind die diesbezüglichen Anforderungen weit weniger prognostizierbar, weil nicht feststeht, welche Trainings- und Testszenarien in Zukunft am Gerät realisiert werden sollen. Daher ist für die Individualisierung dieses Gesamtaufbaus ein möglichst flexibler Anpassungsprozess notwendig. Nach der Festlegung des Produktspektrums, bei dem ausgewählte Komponenten als veränderbar definiert werden, wird bei jeder neuen Anforderung geprüft, ob innerhalb der Kernstruktur eine Erfüllung des Anforderungsprofils realisierbar ist. Bislang konnten auf diese Weise mehrere Individualisierungen im Rahmen verschiedener Forschungsprojekte realisiert werden, wobei beispielsweise eine Anpassung des Gehäuses oder Materialveränderungen der Aneurysmamodelle realisiert werden konnten [22].

Die Anwendung der Prozesstypen anhand der Blutgefäßmodelle macht die Unterschiede der beiden Entwicklungsprozesse deutlich. Die verschiedenen Ausprägungen der Individualisierung benötigen unterschiedlichen Aufwand der auftragsspezifischen Anpassung. Bei einem standardisierten Entwicklungsprozess ist es möglich, den Aufwand zu minimieren, indem der Prozess weitestgehend automatisiert und damit beherrschbar gestaltet wird. In der spezifischen Adaption können einzelne Entwicklungsschritte abhängig von dem spezifischen Anforderungsprofil erneut durchlaufen werden, sodass genau das von den Medizinern gewünschte Produkt entstehen konnte. Am Anwendungsbeispiel der Blutgefäßmodelle beispielsweise wurde ein zunächst individueller Wunsch nach elastischen Wänden des Aneurysmamodells aufgrund des hohen Mehrwerts für das Gesamtprodukt nachträglich standardmäßig in das Produkt mit aufgenommen [22].

## 5 Komplexitätsaspekte und Kundennutzen der Individualisierung

Durch die Entwicklung individualisierter Produkte wird die externe Vielfalt bewusst vergrößert, wodurch aber auch das Maß an interner Komplexität erheblich steigt. Dabei ist die Beherrschung der internen Varianz wettbewerbsentscheidend, und sie sollte möglichst reduziert werden. In diesem Hinblick ist auch die Nutzung des Potentials der additiven Fertigung zur Individualisierung kritisch zu hinterfragen.

Der Mehrwert der additiven Fertigung wird mit „stückzahlunabhängiger Produktion" und der „nahezu unbegrenzten Geometriefreiheit" begründet [9]. So wirken die laut Campbell et al. (2011) „geringen oder keine zusätzlichen Produktionskosten" [12] dieser Individualisierung im Vergleich zur Massenproduktion zunächst sehr attraktiv:

> AM technology also enables the design, and efficient manufacture, of personalized products, and could drive the transition from mass production to mass customization, in which each item produced is customized for the user at little or no additional production cost. [12]

Aktuelle AM-Kostenmodelle zeigen jedoch, dass die additive Fertigung nicht stückzahlunabhängig ist und Skaleneffekte ebenfalls auftreten können (einen Überblick dazu bietet

z. B. [1]). Dieses liegt an den zusätzlichen Kosten verschiedener Varianten, die durch Planung neuer Supportstrukturen, Druckausrichtung usw. hervorgerufen werden [19].

Bei einer Komponente mit komplizierter Geometrie und geringer Stückzahl kann die additive Fertigung im direkten Kostenvergleich zur traditionellen Fertigung gut abschneiden [16]. Beim Vergleich zwischen variantenreicher Serienproduktion mit einem individualisierbaren Produktprogramm ist jedoch ein Kostenvergleich von Komponenten unterschiedlicher Wiederverwendung und Stückzahl zu berücksichtigen. Demnach können für das individualisierte Produkt – trotz der nahezu stückzahlunabhängigen additiven Fertigung – in Summe höhere Produktionskosten als bei klassischer Fertigung von Produktvarianten resultieren.

Die Komplexität der Prozesse und die Komponentenanzahl nehmen anlässlich von Individualisierung stark zu. Neben den reinen Herstellkosten müssen daher auch die varianteninduzierten Komplexitätskosten und die Auswirkungen auf die anderen Produktlebensphasen berücksichtigt werden. Es ist genau abzuwägen, ob die Kosten- und Komplexitätsdifferenz für die erhöhte Produktdifferenzierung der Individualisierung von ausreichender Kundenrelevanz ist. Wie in Abschn. 3 beschrieben, verstärkt die additive Fertigung das *Potential* zur Individualisierung. Dabei können durch die Anwendung additiver Fertigungsverfahren viele neue Produkte erst ermöglicht werden. Aber wenn kein *Kundennutzen* bzw. keine *Nachfrage* zur Individualisierung besteht, ist eine durch AM ermöglichte Individualisierung aufgrund der Erzeugung interner Varianz zweckfrei. Dies bedeutet nicht, dass der Einsatz von additiver Fertigung abgelehnt wird. Der Einsatz von AM kann beispielsweise aufgrund der hohen Geometriefreiheit begründet bleiben, ohne dass das Produkt für den individuellen Kunden adaptiert wird. Dass der zusätzliche Aufwand zur Individualisierung trotz hoher Komplexität rentabel ist, lässt sich jedoch lediglich durch einen hohen Kundennutzen individualisierter Produkte begründen. Die additive Fertigung sollte folglich nicht der „künstlichen" Erzeugung externer Varianz dienen, um das verführerische Potential zur Individualisierung zu nutzen, sondern zielorientiert die bestehende und oft noch unerfüllten variantenreichen Nachfragen decken.

Auch mit steigender Qualität, Maschinen- und Materialverfügbarkeit der additiven Fertigungstechnologien werden traditionelle Produktionsstrategien nicht ersetzt, sondern bleiben auch in Zukunft als Ergänzung der bestehenden Produktionstechnologien relevant [17]. Bei einer geplanten Individualisierung von Produkten ist eine Kombination der klassischen und der additiven Fertigungsverfahren zu empfehlen. Dies ermöglicht kosteneffektives Anbieten der Individualisierung bei möglichst geringer interner Komplexität. Es ist relevant, den Individualisierungstreiber und die Merkmale hoher Kundenrelevanz ausfindig zu machen und dafür so viel wie nötig, aber so wenig wie möglich zu individualisieren. Zur Produktion individualisierbarer Komponenten kann auf die additive Fertigung zurückgegriffen werden. Vordefinierte Standardkomponenten, optionale oder variante Komponenten sollten variantengerecht entwickelt und gefertigt werden.

# 6 Zusammenfassung

Das Anbieten kundenindividueller Produkte kann durch den technischen Fortschritt additiver Fertigungstechnologien unterstützt werden. Die Fertigung kundenspezifischer Teile wird durch die werkzeuglose Fertigung, die hohe Geometriefreiheit sowie der direkten Fertigung aus CAD Daten vereinfacht. Insbesondere die Fertigung von Geometrien mit personenspezifischen Daten, z.B. Körpermaßen, wird dadurch ermöglicht.

Wenn der Mehrwert für den Kunden und daraus folgernd die ökonomischen Auswirkungen für das Unternehmen ausreichend relevant sind, wird eine Individualisierung sinnvoll. Hierbei ist die ansteigende interne Vielfalt und die komplizierteren Prozesse in allen Produktlebensphasen zu berücksichtigen. Eine Kombination additiver und traditioneller Fertigungstechnologien ist hilfreich, um standardisierte, optionale bzw. variante Module möglichst kostengünstig zu produzieren und individualisierte Module mittels additiver Fertigung auftragsspezifisch herzustellen. Auf diese Weise können bestehende Produktprogramme erweitert oder neue Produkte ermöglicht werden.

Verschiedene Individualisierungsstrategien mittels AM sind möglich und werden durch das Vorgehen im Entwicklungsprozess beeinflusst. Bei dem standardisierten Individualisierungsprozess erfolgt eine vordefinierte Anpassung einer ausgearbeiteten Komponente, die einem wiederkehrenden Ablauf folgt und dadurch einen geringen Prozessaufwand benötigt. Eine flexiblere Realisierung des kundenspezifischen Designs beeinflusst in der spezifischen Adaption nach einer kundenindividuellen Anforderungsaufnahme auch vorhergehende Entwicklungsschritte. Mit diesem größeren Aufwand wird eine kundenspezifische Anpassung des Produkts ermöglicht.

**„Danksagung"**

„Das diesem Bericht zugrundeliegende Vorhaben zur Entwicklung patientenspezifischer Blutgefäßmodelle wurde mit Mitteln des Bundesministeriums für Bildung und Forschung unter dem Förderkennzeichen 031L0068A gefördert. Die Verantwortung für den Inhalt dieser Veröffentlichung liegt beim Autor."

## Literaturverzeichnis

[1] *Thompson, M. K.; Moroni, G. ; Vaneker, T. ; Fadel, G. ; Campbell, R. I. ; Gibson, I. ; Bernard, A. ; Schulz, J. ; Graf, P. ; Ahuja, B. ; Martina, F.: Design for Additive Manufacturing : Trends, opportunities, considerations, and constraints. In: CIRP Annals - Manufacturing Technology (2016)*

[2] *Wohlers, T.: Wohlers Report 2014 : 3D printing and additive manufacturing state of the industry ; annual worldwide progress report. Fort Collins, Colo. : Wohlers Associates, 2014*

[3] *Krause, D. ; Gebhardt, N. ; Kruse, M.: Gleichteile-, Modul- und Plattformstrategie. In: Lindemann, Udo (Hrsg.): Handbuch Produktentwicklung. München : Hanser, 2016, S. 111–149*

[4] *Baumberger, G. C.: Methoden zur kundenspezifischen Produktdefinition bei individualisierten Produkten. Techn. Univ., Diss—München, 2007. 1. Aufl. München : Verl. Dr. Hut, 2007 (Produktentwicklung)*

[5] *Tseng, M. M. ; Jiao, R. J. ; Wang, C.: Design for mass personalization. In: CIRP Annals - Manufacturing Technology 59 (2010), Nr. 1, S. 175–178*

[6] *Berry, C. ; Wang, H. ; Hu, S. J.: Product architecting for personalization. In: Journal of Manufacturing Systems 32 (2013), Nr. 3, S. 404–411*

[7] *Jiao, R. J.: Prospect of Design for Mass Customization and Personalization. In: Proceedings of the ASME 2011 International Design Engineering Technical Conferences & Computers and Information in Engineering Conference IDETC/CIE 2011, 2011, S. 625–632*

[8] *Gibson, I. ; Rosen, D. ; Stucker, B.: Additive Manufacturing Technologies : 3D Printing, Rapid Prototyping, and Direct Digital Manufacturing. 2nd ed. 2015. New York : Springer New York, 2015*

[9] *Gebhardt, A.: Generative Fertigungsverfahren : Additive Manufacturing und 3D Drucken für Prototyping - Tooling - Produktion. 4., neu bearb. und erw. Aufl. München : Hanser, 2013*

[10] *Campbell, R. I. ; Beer, D. de ; Mauchline, D. ; Becker, L. ; van der Grijy, R. ; Ariadi, Y. ; Evans, M.: Additive manufacturing as an enabler for enhanced consumer involvement. In: The South African Journal of Industrial Engineering 25 (2014), Nr. 2, S. 67*

[11] *Kruth, J.-P. ; Leu, M. C. ; Nakagawa, T.: Progress in Additive Manufacturing and Rapid Prototyping. In: CIRP Annals - Manufacturing Technology 47 (1998), Nr. 2, S. 525–540*

[12] *Campbell, T. ; Williams, C. ; Ivanova, O. ; Garrett, B.: Could 3D PRinting Change the World? (2011).*

[13] *Reeves, P. ; Tuck, C. ; Hague, R.: Additive Manufacturing for Mass Customization. In: Pham, D.T ; Fogliatto, Flavio S.; da Silveira, Giovani J. C. (Hrsg.): Mass Customization. London : Springer London, 2011 (Springer series in advanced manufacturing), S. 275–289*

[14] *Wong, H. ; Eyers, D.: Enhancing Responsiveness for Mass Customization Strategies through the Use of Rapid Manufacturing Technologies. In: Cheng, T. C. Edwin; Choi, Tsan-Ming (Hrsg.): Innovative Quick Response Programs in Logistics and Supply Chain Management. Berlin, Heidelberg : Springer Berlin Heidelberg, 2010, S. 205–226*

[15] *Williams, C. ; Panchal, J. H. ; Rosen, D.: A General Decision Making Framework for the Rapid Manufacturing of Customized Parts. In: ASME Computers and Information in Engineering Conference (2003)*

[16] *Petrick, I. J. ; Simpson, Z. W.: 3D Printing Disrupts Manufacturing : How Economies of One Create New Rules of Competition. In: Research-Technology Management 56 (2013), Nr. 6, S. 12–16.*

[17] *Conner, B. P. ; Manogharan, G. P. ; Martof, A. N. ; Rodomsky, L. M. ; Rodomsky, C. M. ; Jordan, D. C. ; Limperos, J. W.: Making sense of 3-D printing : Creating a map of additive manufacturing products and services. In: Additive Manufacturing 1-4 (2014), S. 64–76.*

[18] *Campbell, R. I. ; Jee, H. ; Kim, Y. S.: Adding product value through additive manufacturing. In: Proceedings of the 19th International Conference on Engineering Design (ICED13) (2013)*

[19] *Yao, X. ; Moon, S.K. ; Bi, G.: A Cost-Driven Design Methodology for Additive Manufactured Variable Platforms in Product Families. In: Journal of Mechanical Design 138 (2016), Nr. 4, S. 41701*

[20] *Frölich, A. M. J. ; Spallek, J. ; Brehmer, L. ; Buhk, J-H ; Krause, D. ; Fiehler, J. ; Kemmling, A.: 3D Printing of Intracranial Aneurysms Using Fused Deposition Modeling Offers Highly Accurate Replications. In: AJNR. American journal of neuroradiology 37 (2016), Nr. 1, S. 120–124*

[21] *Huang, S. H. ; Liu, P. ; Mokasdar, A. ; Hou, L.: Additive manufacturing and its societal impact: A literature review. In: The International Journal of Advanced Manufacturing Technology 67 (2013), 5-8, S. 1191–1203*

[22] *Spallek, J. ; Sankowski, O. ; Krause, D.: Influences of Additive Manufacturing on Design Processes for Customised Products. In: 14th International Design Conference - DESIGN 2016, 2016*

# Die Hybride Mikro-Stereolithographie als Weiterentwicklung in der Polymerbasierten Additiven Fertigung

Arndt Hohnholz, Kotaro Obata, Claudia Unger, Jürgen Koch, Oliver Suttmann und Ludger Overmeyer

**Zusammenfassung**

In diesem Beitrag wird das neuartige additiven Herstellungsverfahren der Hybriden μ-Stereolithographie vorgestellt. Es vereint die Vorteile eines herkömmlichen Stereolithographieprozesses mit der Beschichtungstechnologie des Aerosol-Jet-Druckens. Die Stereolithographie hat in den letzten Jahren immer weitere Anwendungsgebiete erschlossen mit der Tendenz zu serienhergestellten individuell gefertigten 3D-Bauteilen. Die neuartige Beschichtungstechnologie des Aerosol-Jet-Druckens ist in der Herstellung von leitfähigen elektrischen Leiterbahnen bekannt. Durch den Auftrag über einen zuvor generierten Tröpfchenstrom in der Größenordnung von ein bis fünf Mikrometern sind sehr geringe Schichtdicken möglich, die eine neue Detailgenauigkeit in horizontaler Richtung erlauben. Als Material kommt dabei ein Prepolymer zum Einsatz, das in einem folgenden Bearbeitungsschritt mittels UV-Laserstrahlquelle selektiv polymerisiert werden kann. Dies erlaubt eine hohe Detailauflösung von bis zu fünf Mikrometern in der Ebene. Ein Anwendungsbeispiel zur Nutzung dieser hohen Auflösungsmöglichkeiten ist die Herstellung von polymeren Wellenleitern, die aufgrund ihrer Beschaffenheit als Lichtwellenleiter nur sehr geringe Fertigungstoleranzen aufweisen dürfen. Eine weitere Herausforderung stellt zudem die Verarbeitung von

A. Hohnholz (✉) · K. Obata · C. Unger · J. Koch · O. Suttmann · L. Overmeyer
Laser Zentrum Hannover e.V. (LZH), Hannover, Deutschland
e-mail: a.hohnholz@lzh.de



R. Lachmayer, R.B. Lippert (Hrsg.), *Additive Manufacturing Quantifiziert*,
DOI 10.1007/978-3-662-54113-5_6

zwei unterschiedlichen Materialien dar, weil ähnlich eines Stufenindexlichtwellenleiters in einer Glasfaser der Brechungsindexunterschied hinreichend groß gewählt sein muss. Erste Lichtleittests konnten die qualitative Leitung eines eingekoppelten Signals zeigen.

**Schlüsselwörter**

*Additive Manufacturing · Aerosol-Jet-Printing · Stereolithography · Optical Polymer Waveguides*

## Inhaltsverzeichnis



## 1 Einleitung

Seit der ersten Patentanmeldung zur Funktionsweise einer Stereolithographieanlage im Jahr 1986 sind neben den Anwendungsfeldern auch die Technologien in der additiven Fertigung (Additive Manufacturing AM) immer weiter gewachsen [1]. Im Vergleich zu herkömmlichen substraktiven Verfahren wie Drehen und Fräsen erlauben additive Verfahren die Herstellung von bisher nicht fertigbaren Strukturen. Neben den gängigen Verfahren wie Fused Deposition Modeling (FDM) und Selecting Laser Melting (SLM) hat sich die Stereolithographie etabliert. Mit dem weiterwachsenden Bedarf an additiv gefertigten Teilen steigt auch die Nachfrage nach immer präziseren Herstellungstechnologien bei weiterhin überschaubarem finanziellem und zeitlichem Aufwand. In diese Richtung erlangen 3D-Drucker, die auf dem Prinzip der Stereolithographie basieren, immer größere Bedeutung.

Neben Heimgeräten zum Erstellen von Prototypen und Funktionsbauteilen werden in der Industrie Teile in größerer Stückzahl hergestellt: in der Medizintechnik zur Produktion von individualisierten Gebissstücken oder die Herstellung von Ohrpassstücken für die individuell angepasste Ergonomie des Gehörgangs bis hin zum Erstellen von Spezialanwendungen in der Forschung von mechanischen Bauteilen, Fluidikanwendungen oder optischen Komponenten wie Lichtwellenleitern.

Als Material kommen bei den gängigen Stereolithographieverfahren Kunststoffe mit Additiven zum Einsatz. Auf dem Markt existieren hunderte von flüssigen Prepolymeren, die über Belichtungstechniken selektiv ausgehärtet werden. Sie besitzen im ausgehärteten Zustand über unterschiedliche mechanische, biokompatible und optische Eigenschaften und werden je nach Anwendungsfall ausgewählt.

Während des Prozesses spielt die Bereitstellung des Materials eine wichtige Rolle, so dass auf diesem Gebiet unterschiedliche Verfahren untersucht und erforscht worden sind. Neben den herkömmlichen badbasierten Materialreservoirs kann das Material auch per Sprühbeschichtung auf das Substrat aufgebracht werden. Die Vorteile dieser Sprühbeschichtung liegen in einem geringen Materialaufwand, dem Materialauftrag ohne großes Materialreservoir am Bauteil und der Möglichkeit, auch gekrümmte Oberflächen zu beschichten, so dass ein Applizieren von 3D-Strukturen auf schon hergestellten Bauteilen möglich ist.

Im Folgenden wird die Technologie der Stereolithographie beleuchtet und unter dem Aspekt der Materialbereitstellung mittels Aerosol-Jet erweitert. Im Anschluss folgen Anwendungsbeispiele.

# 2 Additive Manufacturing mittels Mikro-Stereolithographie

## 2.1 Prozesskette

Von der technischen Zeichnung bis zum fertigen Bauteil werden bei der Nutzung eines 3D-Druckers unterschiedliche Prozessschritte durchgeführt. Diese sind notwendig, um die technische Zeichnung in der Anlage umsetzen zu können. Dabei sind die meisten Herstellungsverfahren des AM an schichtbasierte Verfahren, die es erlauben, beliebige 3D-Bauteile herstellen zu können.

Die Schritte lassen sich in folgende Aspekte unterteilen [2, 3], siehe auch Abb. 1:

- CAD-Datei aufarbeiten
- 3D-Modell wird in 2D-Schichtenstapel geteilt
- Umsetzen der Einzelschichten in der Anlage
- Nachbearbeitung
- Validierung der Ergebnisse

Nach der Auslegung des Bauteils hinsichtlich konstruktiver Gesichtspunkte wird die technische Zeichnung für den Druck vorbereitet. Dazu müssen bei dem schichtbasierten Aufbau gegebenenfalls Stützstrukturen hinzugefügt werden, da zu große überstehende

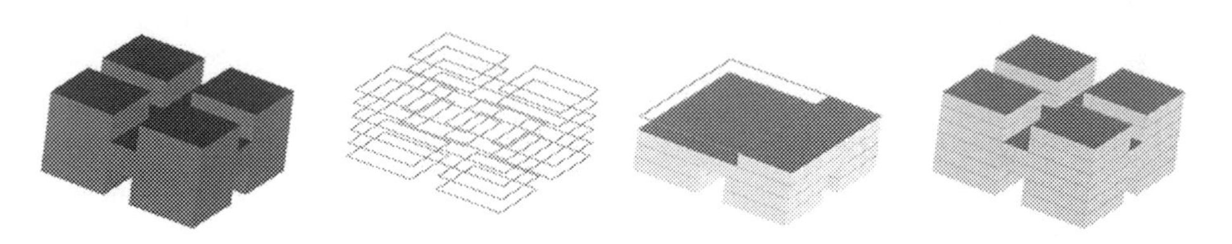

**Abb. 1** Prozesskette schichtenbasierter 3D-Druck

Details nicht über Verbindungen zum Hauptkörper verfügen und somit im Polymerbad nicht fixiert sind. In einem folgenden Schritt wird das 3D-Modell in einen 2D-Schichtstapel überführt. Diese Schichten sind horizontal zur Aufbauebene angeordnet und bewerkstelligen den schrittweisen Aufbau der 3D-Struktur. Der Schichtstapel wird in der Anlage nun umgesetzt, wobei iterativ zuerst das Material in einer homogenen Schicht aufgetragen wird und daraufhin in den Bereichen, in denen das Material im Bauteil existiert, ausgehärtet. Je nach eingesetztem Material und gewünschtem Polymerisierungsgrad müssen die Parameter gewählt werden. Ist nun das fertige Bauteil erstellt, wird es einer Reinigung unterzogen, so dass überschüssiges Grundmaterial, das nach dem Schichtauftrag nicht mehr benötigt wird, entfernt wird. Hierzu wird es mittels Lösungsmittel chemisch gereinigt und anschließend einer Nachhärtephase unterzogen. Dies garantiert die vollständige Polymerisation des Materials, falls diese innerhalb des Prozesses noch nicht vollzogen wurde. In einem letzten Schritt wird das Bauteil einer Qualitätsprüfung unterzogen, um sicher zu gehen, dass die Spezifikationen aus den Vorgaben der technischen Zeichnung innerhalb der Gestalttoleranzen entsprechen.

## 2.2 Aufbau einer Mikro-Stereolithographieanlage

Stereolithographie-Anlagen bestehen zur Umsetzung des schichtweisen Aufbaus im Allgemeinen aus den Komponenten Materialreservoir, Bauplattform und Belichtungseinheit. Insbesondere für das Materialreservoir sind zwei Verfahrensvarianten verbreitet, die im Folgenden vorgestellt werden, siehe Abb. 2.

Bei der ersten Verfahrensvariante wird das Bauteil in einer Wanne aus flüssigem Material gefertigt, während es sich im Entstehungsprozess schichtweise in das Bad absenkt. Eine Verteilungseinrichtung wie Rakel oder Rollzylinder unterstützt die Generierung eines gleichmäßigen Films. Diejenigen Regionen des flüssigen Prepolymerfilms, die ausgehärtet werden sollen, werden von oben belichtet. Dieses Verfahren ist bei industriellen Anwendungen weit verbreitet, da große Bauplattformen mit einer Vielzahl von Werkstücken parallel hergestellt werden können.

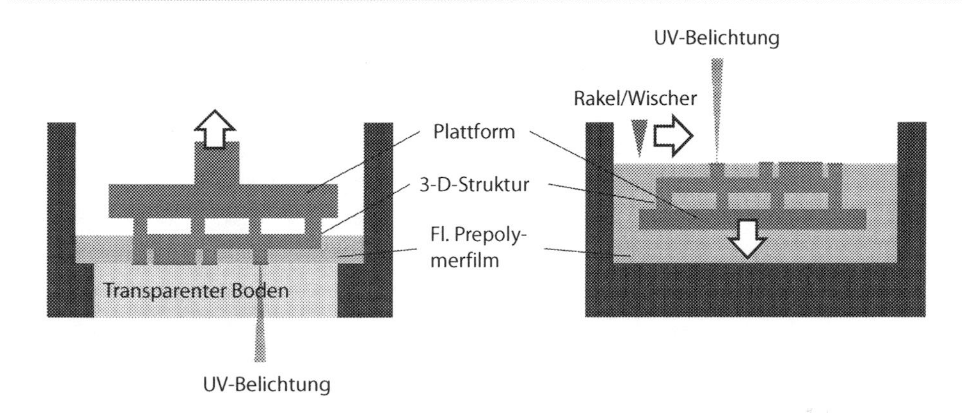


**Abb. 2** Verfahrensvarianten – Belichtung von unten (links), Belichtung von oben (rechts)

Bei der zweiten Verfahrensvariante wird das Bauteil an der Unterseite eines Materialbades generiert und mit zunehmender Schichtzahl aus dem Bad gezogen. Hierbei hebt sich die Halterung für das Bauteil Schicht für Schicht aus der Materialwanne. Die Belichtung erfolgt von der Unterseite durch ein transparentes Fenster, so dass eine homogene Schicht ohne Hilfsmittel generiert wird.

Die Belichtung kann über unterschiedliche Lichtquellen erfolgen. Auf dem Markt sind hierbei Maskenprojektion, Digital Light Processing Technology (DLP) und das Direktschreiben mittels Galvo-Scanner und UV-Laserquelle weit verbreitet.

Letzteres zeichnet sich durch eine hohe Fokussierbarkeit des Strahls aus, so dass eine hohe Detailgenauigkeit erreicht und deshalb im weiteren Verlauf genauer ausgeführt wird. Über optische Elemente werden die Eigenschaften des Rohstrahls aus der Laserstrahlquelle für die Anwendung aufbereitet. Dabei besteht ein Aufbau typischerweise aus folgenden Komponenten:

- Laserstrahlquelle
- Leistungsregelung
- Belichtungsverschluss
- Strahlaufweitung
- Strahlführungseinheit
- F-θ-Objektiv mit fester Brennweite

Je nach eingesetztem Grundmaterial wird die Laserstrahlquelle ausgewählt. Hierbei sind die wichtigsten Entscheidungskriterien die Ausgangsleistung, die Wellenlänge und der Betriebsmodus (kontinuierlich oder gepulst). Für Prepolymere und Acrylate haben sich Wellenlängen im UV-Bereich etabliert, so dass Laser und Material dahingehend angepasst worden sind, siehe Abb. 3. Häufig wird der Laserstrahl nicht in der

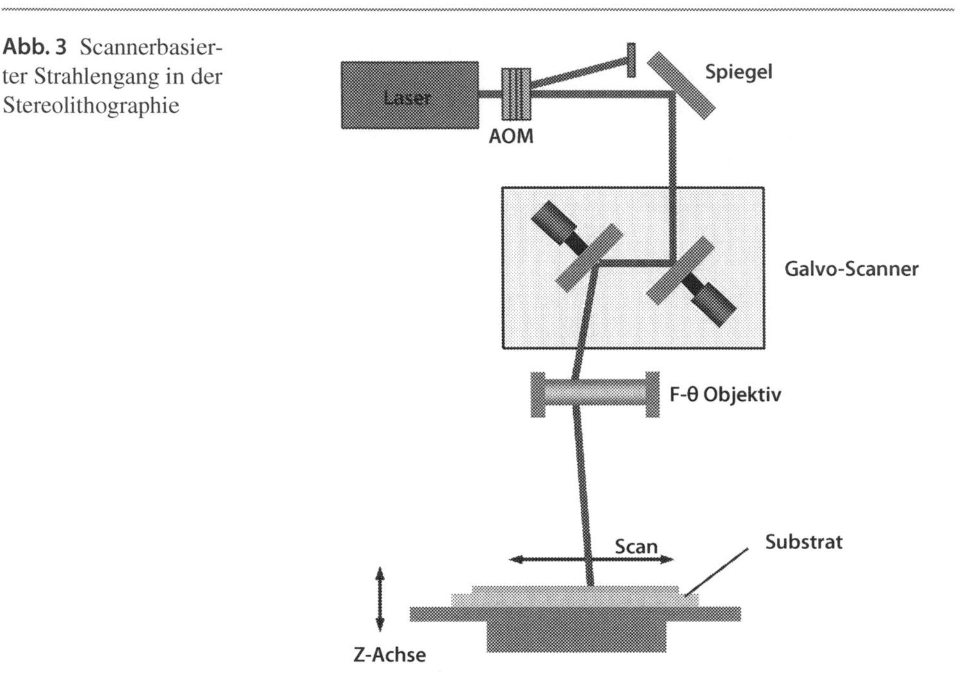


**Abb. 3** Scannerbasierter Strahlengang in der Stereolithographie

Laserstrahlquelle selbst an und ausgeschaltet, sondern außerhalb des Gerätes, damit ein konstanter Betriebspunkt vorherrscht und somit die Lebenszeit des Lasers nicht beeinträchtigt wird. Für die Schaltung des Laserstrahls können akustisch optische Modulatoren (AOM) genutzt werden, die aus einem Gitter bestehen und je nach angelegter Spannung den Strahl ablenken [4]. Ein bedeutender Vorteil ist die hohe Reaktionsgeschwindigkeit im Vergleich zum laserinternen Shutter. Wegen der Ansprechzeiten kann der AOM zudem als Leistungsregelung genutzt werden. Um den Rohstrahl optimal einsetzen zu können und somit eine optimierte Detailgenauigkeit bei der Schichtherstellung zu erreichen, wird der Strahl über die Strahlaufweitung mittels Linsen vergrößert. Dies erlaubt einen kleineren Fokus bei der späteren Fokussierung des Strahls auf die Flüssigkeitsoberfläche. Zur Führung des Laserstrahls auf dem flüssigen Prepolymerfilm können neben Galvo-Scanner auch Polygonscanner eingesetzt werden [5]. Beide ermöglichen die Bewegung des Lasers auf einer Ebene horizontal zur Bearbeitungsebene, weshalb so der Laserstrahl zum Abrastern des auszuhärtenden Bereichs genutzt werden kann. Der Vorteil eines Galvo-Scanners ist die hohe Flexibilität bei der Laserstrahlführung und die Positionsgenauigkeit bei einer moderaten Bearbeitungsfläche sowie einfacher Handhabung. Wegen der Längenänderung des Abstandes von Galvo-Scanner und Oberfläche des Flüssigkeitsfilms bei Auslenkung zu entfernteren x-y-Werten, wird ein F-θ-Objektiv eingesetzt. Dieses stellt eine Fokusebene auch bei variablem Einfallswinkel sicher.

## 2.3 Materialien

Je nach Anwendungsfall werden Grundmaterialien und Additive nach den Kriterien Strukturgröße, mechanische Stabilität, Oberflächengüte und optische Eigenschaften ausgewählt. Eine Klassifizierung in Hinblick auf die Funktion der Materialien kann folgendermaßen vorgenommen werden:

- Grundmaterial
- Photoinitiator
- Inhibitor
- Absorptionsmittel
- Tenside

In einer Kettenreaktion werden aus dem Grundmaterial langkettige Moleküle gebildet, so dass der flüssige Charakter des Ausgangsmaterials verloren geht und sich ein amorpher Zustand einstellt. Dies geschieht in einer Verkettung von Prepolymermolekülen wie Monomeren und/oder Oligomere, die sich durch ein geringes Molekülgewicht und dadurch auch kurzen Kohlenstoffketten auszeichnen [6].

Die Kettenreaktion wird über die Bildung von Radikalen initiiert. Diese werden vom Photoinitiator über die Absorption von Photonen aus der Belichtungseinheit bereitgestellt [7]. Die Absorption der Photonen ist abhängig von der Wellenlänge der Lichtquelle, so dass für UV sensitive Materialien unterschiedliche Absorptionspektren vorliegen. Durch die Wahl des Initiators und der Laserstrahlquelle ist somit eine optimale Umsetzung der Lichtleistung möglich.

Das Spektrum von Tageslicht und der meisten künstlichen Leuchtmittel enthält beträchtliche UV-Anteile, so dass während der Zuführung eine Kettenreaktion gestartet wird. Um eine vorzeitige Reaktion der Photoinitiatoren und damit ein Auspolymerisieren des gesamten Materials im Aufbewahrungsgefäß zu verhindern, muss eine lichtdichte Lagerung gewährleistet werden. Darüber hinaus werden Inhibitoren in sehr geringen Konzentrationen hinzugegeben. Diese verhindern die Vernetzungsreaktionen, so dass ein langsames Voranschreiten der Reaktion bei einer ungewollten, geringen Aktivierung der Photoinitiatoren unterbunden wird.

Prozessrelevant sind neben den Initiatoren auch Absorptionsmittel, die zur Kontrolle der Eindringtiefe eingesetzt werden. Je höher die Konzentration dieses Additivs ist, desto geringer ist die Eindringtiefe und desto geringere Schichtdicken können realisiert werden, ohne dass ein Überpolymerisieren auftritt. Letzteres ist ein Phänomen, das auftritt, wenn die Photonen durch die gesamte zu polymerisierende Schichtdicke transmittieren und darunterliegende flüssiges Überschussmaterial polymerisieren lässt.

Tenside unterstützen die Generierung eines neuen Flüssigkeitsfilms, in dem die Oberflächenenergie herabgesetzt wird. Dies hat den Vorteil, dass sich eine homogene Schichtdicke einstellt und sich keine Erhebungen bilden, die die Prozessgenauigkeit beeinträchtigen könnten.

## 2.4 Charakterisierung der Anlage

Mit den oben erläuterten Mechanismen einer badbasierten Verfahrensweise und einer Belichtung auf Galvo-Scanner-Grundlage von oben sind Detailgenauigkeiten von fünf Mikrometer in x- und y-Richtung einer jeden Schicht möglich. Die Schichtdicke kann je nach Materialzusammensetzung auf 10 bis 100 Mikrometer eingestellt werden. Die Gesamtbaufläche beträgt bei der Maximalauslenkung der Galvo-Spiegel im Scanner bei $50 \times 50\ \text{mm}^2$ und aufgrund des Materialreservoirs eine Bauteilhöhe von 20 mm. Somit sind Bauteile im Mikrometermaßstab und deren Detailgenauigkeit möglich. Zudem können mehrere Bauteile in einer Kleinserie erstellt werden, wie in Abb. 4 gezeigt.

# 3 Die hybride Mikro-Stereolithographie

Neben den vorgestellten badbasierten Materialreservoirs wurden in der vergangenen Zeit auch anderen Schichtbildungsmechanismen entwickelt. So können UV-sensitive Prepolymere auch mittels Drucktechniken appliziert werden. Beispiele hierfür sind Hochdruckverfahren wie der Inkjet- oder der Flexodruck. Eine andere Klasse an Beschichtungsarten ist das Sprühbeschichten. Hier wird kontaktlos Material auf eine Oberfläche gebracht. Daneben lassen sich gekrümmte Oberflächen beschichten. Das patentierte Verfahren des Aerosol-Jets der Firma Optomec bietet den Vorteil, hochviskose Materialien bis in den Pa·s-Bereich verarbeiten zu können. Kommerziell eingesetzt wird dieses Verfahren bei dem Druck von elektrisch leitfähigen Strukturen auf dreidimensionalen Oberflächen. Hierbei wird das zu beschichtende Material in ein Aerosol überführt und mit einem Hüllgas auf das Substrat gebracht. Gegenüber den anderen genannten Beschichtungsverfahren hat das Aufsprühen mittels Aerosol-Jet folgende Vorteile: Der Schichtauftrag erfolgt im Gegensatz zum Flexo-Druck berührungs- und kraftfrei. Dies verhindert ein Beschädigen des Substrats oder schon zuvor aufgebrachte Schichten. Weiterhin kann die erzeugte Schichtdicke durch Variation im laufenden Prozess verändert werden. Dadurch können Strukturen

**Abb. 4** Kleinserie von Eiffeltürmen (10 m Schichtdicke, 3 mm Gesamthöhe)

mit einem Höhenunterschied ohne den Umweg einer Mehrfachbeschichtung gedruckt werden. Außerdem können bei Verwendung von mehreren Tröpfchengeneratoren (Atomizer) die Materialien während der Zuführung vermengt werden und während des Prozesses je nach Vorgaben angepasst werden. So ist ein aufwändiges Vormischen des gewünschten Mischungsverhältnisses nicht notwendig und eine schnelle Variation durchführbar ohne dass der Materialvorrat ausgetauscht und somit der Prozess unterbrochen werden muss.

## 3.1 Funktionsweise des Aerosol-Jets

Der Aerosol-Jet der Firma Optomec lässt sich, wie in Abb. 5 dargestellt, in folgende Module unterteilen [8]:

- Atomizer
- Virtual-Impactor
- Düse
- Druckbereitstellung über Controller
- Shutter

Zu Beginn wird das flüssige Ausgangsmaterial in einen Tröpfchenstrom überführt. Dafür wird ein Inertgasstrom durch eine Düse innerhalb des Materialreservoirs geleitet. Tropfengrößen von ein bis fünf Mikrometer können so hergestellt und mit dem Inertgasstrom aus dem Tröpfchengenerator geführt werden. Größere Tröpfchen bleiben aufgrund der Masse der Tröpfchen im Behälter zurück. Im Virtual-Impactor wird der Prozessgasstrom eingestellt und die Tröpfchengrößenverteilung kann eingestellt werden. Dazu nimmt ein anderer Gasstrom, der senkrecht zum Tröpfchenstrom geführt wird, Material je nach Größe mit und stellt dadurch die Durchgangströpfchengröße ein. Der nun aufbereitete Tröpfchenstrom

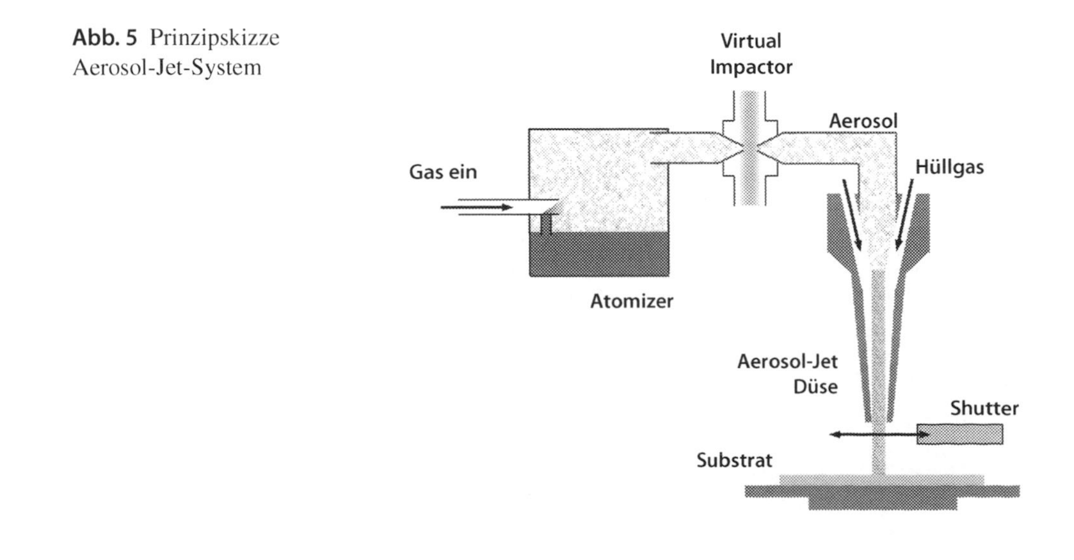


**Abb. 5** Prinzipskizze Aerosol-Jet-System

wird in der Düse mit einem Hüllgas umgeben und damit auf das Substrat gebracht. Der speziell für diese Art von Aerosol-Jet genutzten Gasstrom hat den Vorteil, dass sich keine Tröpfchen an die Wand der Düse festsetzen und verhindert so ein Verengen bzw. Verändern des Düsenaustrittsquerschnitts. Darüber hinaus stabilisiert das Hüllgas den Tröpfchenstrom, so dass eine homogene Schichtdicke auf dem Substrat erreicht wird. Ein mechanischer Shutter am Düsenaustrittsquerschnitt ermöglicht das Schalten eines Tröpfchenstroms. Er ist mit einer Absauglippe ausgestattet, so dass der konstante Tröpfchenstrom umgeleitet wird, ohne dass Tröpfchen auf das Substrat gelangen können. Die Massenströme der verschiedenen Komponenten werden über eine Steuerungseinheit geregelt und überwacht, diese wiederum muss nur von einem Stickstoffmassenstrom versorgt werden [9].

## 3.2 Beschichtungsergebnisse

Die oben genannten Vorteile des Materialauftrags mit Hilfe des Aerosol-Jets werden in diesem Teil genauer untersucht und quantifiziert. Es wird auf die Vorteile der Kombination aus Sprühbeschichtung und Aushärtung des UV-sensitiven Materials eingegangen. Im Prozess bewegt sich das Substrat entlang einer Richtung unter der Düse. Durch die Variation der Vorschubgeschwindigkeit kann eine vorher festgelegte Schichtdicke erreicht werden.

### Homogene Schichtdicke

Der Materialauftrag mit dem Aerosol-Jet-System erfolgt gleichmäßig und erzeugt homogene Schichten. Wie in Abb. 6 ersichtlich ist, variiert die Schichtdicke über den Querschnitt

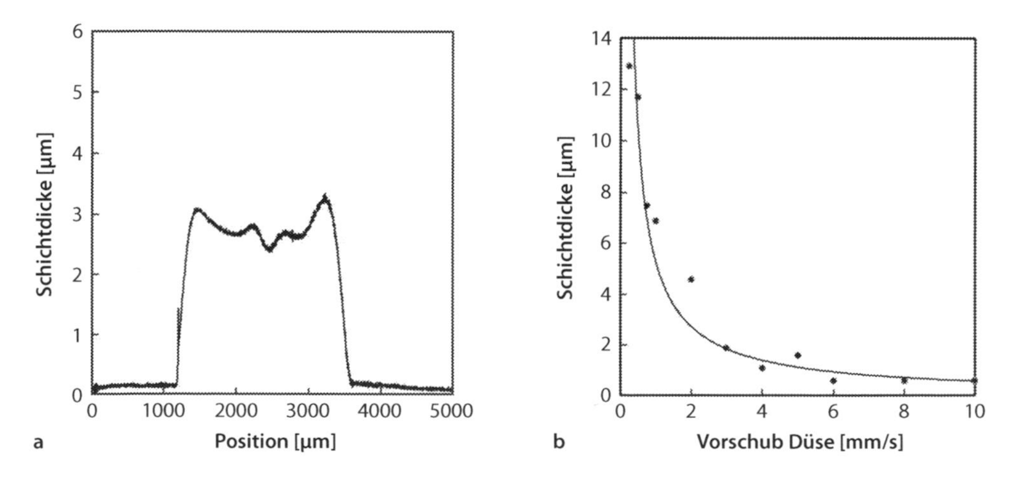


**Abb. 6** Schichtdicke der mittels Aerosol-Jet-System beschichtetes Trägerglas (links) und Schichtdickencharakteristik nach Vorschubgeschwindigkeit (rechts)

von zwei Millimetern lediglich um einen Mikrometer bei einer avisierten Schichtdicke von 3 µm. Außerhalb der Beschichtungsbreite fällt die Höhe von 3 µm auf nahezu null innerhalb einer Breite von 250 µm stark ab, so dass eine steile Flanke erzeugt wird. Beobachtet werden zudem vereinzelte Tröpfchen in den Randbereichen.

In Abb. 6 rechts ist die Abhängigkeit der Vorschubgeschwindigkeit zur Schichtdicke erkennbar. Es ist ein exponentieller Zusammenhang erkennbar, so dass mit steigender Vorschubgeschwindigkeit die Schichtdicke im Bereich von null bis ca. vier mm/s abnimmt und sich dann exponentiell einer Schichtdicke unter einem Mikrometer annähert.

## Variation der Schichtdicke

Hier ist zu sehen, dass innerhalb von nur wenigen Schichten ein Höhenunterschied beim Beschichten des Substrats erreicht werden kann. Die Prozessparameter sind:

- Material: Pentaerythritol triacrylate (PETA)
- Höhe: <12 µm
- Druckzeit je Schicht: 50 ms
- Bestrahlungszeit je Schicht: 75 ms

Wie in Abb. 7 zu sehen ist, können durch das Auftragen von versetzten Schichten rampenförmige Strukturen hergestellt werden. Der einfache und schnelle Auftrag der Schichten steht dabei im Vordergrund.

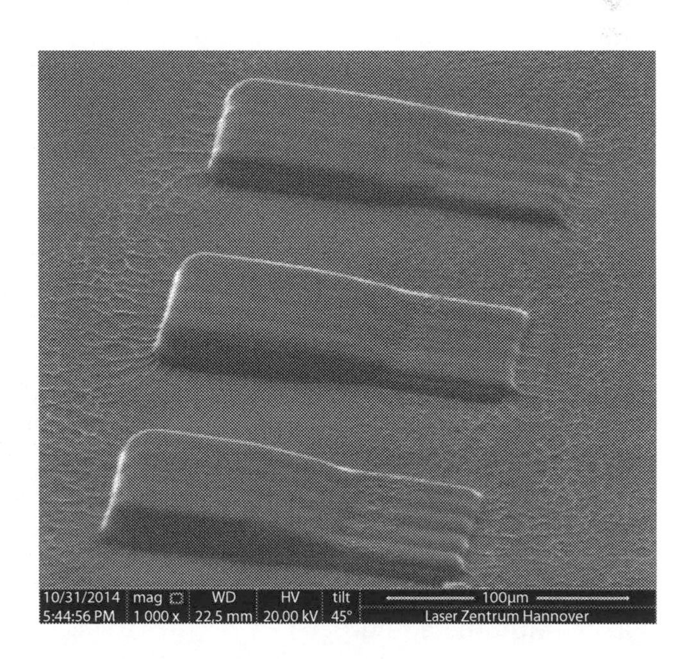


**Abb. 7** Strukturhöhenvariation durch Variation der Beschichtungsparameter

# 4 Anwendungsbeispiele

## 4.1 Polymere Lichtwellenleiter

Polymere optische Komponenten finden immer mehr Einzug bei Anwendungen in der Sensorik und Nachrichtentechnik. Hierzu können in einzelnen Bereichen elektrische Übertragungsstrecken ersetzt werden, so dass die Vorteile einer breitbandigeren Signalübertragung sowie die Entkopplung von störenden Feldern ausgenutzt werden. Dabei hilft die hochauflösende Generierung polymerer Strukturen mittels hybrider Stereolithographie bei der Umsetzung von lichtleitfähigen Strukturen. Im Vergleich zu Glasfaserkabeln stellt die Herstellung von polymeren Wellenleitern eine Alternative in Hinsicht auf eine flexible und individuell anpassbare Lichtwellenleitergeometrie dar. Diese müssen unter den Aspekten Lichtleitfähigkeit, Haltbarkeit und Übertragungsqualität überzeugen. Im Folgenden werden erste Ergebnisse polymerer Lichtwellenleiterversatzsstücke untersucht, die als Verbindungselemente von anderen optischen Elementen genutzt werden, um die Kopplungseffizienz dieser Verbindung zu maximieren.

Die Lichtleitfähigkeit eines Stufenindexlichtwellenleiters wird über eine koaxiale Führung von einem zylinderförmigen Kern- und Mantelmaterial hergestellt. Als Grundvoraussetzung muss das Materialpaar für die eingesetzte Lichtquelle über einen genügend hohen Transmissionsgrad verfügen, um hohe Lichtleitverluste allein durch das ausgewählte Material zu verhindern. Weiterhin müssen die Werkstoffe über einen Brechungsindexunterschied verfügen, so dass das durchzuleitende Licht über Totalreflexion in der Kernfaser erhalten bleibt. Hierzu müssen die Polymermaterialien in der hybriden Stereolithographie unter dem Gesichtspunkt Brechungsindex ausgewählt werden. Als praktikabel hat sich folgendes Materialpaar gezeigt: Ormocer (Brechungsindex: 1,533), das ein Zusammenbund von organischen und anorganischen Komponenten besteht, und PETA (Pentaerythritol triacrylate, Brechungsindex: 1,483).

Ein weiteres Kriterium ist die Oberflächengüte und Homogenität der gedruckten Materialien. Mit Hilfe eines konfokalen Mikroskops wurden mittlere Rauheitswerte (Ra) eines Prototypenlichtwellenleiterversatzstück mit einem Durchmesser von 10 µm untersucht. Das Ergebnis ist für eine Kurzstreckenleitung akzeptabel (Ormocer: 39 nm, PETA: 2,1 nm). Wie in Abb. 8 links zu sehen ist, bedarf die Geometrietreue jedoch noch einer Optimierung. Darüber hinaus ergeben sich über den schichtweisen Aufbau des Kernmaterials keine optischen Grenzflächen zwischen den einzelnen Schichten.

Erste Lichtleittests zeigen die qualitative Lichtleitung durch das Polymerlichtwellenleiterversatzstück. Auf Abb. 9 rechts ist zu erkennen, dass ein eingekoppelter Laserstrahl beim Durchdringen des Wellenleiters seine Intensitätsverteilung ändert.

## 4.2 Multimaterialdruck

Der Aerosol-Jet ist nicht nur in der Lage, Tröpfchenströme eines einzigen Materials auf die Substratoberfläche zu sprühen. Durch die Überführung des Materials aus dem flüssigen

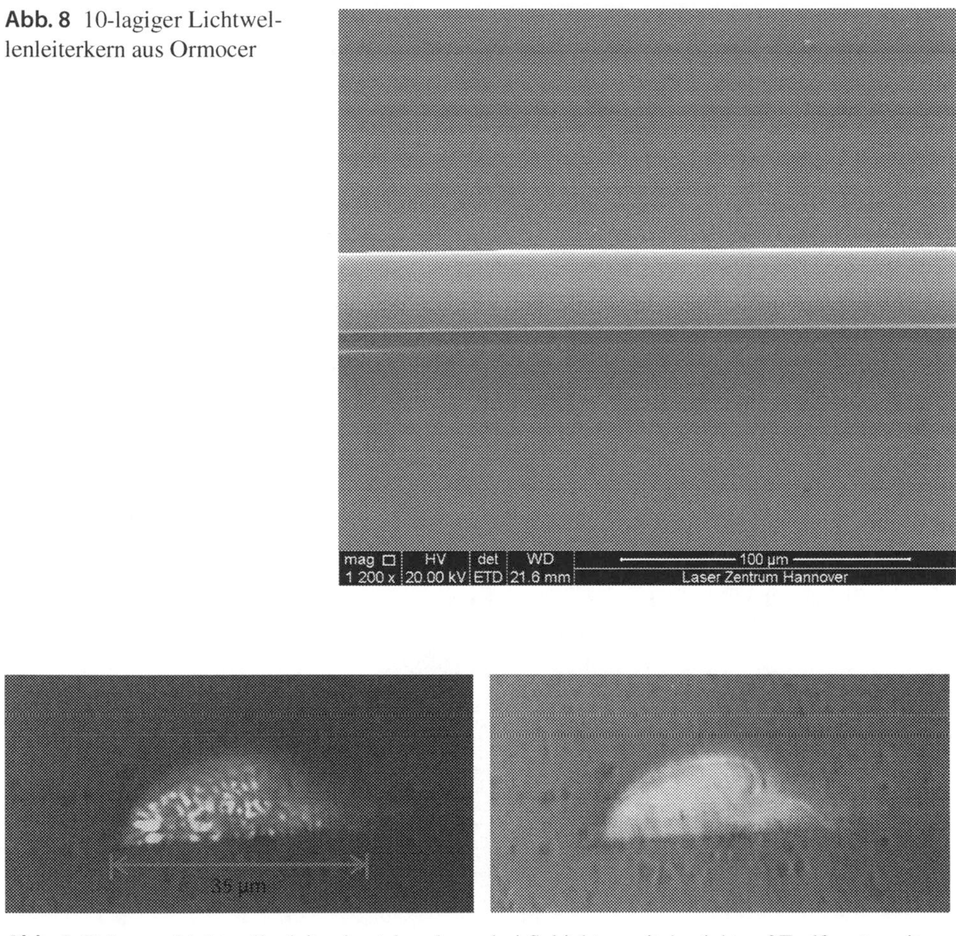


**Abb. 8** 10-lagiger Lichtwellenleiterkern aus Ormocer

**Abb. 9** Polymer-Lichtwellenleiter bestehend aus drei Schichten mit Ansicht auf Endfacette mit (links) und ohne (rechts) eingekoppeltem Laserstrahl

Zustand in einen Gasstrom mit Materialtröpfchen ist eine Mischung des Stroms mit unterschiedlichen Materialien naheliegend. Im Gegensatz zu einem festen Materialbad bestehend aus einer einzigen Mischung aus Materialien, ist der Aerosol-Jet in der Lage, mehrere Ausgangsmaterialien getrennt in Tröpfchen zu überführen und diese erst kurz vor der Düse zu mischen. Dies hat den Vorteil, dass die Materialkomposition jederzeit mit der Änderung der zugrunde liegenden Gasmassenströme den Anforderungen angepasst werden können.

## 5 Zusammenfassung

Die Mikro-Stereolithographie stellt eine eigene Klasse von Herstellungsverfahren im Bereich des AM. Es weist besondere Merkmale bei der Verarbeitung von Kunststoffen auf, mit denen die Herstellung von hochdetaillierten 3D-Strukturen im Bereich bis zu 5

Mikrometer möglich ist. Dabei wird ein flüssigen Prepolymerfilm mittels UV-Lichtquelle punktuell ausgehärtet, um einen schichtweisen Aufbau durchzuführen. Hierbei leistet ein Galvo-Scanner die nötige Genauigkeit, um die genannte Detailgenauigkeit zu erreichen. Das Material, bestehend aus Mono- oder Oligomeren sowie Additiven wie Photoinitiatoren, Inhibitoren, Absorbern und Tensiden, wird dabei in einem Bad bereitgestellt, so dass das Bauteil von flüssigem Material umgeben ist. Eine Weiterentwicklung stellt den Schichtauftrag mittels Aerosol-Jet dar, der das flüssige Prepolymer in einem Tröpfchenerzeuger zuerst in kleine Tröpfchen in der Größe von einem bis fünf Mikrometern überführt und dann zur Bauteiloberfläche bringt. Hier können aufgrund der Tröpfchengröße und der Führung durch die Düse mit Hilfe von einem Hüllgas sehr dünne Schichten von bis zu 1,5 Mikrometern Dicke erreicht werden. Dadurch können nicht nur diese Schichtdicken erreicht werden, es wird darüber hinaus Material eingespart, ein Eintauchen der Oberfläche ist hinfällig und es besteht die Möglichkeit, auf schon existierenden gekrümmten Oberflächen 3D-Strukturen zu applizieren. Außerdem besteht die Möglichkeit, hoch viskose Materialien von bis zu einigen Pa·s zu verarbeiten, ohne dass Lösungsmittel eingesetzt werden müssen. Schließlich ist der Aerosol-Jet in der Lage, Tröpfchenströme aus unterschiedlichen Materialien erst vor der Düse zu mischen, so dass das Mischungsverhältnis je nach Vorgabe schnell eingestellt werden kann. Dies erlaubt die Variation des Auftrags innerhalb des 3D-Bauteils. Erste Ergebnisse der Hybriden Mikro-Stereolithographie zeigen das Potential, um schichtdickenvariable Strukturen herzustellen. Damit ist diese Technik in der Lage, optische Lichtwellenleiterversatzstücke zur Integration von polymerbasierte optischen Netzwerken bereitzustellen. Erste Ergebnisse zeigen die Möglichkeit der Lichtleitung und werden in Zukunft die Kopplungseffizienz zur Verbindung von optischen Komponenten verbessern.

Wir bedanken uns bei der DFG (Deutsche Forschunsgesellschaft) für die Förderung der Untersuchungen im Bereich optischer Lichtwellenleiterversatzstücke innerhalb eines Seedmoney-Projektes des Sonderforschungsbereich Transregio 123 PlanOS.

## Literaturverzeichnis

[1] *C.W. Hull (1986) Apparatus for production of three-dimensional objects by stereolithography, Google Patents*

[2] *A. Gebhard (2013): Generative Fertigungsverfahren: Additive Manufacturing und 3D Drucken für Prototyping, Tooling, Produktio, Carl Hanser, München,ISBN: 978-3-446-43651-0*

[3] *Langefeld, B. (2013) Additive manufacturing – a game changer for the manufacturing industry? Roland Berger Strategy Consultants, München. https://www.rolandberger.com/publications/publication_pdf/roland_berger_additive_manufacturing_1.pdf, letzter Aufruf: 14.9.2016*

[4] *J. Eichler, H. Eichler (2015) Laser – Bauformen, Strahlführung, Anwendungen, 8. Auflage, Springer, Berlin/Heidelberg, ISBN: 978-3-642-41437-4*

[5] *H. Hügel,T Graf, Thomas (2009): Laser in der Fertigung- Strahlquellen, Systeme, Fertigungsverfahren, Vieweg+Teubner, 2. Auflage, ISBN: 978-3-8351-0005-3*

[6] *V. Ferreras Paz, M. Emons, K. Obata, A. Ovsianikov, S. Perterhänsel, K. Frenner, C. Reinhardt, B. Chichkov, U. Morgner, W. Osten (2012): Development of functional sub-100 nm*

*structures with 3D two-photon polymerization technique and optical methods for characterization, Journal of Laser Applications, 24, DOI: 10.2351/1.4712151*

[7] *L. Overmeyer,A. Neumeister, R Kling(2011: Direct precision manufacturing of threedimensional components using organically modified ceramics, CIRP Annals – Manufacturing Technology 60,DOI: 10.1016/j.cirp.2011.03.067*

[8] *M. Hedges, A. Marin (2012): 3D Aerosol jet Printing – Adding Electronics Functionality to RP/RM, DDMC 2012 Conference, Berlin*

[9] *K. Obata, U. Klug, O. Suttmann, L. Overmeyer (2014): Hybrid Micro-stereo-lithography by Means ofAerosol Jet Printing Technology, JLMN-Journal of Laser Micro/Nanoengineering 9, DOI: 10.2961/jlmn.2014.03.0012*

# 3D-gedruckte quasioptische Bauelemente für den Terahertz-Frequenzbereich

Marcel Weidenbach, Stefan F. Busch und Jan C. Balzer

**Zusammenfassung**

*Ähnlich der additiven Fertigungstechnik handelt es sich bei der Terahertz-Technologie um ein junges Forschungs- und Anwendungsfeld. Der Terahertz-Frequenzbereich umfasst Frequenzen des elektromagnetischen Spektrums zwischen 0,1 und 10 THz (300 mm–30 µm). Seit der wissenschaftlichen Erschließung dieses Frequenzbereiches Anfang der 90er Jahre steht die Terahertz-Technologie im Zentrum internationaler Forschungsaktivitäten, da sie auf der einen Seite neue Einblicke in der Grundlagenforschung erlaubt und auf der anderen Seite sehr erfolgversprechend für die zerstörungsfreie Materialprüfung ist. Zusätzlich ist der Frequenzbereich für die Telekommunikationstechnik von höchstem Interesse, da in Zukunft mit immer höheren Datenaufkommen zu rechnen ist und dieser Herausforderung nur mit der Erschließung neuer Frequenzbereiche begegnet werden kann. Alle Anwendungsfelder haben gemein, dass quasioptische Bauelemente für die Strahlführung und Formung benötigt werden. Allein die Simulation von neuartigen Optiken kann Tage in Anspruch nehmen und deren Herstellung durch klassische Verfahren ist ebenfalls kosten- und zeitintensiv. An dieser Stelle kommt der 3D Druck als Rapid Prototyping Werkzeug ins Spiel: Durch die Verwendung von geeigneten Materialien, wie beispielsweise Polystyrene, können in kürzester Zeit Optiken gedruckt und getestet werden. Im Rahmen dieser Arbeit werden 3D gedruckte Wellenleiter, Linsen und Gitter vorgestellt.*

J.C. Balzer (✉) · M. Weidenbach · S.F. Busch
AG Experimentelle Halbleiterphysik, Philipps-Universität Marburg, Renthof 5, 35032 Marburg, Deutschland
e-mail: jan.balzer@physik.uni-marburg.de



R. Lachmayer, R.B. Lippert (Hrsg.), *Additive Manufacturing Quantifiziert*,
DOI 10.1007/978-3-662-54113-5_7

**Schlüsselwörter**

*Fused Deposition Modeling · Terahertz-Zeitbereichsspektroskopie · quasioptische Bauelemente · Wellenleiter*

## Inhaltsverzeichnis



## 1 Einleitung

Die THz-Zeitbereichsspektroskopie (engl.: *time-domain spectroscopy*, TDS) wurde als spektroskopisches Werkzeug im THz-Frequenzbereich (0,1–10 THz) Ende der 80er Jahre entwickelt [1]. Dieser Frequenzbereich war bis zu diesem Zeitpunkt nur schwer zugänglich, da die Frequenz für optische Lichtquellen zu niedrig und für elektrische Mikrowellensysteme zu hoch ist. Erst der Fortschritt im Bereich der Ultrakurzpulslaser in Kombination mit photoleitenden Antennen (engl.: *photoconductive antennas*, PCA) mit ultrakurzer Ladungsträgerlebensdauer ermöglichte eine zuverlässige Erschließung des THz-Frequenzbereichs für die Wissenschaft. Die ersten THz-Systeme wurden noch mit modengekoppelten Farbstofflasern betrieben [2, 3]. Diese Laser sind von ihrer Handhabung sehr umständlich und die verwendeten Farbstoffe sind zum Teil höchst krebserregend. Ein großer Schritt in Richtung zuverlässiger THz-Systeme war folglich die Nutzung von neuentwickelten und zuverlässigeren Festkörperlasern Anfang der 90er Jahre. Besonders erwähnenswert ist hier der Titan:Saphir-Laser, mit dem es bereits 1991 gelang, 60 fs Pulse zu erzeugen [4]. Angetrieben von einem derartigen Laser konnten erstmals hyperspektrale Bilder im THz-Bereich aufgenommen werden [5, 6]. Obwohl die Titan:Saphir-Laser im Vergleich zu den Farbstofflasern deutlich stabiler sind, handelt es sich immer noch um komplexe Lasersysteme, die einen mehrstufigen optischen Pumpprozess erfordern. Ein potentiell kompakteres und einfacheres Ultrakurzpulslasersystem wurde ebenfalls Anfang der 90er entwickelt: der modengekoppelte Faserlaser [7, 8]. Diese Laser zeichnen sich durch eine kompakte Bauform aus (ca. die Größe eines herkömmlichen Schuhkartons) und die emittierte Strahlung lässt sich naturgemäß sehr gut durch optische Fasern transportieren. Dies steigert zusätzlich die Flexibilität von Faserlasern. Allerdings dauerte es noch bis in die späten 2000er Jahre bis das erste fasergekoppelte THz-System basierend auf einem Faserlaser vorgestellt wurde [9]. Erst durch diesen entscheidenden Schritt gelang der THz-Technologie der Sprung aus den Laboren in den Bereich industrieller Anwendungen [10]. Beispielhaft sei an dieser Stelle die Qualitätskontrolle in der Polymerindustrie und die Bestimmung von Wassergehalt in Pflanzen zu nennen [11, 12]. Weitere Beispiele sind die Unterscheidung zwischen keimfähigen und nicht keimfähigen Zuckerrübensaatgut [13], die Detektion von Verunreinigungen in Diesel [14] und Inlineprozessüberwachung in der Papierindustrie [15].

Aus diesem kurzen Überblick ist zu erkennen, dass das Fortschreiten der THz-Technologie eng mit der Entwicklung der Laser verknüpft ist. Nachdem erste kommerzielle „Turn-Key“ THz-Systeme erhältlich waren, konnte sich der Fokus von der Systementwicklung auf die Entwicklung von neuartigen Komponenten, wie beispielsweise gepressten Polymerlinsen, verschieben [16]. Hierbei wird ein Mikropuder in einer Vorform unter hohem Druck in eine Optik verwandelt. Die Vorform muss in diesem Fall aufwendig durch eine CNC-Fräse hergestellt werden. Auch die Fertigung durch eine CNC-Fräse an sich limitiert die mögliche Bauteilgeometrien. Einen Ausweg bietet hier die aufkommende Polymer basierte 3D-Druck Technologie, die es bereits bei kleinen Investitionskosten erlaubt, Prototypen von komplexen Optiken herzustellen. Mit dieser Technik konnten bereits Wellenleiter [17, 18] und Alvarez-Optiken [19] für den THz-Bereich hergestellt werden. Besonders gut geeignet ist der 3D-Druck für den THz-Bereich, da die Oberflächenrauhigkeiten der 3D-gedruckten Optiken klein im Vergleich zur verwendeten Wellenlänge sind.

In dieser Arbeit wird im Abschn. 2 zunächst der verwendete Ultimaker 3D-Drucker vorgestellt. In Abschn. 3 werden strahlformende Bauelemente charakterisiert. Dabei handelt es sich um zwei Linsen mit unterschiedlicher Brennweite und einem Transmissions-Blazegitter. Die Bauelemente sind aus TOPAS gedruckt und werden im Frequenzbereich von 0,2–1 THz charakterisiert. In Abschn. 4 wird das Potential von 3D-gedruckten Wellenleitern untersucht. Eine Zusammenfassung der Arbeit wird in Abschn. 5 gegeben.

## 2 Das Ultimaker 3D-Druckverfahren

Alle im Rahmen dieser Arbeit vorgestellten quasioptischen Bauelemente wurden mit einem *Fused Deposition Modeling* (FDM) 3D-Drucker hergestellt. Hierbei handelt es sich um einen Ultimaker Original der Firma Ultimaker. Um die Qualität der gedruckten Bauelemente zu erhöhen, wurde ein Heizbett nachgerüstet. Dieses verringert die thermischen Verspannungen in den gedruckten Bauteilen. In Abb. 1 ist der selbstgebaute

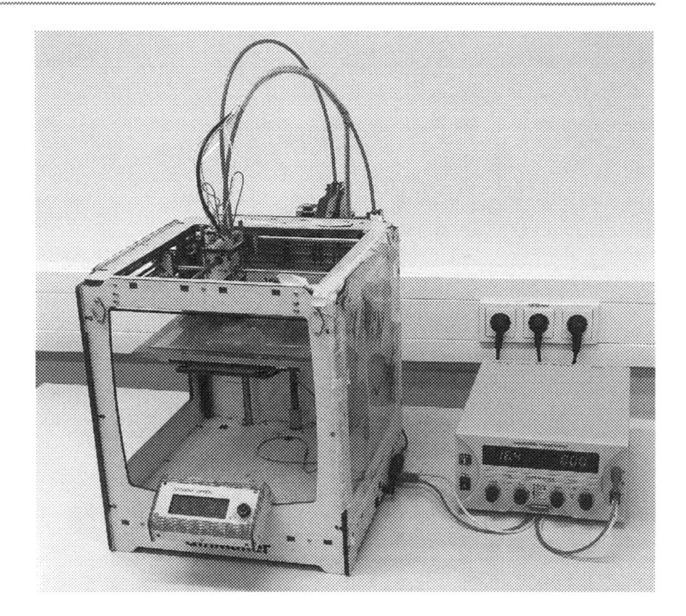

**Abb. 1** Dargestellt ist der Ultimaker Original der Firma Ultimaker. Das nebenstehende Labornetzteil dient als Stromversorgung für das nachgerüstete beheizte Druckbett

und modifizierte 3D-Drucker dargestellt. Bei diesem 3D-Drucker werden Bauelemente schichtweise aus thermoplastischem Kunststoff aufgebaut. Dieser wird in Form eines Kunststofffilaments durch eine beheizte Düse aufgeschmolzen. Die Düse kann durch Schrittmotoren, im Rahmen der jeweiligen Verfahrstrecke, frei im Raum platziert werden. So können Schicht für Schicht 3D-Objekte erzeugt werden.

Wichtige Parameter für die Auflösung der gedruckten Strukturen sind hierbei die Temperatur der Düse, der Vortrieb des Kunststofffilaments, Düsendurchmesser, Schichthöhe und Genauigkeit der Schrittmotoren. Ein Überblick über die Druckparameter des verwendeten 3D-Druckers ist in Tab. 1 gegeben. Je nach verwendetem Kunststoff variieren die notwendigen Temperaturen zwischen 180 und 250 °C für die Düse und zwischen 50 und 100 °C für das Heizbett. Für alle gedruckten Werkstücke wurde die Düse mit 400 µm Düsendurchmesser verwendet.

**Tab. 1** Übersicht über die Druckparameter des verwendeten Ultimaker Original der Firma Ultimaker

| | |
|---|---|
| Auflösung (x,y,z) | 20 µm, 20 µm, 20 µm |
| Dünnste druckbare Wand | 280 µm |
| Typische Schichthöhe | 50 µm |
| Druckgeschwindigkeit | 100–150 mm/s |
| Düsendurchmesser | 250 µm oder 400 µm |
| Düsentemperatur | 20–260 °C |
| Heizbetttemperatur | 20–100 °C |

Neben dem 3D-Drucker ist vor allem das verwendete Kunststofffilament von ausschlaggebender Wichtigkeit. Für Optiken existieren zwei wichtige Materialparameter: Die Absorption sollte möglichst gering sein, da sie zu einer Dämpfung des Signals führt. Hier sind insbesondere die klassischen Materialen für 3D-Drucker ungeeignet, da sie Absorptionskoeffizienten von 5 $cm^{-1}$ (ABS) und 11 $cm^{-1}$ (PLA) bei 500 GHz aufweisen [20]. Einen wesentlich geringeren Absorptionskoeffizienten weist Polystyrol (PS) mit 0,5 $cm^{-1}$ bei 500 GHz auf [20]. Dieses Material ist kommerziell als Kunststofffilament erhältlich und zeigt gute Druckeigenschaften. Ein weiteres vielversprechendes Material ist das Cyclo-Olefin-Copolymer TOPAS, dessen Absorptionskoeffizient bei 500 GHz nahezu null ist [21]. Dieses Material ist allerdings nicht kommerziell als Filament erhältlich. Im Rahmen dieser Arbeit werden Bauelemente aus PS und TOPAS vorgestellt. Der zweite wichtige Materialparameter ist die Dispersion. Sie beschreibt die Frequenzabhängigkeit des Brechungsindex. Insbesondere für Bauelemente, die über einen großen spektralen Bereich operieren sollen, muss die Frequenzabhängigkeit möglichst gering sein, da sie beispielsweise zu chromatischen Abbildungsfehlern bei Linsen führt. Alle für den 3D-Druck eingesetzten Materialien haben eine sehr geringe Frequenzabhängigkeit des Brechungsindex und eignen sich folglich für die Produktion von optischen Bauelementen [20].

## 3 Strahlformende Bauelemente

In diesem Abschnitt werden 3D-gedruckte strahlformende Bauelemente vorgestellt. Die vorgestellten Bauelemente sind aus TOPAS gefertigt, das sich wie bereits erwähnt durch eine niedrige Absorption und einen flachen Verlauf des Brechungsindex auszeichnet. Da die für den 3D-Drucker notwendigen Filamente nicht kommerziell erhältlich sind, wurde ein eigener Extruder entwickelt, der aus TOPAS Pellets ein Filament extrudiert. Es werden im Folgenden zwei Linsen mit unterschiedlicher Fokuslänge und ein optisches Beugungsgitter vorgestellt, die mit einem THz-TDS System charakterisiert werden. Alle Werkstücke wurden auf das 90 °C warme Heizbett mit der 400 µm Düse bei einer Temperatur von 250 °C und einer Schichthöhe von 100 µm gedruckt.

### 3.1 Terahertz-Zeitbereichsspektrometer

Für eine vollständige Charakterisierung der Materialeigenschaften und der optischen Eigenschaften der Bauelemente kamen zwei THz-TDS-Systeme zum Einsatz. Für die Extraktion der optischen Materialparameter (Absorptionskoeffizient und Brechungsindex) wurde ein Freistrahl-System verwendet, welches von einem Titan:Saphir-Laser mit einer Repetitionsrate von 80 MHz und einer Zentralwellenlänge von 800 nm angetrieben wird. Die sub-100 fs Lichtpulse, die von dem Laser emittiert werden, generieren Ladungsträger in einer PCA. Bei der PCA handelt es sich um einen Halbleiter mit einer metallischen Antennenstruktur. An der Emitterantenne wird ein elektrisches Feld angelegt, das die angeregten Ladungsträger beschleunigt. Die beschleunigten Ladungsträger erzeugen ihrerseits ein elektromagnetisches Feld, welches Frequenzkomponenten im Bereich von 0,3 bis 4,5 THz enthält. Der THz-Puls wird von einer vergleichbaren PCA detektiert. Die erzeugten Ladungsträger werden in diesem Fall durch das eintreffende THz-Feld beschleunigt. Dies führt zu einem Photostrom, der proportional zur einfallenden THz-Feldstärke ist. Da der anregende fs-Puls kurz im Vergleich zu dem THz-Puls ist, erlaubt eine optische Verzögerungseinheit das Abtasten des THz-Pulses. Die stark divergente THz-Strahlung wird durch 2 Parabolspiegel kollimiert und auf die Probenposition fokussiert. Auf der Detektorseite sind entsprechende Optiken angebracht. Nähere Informationen zur THz-TDS sind dem Übersichtsartikel von Jepsen et al. zu entnehmen [10]. Für die Extraktion der Materialparameter aus den Messdaten wurde ein Standardalgorithmus verwendet [22].

Während das Freistrahlspektrometer eine hohe Amplituden- und Phasenstabilität bietet, ist es für die Charakterisierung der optischen Bauelemente hinsichtlich ihrer Funktionsweise nicht geeignet. Das fasergekoppelte THz-TDS-System, das in Abb. 2 schematisch dargestellt ist, basiert auf einen 1550 nm Faserlaser der sub-100 fs Laserpulse emittiert. Für die Erzeugung und Detektion wurden kommerziell erhältliche fasergekoppelte THz-Antennen verwendet. Die Erzeugung und Detektion der THz-Strahlung erfolgt analog zu dem oben beschrieben Freistrahlsystem. Lediglich die optischen fs-Laserpulse werden über Glasfasern zu den Antennen transportiert. Dies ermöglicht das Rasterscannen des THz-Feldes mit der Detektorantenne. Um die Ortsauflösung zu erhöhen wurde eine 1 mm Irisblende vor der Detektorantenne positioniert. Für die winkelabhängigen Messungen an dem Beugungsgitter wurde die Detektorantenne mit einer Fokussierlinse auf ein Goniometer platziert. Dies erlaubt die Messung der frequenzabhängigen Beugung an dem Gitter.

## 3.2 Materialcharakterisierung von TOPAS im THz-Frequenzbereich

Wie bereits erwähnt, ist TOPAS bekannt für seinen niedrigen Absorptionskoeffizienten im THz-Bereich [23]. Das Material wurde bereits benutzt, um Optiken für den THz-Bereich mit konventionellen Methoden herzustellen [24]. An dieser Stelle soll untersucht werden, welchen Einfluss der Prozess des Druckens auf die optischen Eigenschaften von TOPAS

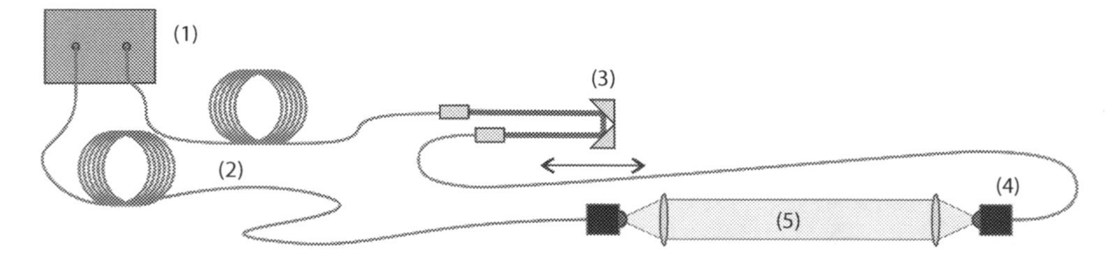


**Abb. 2** Schematische Darstellung eines fasergekoppelten THz-Zeitbereichsspektrometers. Kernelemente sind der fs-Faserlaser (1), die optischen Fasern (2), die optische Verzögerungseinheit (3), die fasergekoppelten photoleitenden Antennen (4) und der THz-Strahlengang inklusive Linsen (5)

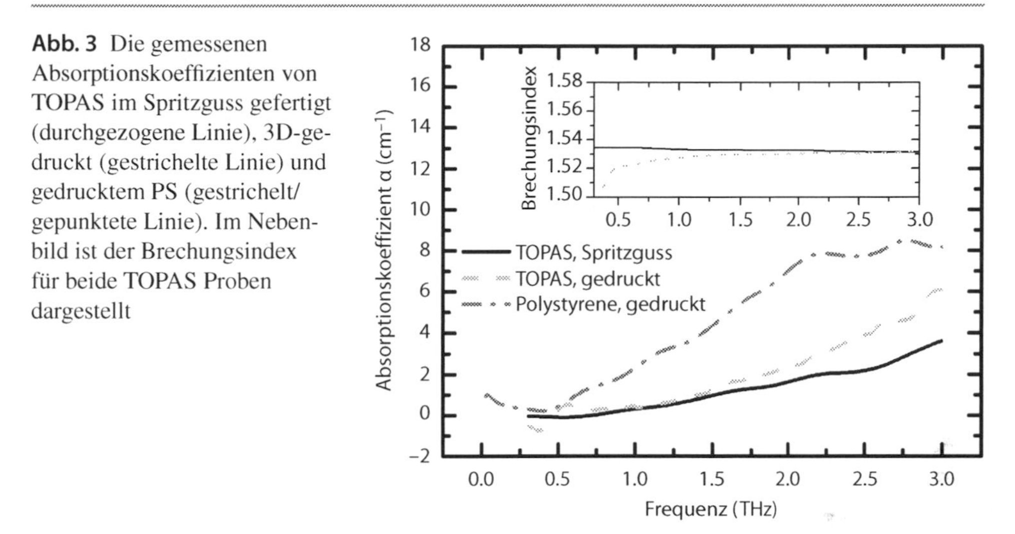


**Abb. 3** Die gemessenen Absorptionskoeffizienten von TOPAS im Spritzguss gefertigt (durchgezogene Linie), 3D-gedruckt (gestrichelte Linie) und gedrucktem PS (gestrichelt/gepunktete Linie). Im Nebenbild ist der Brechungsindex für beide TOPAS Proben dargestellt

hat. Als Referenz dient eine 2,6 mm dicke, planparallele TOPAS Type 5013 Probe, die im Spritzgussverfahren hergestellt wurde und eine gedruckte Polystyrol Probe. Diese wurden mit dem in Abschn. 3.1 beschrieben Freistrahlsystem vermessen. Der frequenzabhängige Absorptionskoeffizient ist in Abb. 3 als durchgezogene Linie dargestellt. Der Absorptionskoeffizient erhöht sich langsam von 0 $cm^{-1}$ bei 200 GHz auf 3,8 $cm^{-1}$ bei 3 THz.

Um den Einfluss des Druckvorgangs zu bestimmen, wurde eine 2 mm dicke Probe mit einem Durchmesser von 2 cm mit einer Druckgeschwindigkeit von 15 mm/s gedruckt und ebenfalls mit dem Freistrahlsystem vermessen. Der Verlauf des Absorptionskoeffizienten ist ebenfalls in Abb. 3 als gestrichelte Linie dargestellt. Bis ca. 1,5 THz verhalten sich beide Proben identisch. Für höhere Frequenz steigt die Absorption des gedruckten Materials auf 6 $cm^{-1}$ bei 3 THz an. Die erhöhten Verluste für die höheren Frequenzen sind durch Streuung an der Inhomogenität der gedruckten Probe zu erklären. In dem Nebenbild von Abb. 3 ist der Verlauf des Brechungsindex für beide TOPAS Proben dargestellt. Er ist in beiden Fällen konstant bei einem Wert von ca. 1,53. Als Vergleich zu dem bisher genutzten Material für 3D-gedruckte THz-Optiken ist ebenfalls der Absorptionskoeffizient von PS in Abb. 3 dargestellt (gepunktete gestrichelte Linie). Es ist zu sehen, das er über den gesamten gemessen Frequenzbereich höher ist als bei den TOPAS Proben.

## 3.3 Linsen

Als erstes Beispiel für 3D-gedruckte Optiken werden hier zwei Linsen charakterisiert. Beide Linsen wurden mit dem in Abschn. 3.1 beschrieben Parametern hergestellt. Im Prinzip können alle vorstellbaren Arten von Linsen, wie Zylinderlinsen, asphärische Linsen, etc. mittels 3D-Druck hergestellt werden. Hier konzentrieren wir uns auf einfache Plan-Konvexe Linsen, die beispielsweise genutzt werden, um einen kollimierten Strahl auf eine kleine Fläche zu fokussieren. Es wurden zwei Linsen mit Brennweiten von 90 und 60 mm und einem Durchmesser von 50 mm hergestellt. Um die Strahlform im Fokus zu bestimmen, wurde das in Abschn. 3.1 beschriebene fasergekoppelte THz-TDS-System verwendet. Die Intensitätsverteilung im Fokus wurde durch Rasterscannen der Detektorantenne aufgenommen.

In Abb. 4 ist der Fokus im Frequenzbereich von 250–350 GHz (a) und 850–950 GHz (b) für die 90 mm Linse dargestellt. Zusätzlich sind Gauß-Fits für einen Schnitt entlang der x-Ebene (durchgezogene Linie) und entlang der y-Ebene (gepunktete Linie) eingezeichnet.

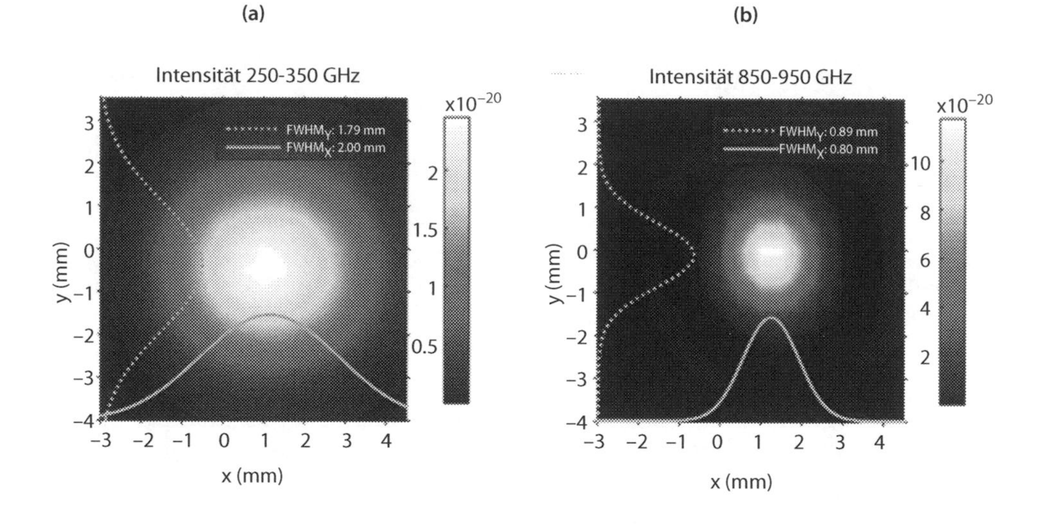


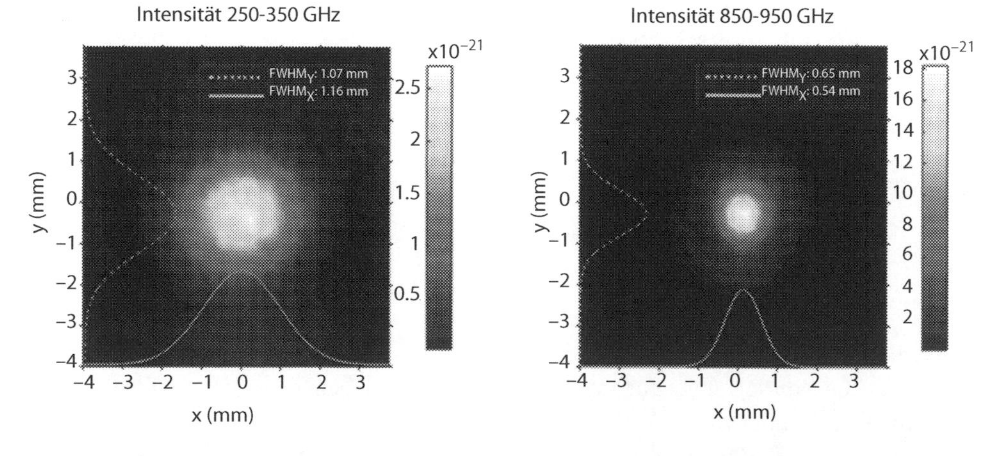


**Abb. 4** Abgebildet ist die integrierte Intensität der 90 mm Linse im Fokus für den Frequenzbereich 250–350 GHz (**a**) und für 850–950 GHz (**b**). (**c**) und (**d**) zeigen die gleichen Frequenzbereiche für die 60 mm Linse. Für jedes Intensitätsprofil ist ein Gauss-Fit für die x-Ebene (durchgezogene Linie) und y-Ebene (gestrichelte Linie) eingezeichnet

Wie zu erwarten, ist der Fokus mit ca. 1,69 mm für die höheren Frequenzen deutlich kleiner als 3,74 mm für die niedrigen Frequenzen. In Abb. 4c und d sind identische Frequenzbereiche für die 60 mm Linse dargestellt. Mit 2,24 mm bzw. 1,19 mm sind die Durchmesser im Fokus kleiner als die der 90 mm Linse. Dies ist mit der höheren numerischen Apertur verbunden. Die gemessen Strahldurchmesser im Fokus liegen für beiden Linsen lediglich 10 % über der theoretischen Größe. Die Messungen zeigen, dass 3D-gedruckte Linsen aus TOPAS sehr gute optische Eigenschaften haben.

## 3.4 Gitter

Als weitere Gruppe von optischen Bauelementen wird an dieser Stelle ein Transmissions-Blazegitter vorgestellt. Beugungsgitter im Allgemeinen haben einen frequenzabhängigen Beugungswinkel. Sie sind ein zentrales Bauelemente für viele spektroskopische Messgeräte. Während sich bei einem regulären, symmetrischen Beugungsgitter die einfallende Strahlung gleichmäßig auf positive und negative Beugungsordnungen aufteilt, wird bei einem Blazegitter die Strahlung entweder in die positiven oder negativen Beugungsordnungen gebeugt. In Abb. 5c zeigt ein Foto des gedruckten Bauelements. Das Blazegitter wurde auf der Grundlage von analytischen Formeln designt, welche in Ref. [25] dargestellt sind. Das Gitter hat einen Linienabstand $L = 2{,}5\ mm$ und einem Blazewinkel von 54°. Daraus ergibt sich eine Höhe des Sägezahns von $h = 1{,}9\ mm$. Es wurde designt, um eine Frequenz von 350 GHz unter einem Winkel von 30° in die erste Beugungsordnung zu beugen. Das Gitter wurde mit $t = 100\ \mu m$ dicken Schichten mit einer Stufenbreite von $d = 132\ \mu m$ gedruckt.

Eine Simulation des Blazegitters ist in Abb. 5a dargestellt. Der Einfallswinkel der Strahlung beträgt 0° in Relation zu der Gitternormalen. Bis 1 THz sind drei Beugungsordnungen zu erkennen, die nur für negative Winkel auftauchen. Dies ist das charakteristische Merkmal eines Blazegitters. Die maximale Intensität ist in der ersten Beugungsordnung bei ca. 350 GHz, was dem Designparameter entspricht. Das 3D-gedruckte Blazegitter

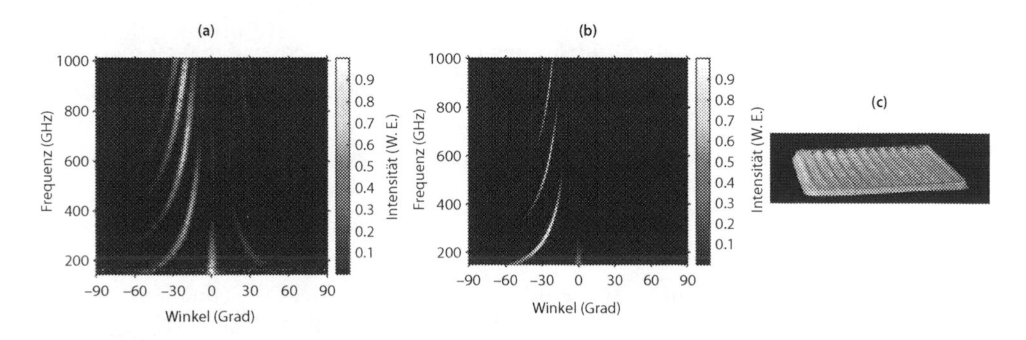


**Abb. 5** Dargestellt ist die winkelaufgelöste spektrale Intensität simuliert (**a**) und gemessen (**b**). Die Intensität ist farblich codiert. (**c**) zeigt ein Foto des gedruckten Beugungsgitters

wurde mit dem in Abschn. 3.1 beschriebenen fasergekoppelten THz-TDS-System charakterisiert. Die winkelabhängige Messung wurde dadurch realisiert, dass die Detektorantenne auf einem Goniometerarm platziert wurde. Das Blazegitter befand sich während der Messung im Mittelpunkt des Goniometers. Die in Abb. 5b dargestellten winkelaufgelösten Messungen zeigen eine gute qualitative Übereinstimmung mit den Simulationen. Die zusätzliche vierte Beugungsordnung und das Auftauchen der ersten negativen Beugungsordnung sind auf kleine Fehler im gedruckten Blazegitter zurückzuführen. Dennoch kann mit diesem Gitter eine Beugungseffizienz von mehr als 70 % bei 350 GHz in der ersten Beugungsordnung erreicht werden.

## 4 Strahlführende Bauelemente

Nachdem sich Abschn. 3 mit strahlformenden Bauelementen beschäftigt hat, die mit einem THz-TDS-System charakterisiert wurde, wendet sich dieses Kapitel strahlführenden Bauelementen zu. Damit sind an dieser Stelle Wellenleiter für 120 GHz gemeint. Das am weitesten verbreitete Beispiel für einen Wellenleiter ist die Glasfaser, welche das Rückgrat der modernen optischen Nachrichtenübertragung darstellt. In einem solchen Wellenleiter wird die elektromagnetische Welle durch Totalreflexion geführt. Bei allen hier vorgestellten Wellenleiter handelt es sich um Single-Mode Wellenleiter, d. h. es kann nur eine räumliche Mode propagieren. Dies erfordert, dass die Dimension des Wellenleiters im Bereich der Wellenlänge liegen muss. Durch die Limitierung hinsichtlich der minimalen Strukturgröße des von uns verwendeten 3D-Druckers, haben wir uns dazu entschieden die Wellenleiter für eine Frequenz von120 GHz auszulegen. Das Design, die Herstellung und der Messaufbau der Wellenleiter mittels eines 120 GHz Mikrowellensystems werden in Abschn. 4.1 dargestellt. Eine Charakterisierung hinsichtlich Krümmungsverlusten und Dämpfung erfolgt in Abschn. 4.2

### 4.1 Design, Herstellung und Messaufbau

Die Anforderungen an das Material für Wellenleiter sind identisch zu den Anforderungen für strahlformende Bauelemente: niedrige Absorption, geringe Dispersion und Druckbarkeit. Während TOPAS, wie in Abschn. 3.2 dargestellt, in allen drei Bereichen exzellente Eigenschaften zeigt, haben wir für die Herstellung der Wellenleiter auf Polystyrol zurückgegriffen, da die Verluste im Bereich von 120 GHz nur wenig höher sind und das Material einfacher zu verarbeiten ist. Wir haben den in Abschn. 2 beschrieben Ultimaker verwendet. Das Heizbett hatte eine Temperatur von 60 °C, die verwendete Düse hatte einen Durchmesser von 400 µm und eine Temperatur von 235 °C. Die Schichtdicke betrug 100 µm und die Druckgeschwindigkeit 25 mm/s. Aus diesen Parametern resultierte eine laterale Auflösung von ca. 400 µm.

Der optimale Querschnitt der planaren, quadratischen Wellenleiter wurde durch COMSOL Multiphysics® zu 1,5 mm × 1,5 mm bestimmt. Hierbei muss ein optimaler Kompromiss zwischen Propagationsverlusten und Wellenleitung gefunden werden. Ein kleiner Querschnitt führt zu hohen Verlusten, während ein zu großer Querschnitt zu unerwünschten räumlichen Moden höherer Ordnung führt. Der berechnete effektive Brechungsindex für den 1,5 mm × 1,5 mm großen Wellenleiter beträgt 1,287 und ist damit geringer als der Brechungsindex von PS. Dies ist damit begründet, dass ein Teil der elektromagnetischen Welle außerhalb des Wellenleiters in Luft (Brechungsindex näherungsweise 1) propagiert.

Um sicherzustellen, dass am Detektor nur Strahlung detektiert wird, die durch den Wellenleiter propagiert ist, befindet sich bei jedem gedruckten Bauelement eine 90° Kurve. Für die Halterung der Proben verfügen die Wellenleiter um 0,2 mm dünne Halterungen. Diese Halterungen sind ausreichend dünn, um keinen nennenswerten Einfluss auf den Wellenleiter zu haben.

Für den Messaufbau wurde ein 120 GHz schmalrandiges Mikrowellensystem von QuinStar Technology (QTM-C015RF, QEA-C0FBFP) verwendet. Der Transmitter basiert auf einer Gunn-Diode und besitzt eine Leistung von 30 mW, die über eine Hornantenne abgestrahlt wird. Der Receiver ist auf einer motorisierten XYZ-Verfahreinheit positioniert, die es erlaubt, 3D-Bilder von der Intensitätsverteilung aufzunehmen. Für eine maximale Kopplung in die Wellenleiter können diese direkt in die Hörner der Antennen eingeführt werden („end-butt coupling"), wie in Abb. 6 dargestellt ist.

## 4.2 Charakterisierung der Wellenleiter

In diesem Kapitel werden die grundlegenden Eigenschaften der 3D-gedruckten Wellenleiter untersucht. Dazu gehören die Verluste für unterschiedliche Krümmungsradien und die Propagationsverluste innerhalb des Wellenleiters. Die Krümmungsverluste sind von

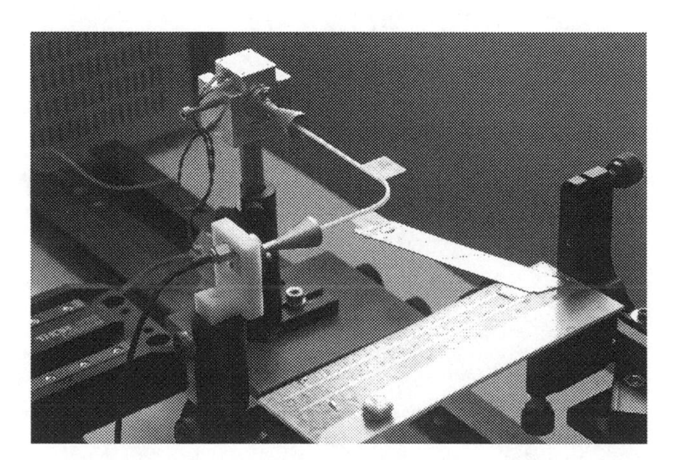

**Abb. 6** Aufnahme von dem experimentellen Mikrowellenaufbau. Transmitter und Receiver verfügen jeweils über eine Hornantenne. Der Wellenleiter ist direkt in beide Hornantennen eingesteckt und wird an der Hilfshalterung durch eine Klinge gehalten

großem Interesse, da die gedruckten Wellenleiter möglichst kompakt sein sollen, was einem kleinen Krümmungsradius entspricht. Auf der anderen Seite treten für zu kleine Radien starke Verluste auf, da die elektromagnetische Welle nicht ausreichend geführt wird. Die Propagationsverluste sind zur Bestimmung der allgemeinen Verwendbarkeit von 3D-gedruckten Wellenleitern ausschlaggebend.

Um die Krümmungsverluste der Wellenleiter zu bestimmen wurden verschiedene Wellenleiter mit unterschiedlichen Biegenradien unter Beibehaltung einer konstanten Länge von 151 mm untersucht. Der Radius der 90°-Kurve wurde zwischen 0,7 mm und 40,7 mm variiert. Die intrinsischen Dämpfungsverluste werden eliminiert, indem die Messwerte auf den Messwert normiert werden, welcher für den größten Krümmungsradius erhalten wird. Die Transmission durch eine 90°-Kurve in Abhängigkeit von dem Krümmungsradius ist in Abb. 7 dargestellt. Die gepunktete Linie entspricht einer theoretischen Berechnung basierend auf einem Modell von Hunsperger [26]. Neben dem theoretischen Modell ist als gestrichelte Linie das Simulationsergebnis basierend auf einer Finite-Differenzen-Methode im Zeitbereich einer quelloffenen Software dargestellt (MEEP [27]). Die als durchgezogene Linie dargestellten experimentellen Messergebnisse sind in guter qualitativer Übereinstimmung mit den theoretischen und numerischen Simulationsergebnissen. Im Nebenbild von Abb. 7. ist der Bereich für kleine Kurvenradien als Dämpfung pro mm dargestellt. Die Abweichung für kleine Radien von Simulation und Experiment lassen sich durch die Existenz von Moden höherer Ordnung erklären, die in der Simulation keine Berücksichtigung finden. Die Ergebnisse zeigen, dass für einen Krümmungsradius von 20 mm kaum Krümmungsverluste auftreten. Aus diesem Grund wurde dieser Radius für die nachfolgenden Experimente gewählt.

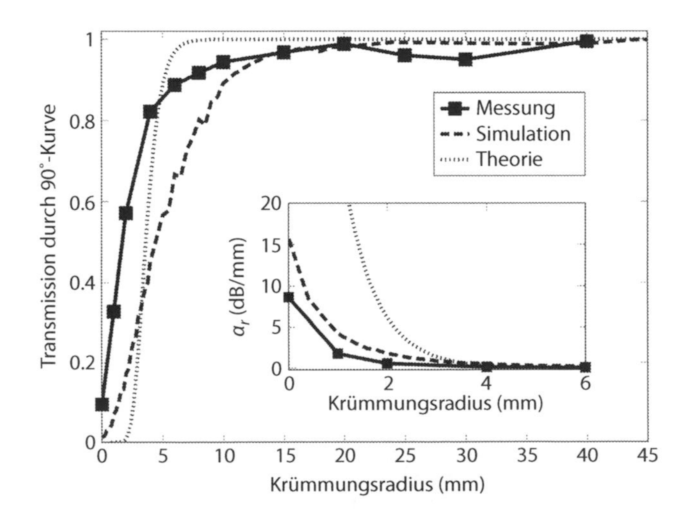


**Abb. 7** Transmission durch eine 90°-Kurve in Abhängigkeit von dem Krümmungsradius für experimentelle Ergebnisse (durchgezogene Linie), numerische Simulation (gestrichelte Linie) und theoretische Berechnung (gepunktete Linie). Im Nebenbild ist die Dämpfung für kleine Krümmungsradien in dB/mm dargestellt

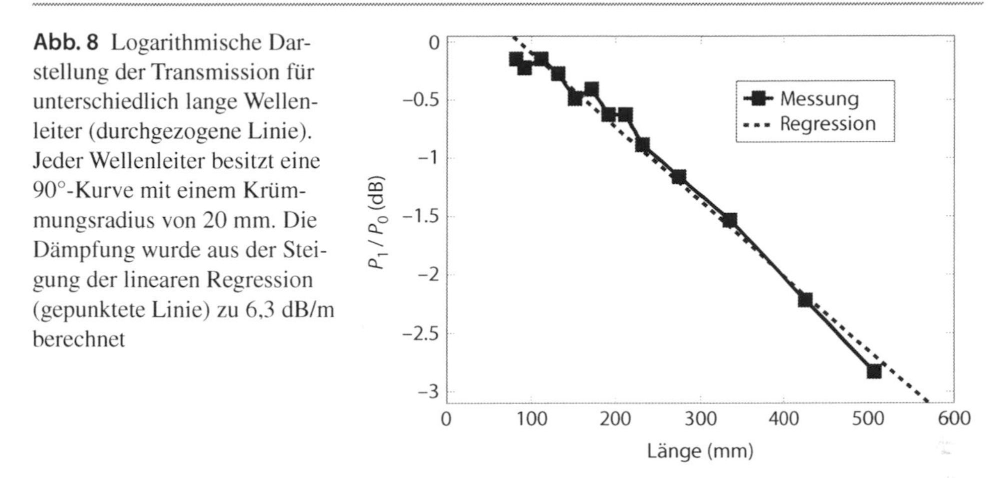


**Abb. 8** Logarithmische Darstellung der Transmission für unterschiedlich lange Wellenleiter (durchgezogene Linie). Jeder Wellenleiter besitzt eine 90°-Kurve mit einem Krümmungsradius von 20 mm. Die Dämpfung wurde aus der Steigung der linearen Regression (gepunktete Linie) zu 6,3 dB/m berechnet

Um die Dämpfung des Wellenleiters zu bestimmen wurden unterschiedlich lange Wellenleiter mit einer 90°-Kurve (Krümmungsradius 20 mm) gedruckt. Die durchgezogene Linie in Abb. 8 stellt die Transmission durch die Wellenleiter logarithmisch dar. Das Verhalten der transmittierten Leistung $P_l$ von der Ausgangsleistung $P_0$ über die Stecke $l$ kann mit dem Lambert-Beerschen Gesetz beschrieben werden: $P_1 = P_0 \cdot e^{-\alpha l}$. Der Absorptionskoeffizient $\alpha$ kann aus der Steigung der linearen Ausgleichsgerade (gepunktete Linie) berechnet werden. Der berechnete Absorptionskoeffizient beträgt in diesem Fall $\alpha = 1{,}45 \pm 0{,}13\ m^{-1}$ was einer Dämpfung von 6,3 ± 0,6 *dB/m* entspricht. Da die 3D-gedruckten Wellenleiter bisher die Länge von 0,5 m nicht überschreiten, sind Verluste in dieser Größenordnung akzeptabel.

## 5 Zusammenfassung

Im Rahmen dieser Arbeit wurde untersucht, ob ein FDM 3D-Drucker ausreicht, um Optiken und Wellenleiter für den THz-Bereich zu drucken. Zunächst wurde mit TOPAS ein neues Material für den 3D-Druck vorgestellt, das sich durch besonders niedrige Absorptionsverluste im THz-Bereich auszeichnet. Es kann gezeigt werden, dass sich die Eigenschaften zwischen gedruckten und im Spritzguss gefertigtem Material nur bei Frequenzen oberhalb von 1,5 THz bemerkbar machen. Des Weiteren wurden zwei verschiedene Linsen aus 3D-gedrucktem TOPAS charakterisiert. Mit Strahdurchmessern von 1,7 mm für die 90 mm Linse und 1,2 mm für die 60 mm bei 1 THz zeigten beiden Linsen sehr gute Abbildungseigenschaften. Als weiteres Bauelement wurde ein 3D-gedrucktes Transmissions-Blazegitter untersucht. Auch hier ergab sich eine gute Deckung zwischen Experiment und Theorie. Es konnte eine Beugungseffizienz von 70 % bei 350 GHz in der ersten Beugungsordnung ermittelt werden.

Im Bereich der strahlführenden Bauelemente wurden 3D-gedruckte Wellenleiter aus PS bei 120 GHz untersucht. Es stellte sich heraus, dass ein Krümmungsradius bei 90°-Kurven einen guten Kompromiss zwischen niedrigen Verlusten und maximaler Kompaktheit darstellt. In einem zweiten Experiment wurden Propagationsverluste von 6,3 ± 0,6 *dB/m* bestimmt. In Anbetracht der geringen Länge von gedruckten Wellenleitern ist dies ein akzeptabler Wert. Ausgehend von diesen Ergebnissen können in Zukunft komplexere Wellenleiterstrukturen wie Strahlteiler, planare Koppler und Raumkoppler untersucht werden.

## Literaturverzeichnis


[1] *M. van Exter, C. Fattinger, and D. Grischkowsky, „Terahertz time-domain spectroscopy of water vapor," Opt. Lett.* ***14****, 1128 (1989).*

[2] *R. Fork, B. Greene, and C. Shank, „Generation of optical pulses shorter than 0.1 psec by colliding pulse mode locking," Appl. Phys. Lett.* ***38****, 671–672 (1981).*

[3] *R. L. Fork, C. H. Cruz, P. C. Becker, and C. V Shank, „Compression of optical pulses to six femtoseconds by using cubic phase compensation.," Opt. Lett.* ***12****, 483–485 (1987).*

[4] *D. E. Spence, P. N. Kean, and W. Sibbett, „60-fsec pulse generation from a self-mode-locked Ti:sapphire laser.," Opt. Lett.* ***16****, 42–44 (1991).*

[5] *B. B. Hu and M. C. Nuss, „Imaging with terahertz waves," Opt. Lett.* ***20****, 1716 (1995).*

[6] *D. M. Mittleman, R. H. Jacobsen, and M. C. Nuss, „T-Ray Imaging,"* ***2****, 679–692 (1996).*

[7] *M. E. Fermann, M. Hofer, F. Haberl, a J. Schmidt, and L. Turi, „Additive-pulse-compression mode locking of a neodymium fiber laser.," Opt. Lett.* ***16****, 244–6 (1991).*

[8] *M. Hofer, M. E. Fermann, F. Haberl, M. H. Ober, and a J. Schmidt, „Mode locking with cross-phase and self-phase modulation.," Opt. Lett.* ***16****, 502–4 (1991).*

[9] *B. Sartorius, H. Roehle, H. Künzel, J. Böttcher, M. Schlak, D. Stanze, H. Venghaus, and M. Schell, „All-fiber terahertz time-domain spectrometer operating at 1.5 microm telecom wavelengths.," Opt. Express* ***16****, 9565–9570 (2008).*

[10] *P. U. Jepsen, D. G. Cooke, and M. Koch, „Terahertz spectroscopy and imaging – Modern techniques and applications," Laser Photon. Rev.* ***5****, 124–166 (2011).*

[11] *N. Krumbholz, T. Hochrein, N. Vieweg, T. Hasek, K. Kretschmer, M. Bastian, M. Mikulics, and M. Koch, „Monitoring polymeric compounding processes inline with THz time-domain spectroscopy," Polym. Test.* ***28****, 30–35 (2009).*

[12] *R. Gente and M. Koch, „Monitoring leaf water content with THz and sub-THz waves.," Plant Methods* ***11****, 15 (2015).*

[13] *R. Gente, S. F. Busch, E.-M. Stubling, L. M. Schneider, C. B. Hirschmann, J. C. Balzer, and M. Koch, „Quality Control of Sugar Beet Seeds With THz Time-Domain Spectroscopy," IEEE Trans. Terahertz Sci. Technol.* ***6****, 1–3 (2016).*

[14] *A. M. Abdul-Munaim, M. Reuter, O. M. Abdulmunem, J. C. Balzer, M. Koch, and D. G. Watson, „Using Terahertz Time-Domain Spectroscopy to Discriminate among Water Contamination Levels in Diesel Engine Oil," Trans. ASABE* ***59****, 795–801 (2016).*

[15] *A. Soltani, S. F. Busch, P. Plew, J. C. Balzer, and M. Koch, „THz ATR Spectroscopy for Inline Monitoring of Highly Absorbing Liquids," J. Infrared, Millimeter, Terahertz Waves* ***37****, 1001–1006 (2016).*

[16] *B. Scherger, M. Scheller, C. Jansen, M. Koch, and K. Wiesauer, „Terahertz lenses made by compression molding of micropowders," Appl. Opt.* ***50****, 2256 (2011).*

[17] M. Weidenbach, D. Jahn, A. Rehn, S. F. Busch, F. Beltrán-Mejía, J. C. Balzer, and M. Koch, „3D printed dielectric rectangular waveguides, splitters and couplers for 120 GHz," Opt. Express, vol. 24, no. 25, p. 28968, 2016.

[18] D. Jahn, M. Weidenbach, J. Lehr, L. Becker, F. Beltrán-Mejía, S. F. Busch, J. C. Balzer, and M. Koch, „3D Printed Terahertz Focusing Grating Couplers," J. Infrared, Millimeter, Terahertz Waves, Feb. 2017.

[19] *J. C. Balzer, S. Busch, G. Bastian, G. Town, and M. Koch, „Alvarez optical components in the THz Regime," in Conference on Lasers and Electro-Optics (OSA, 2016), p. STh1I.2.*

[20] *S. F. Busch, M. Weidenbach, M. Fey, F. Schäfer, T. Probst, and M. Koch, „Optical Properties of 3D Printable Plastics in the THz Regime and their Application for 3D Printed THz Optics," J. Infrared, Millimeter, Terahertz Waves* ***35****, 993–997 (2014).*

[21] *S. F. Busch, M. Weidenbach, J. C. Balzer, and M. Koch, „THz Optics 3D Printed with TOPAS," J. Infrared, Millimeter, Terahertz Waves* ***37****, 303–307 (2016).*

[22] *M. Scheller, C. Jansen, and M. Koch, „Analyzing sub-100-μm samples with transmission terahertz time domain spectroscopy," Opt. Commun.* ***282****, 1304–1306 (2009).*

[23] *P. D. Cunningham, N. N. Valdes, F. A. Vallejo, L. M. Hayden, B. Polishak, X.-H. Zhou, J. Luo, A. K.-Y. Jen, J. C. Williams, and R. J. Twieg, „Broadband terahertz characterization of the refractive index and absorption of some important polymeric and organic electro-optic materials," J. Appl. Phys.* ***109****, 43505 (2011).*

[24] *K. Nielsen, H. K. Rasmussen, A. J. Adam, P. C. Planken, O. Bang, and P. U. Jepsen, „Bendable, low-loss Topas fibers for the terahertz frequency range," Opt. Express* ***17****, 8592–8601 (2009).*

[25] *D. C. O'Shea, T. J. Suleski, A. D. Kathman, and D. W. Prather, Diffractive Optics (SPIE, 2003).*

[26] *R. G. Hunsperger, Integrated Optics: Theory and Technology, 6th ed. (Springer New York, 2009).*

[27] *A. F. Oskooi, D. Roundy, M. Ibanescu, P. Bermel, J. D. Joannopoulos, and S. G. Johnson, „Meep: A flexible free-software package for electromagnetic simulations by the FDTD method," Comput. Phys. Commun.* ***181****, 687–702 (2010).*

# 3D Mikro- und Nano-Strukturierung mittels Zwei-Photonen-Polymerisation

Ayman El-Tamer, Ulf Hinze und Boris N. Chichkov

**Zusammenfassung**

*Mit Hilfe etablierter Additive-Manufacturing (AM) Verfahren wie der UV-Stereolithografie, dem 3D-Druck oder dem Lasersintern ist man heute in der Lage, mehrere Zentimeter große Bauteile zu fertigen und dabei eine Auflösung im Mikrometerbereich zu realisieren.*

*Die Zwei-Photonen-Polymerisation (2PP) ist ein junges ergänzendes laserbasiertes AM Verfahren, das eine volle dreidimensionale Strukturierung beliebig komplexer Modelle mit einer Auflösung im Submikrometerbereich ermöglicht. Der Strukturierungsprozess basiert auf dem Prinzip des direkten Laserschreibens, welches die nichtlineare Zwei-Photonen-Absorption im Fokus eines stark fokussierten Femtosekundenlaserstrahls nutzt. Dabei wird eine auf das Fokusvolumen begrenzte Polymerisationsreaktion induziert, die ein transparentes fotosensitives Material verfestigt. Durch eine computergesteuerte dreidimensionale (3D) Führung des Fokus im Material kann nahezu jede beliebige Struktur direkt im Volumen des Materials erstellt werden; dabei muss nicht schichtweise aufgebaut werden, wie es bei vielen anderen Verfahren der Fall ist. Mit diesem Prozess wurden Strukturauflösungen besser als 100 nm demonstriert.*

A. El-Tamer (✉) · U. Hinze · B.N. Chichkov
Nanotechnology Department, Laser Zentrum Hannover e.V. (LZH), Hollerithallee 8, 30419 Hannover, Deutschland
e-mail: a.el-tamer@lzh.de

B.N. Chichkov
Institut für Quantenoptik, Leibniz Universität Hannover, Welfengarten 1, 30167 Hannover, Deutschland



R. Lachmayer, R.B. Lippert (Hrsg.), *Additive Manufacturing Quantifiziert*,
DOI 10.1007/978-3-662-54113-5_8

Diese Eigenschaften machen die 2PP zu einem einzigartigen mikrotechnologischen Werkzeug mit einer Vielzahl von Anwendungsgebieten, wie z. B. Mikrooptik, Mikromechanik, Mikrofluidik, Mikroelektronik, Medizin und Biologie.

**Schlüsselwörter**

*Nanotechnologie · Zwei-Photonen-Polymerisation · Additive Fertigung · Mikrostrukturen · Femtosekundenlaser*

## Inhaltsverzeichnis



## 1 Einleitung

Die Entwicklung immer präziser werdender additiver Fertigungsverfahren ermöglichte im letzten Jahrzehnt einen beeindruckenden Fortschritt auf dem Gebiet der Mikro- und Nanotechnologie. Eines der präzisesten und flexibelsten mikrotechnologischen 3D-Fertigungsverfahren der heutigen Zeit ist die Zwei-Photonen-Polymerisation (2PP).

Die 2PP ist ein additives Fertigungsverfahren, das sich in die Gruppe der 3D-Lithografieverfahren einordnen lässt, und auf eine Arbeit von Maruo, Nakamura und Kawata aus dem Jahr 1997 zurückgeht [1]. Sie unterscheidet sich von den bekannten UV-Lithografieverfahren, welche hauptsächlich auf der Anwendung kohärenter und inkohärenter UV-Strahlung beruhen, durch die Anwendung kurzgepulster Laserstrahlung im sichtbaren bis nahinfraroten Bereich und durch die Ausnutzung nichtlinearer Effekte, namentlich der Zwei-Photonen-Absorption.

Mit diesem Prozess werden 3D-Strukturen durch direktes Laserschreiben hergestellt. Dabei wird die Zwei-Photonen-Absorption im Fokus eines stark fokussierten Femtosekundenlaserstrahls genutzt, um in einem Photoresist eine auf das Fokusvolumen begrenzte photochemische Reaktion zu induzieren, die den Resist durch Polymerisation verfestigt. Durch eine computergesteuerte dreidimensionale Bewegung des Fokus durch das Material lässt sich nahezu jede beliebige dreidimensionale Struktur im Volumen des transparenten Fotolackes herstellen; dabei wurden Strukturauflösungen bis sub-100 nm

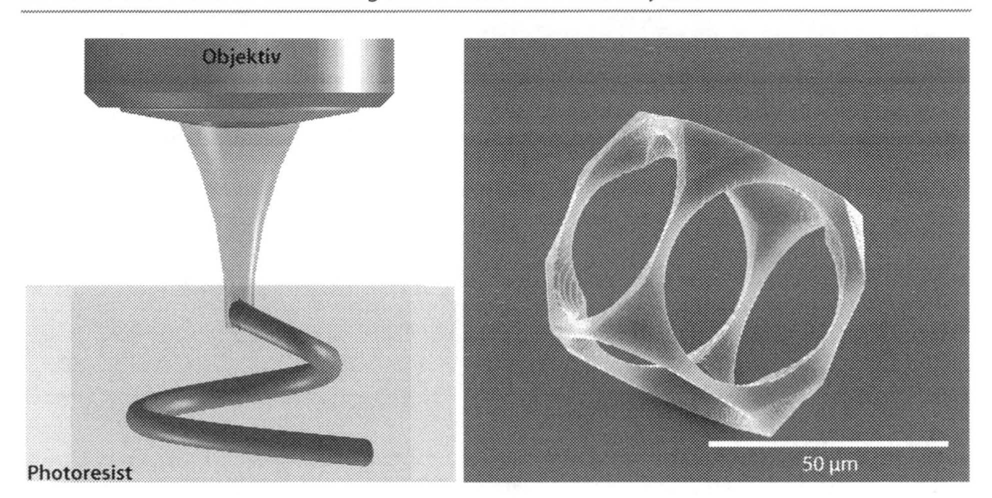


**Abb. 1** Strukturierungsprinzip der Zwei-Photonen-Polymerisation

demonstriert [2]. Gegenüber vielen anderen Lithografieverfahren ist es vorteilhaft, dass dabei auf eine strikte Schichtbauweise verzichtet werden kann, was eine größere Designfreiheit bietet (siehe Abb. 1). Die hohe Auflösung und die Möglichkeit, beliebige dreidimensionale Objekte herzustellen, sind Alleinstellungsmerkmale dieser Technologie.

Aufgrund ihrer Nähe zu den konventionellen fotolithografischen Verfahren, profitiert die 2PP heute von einer großen Zahl bereits verfügbarer Materialien, sodass mit dieser vielversprechenden Fertigungstechnologie in relativ kurzer Zeit bereits eine Vielzahl von Anwendungsgebieten erschlossen werden konnte. Typische Anwendungsgebiete der 2PP zeichnen sich durch die Notwendigkeit einer hohen Strukturauflösung und einer großen Strukturierungsflexibilität aus, wobei die maximale Größe der benötigten Strukturen im einstelligen Zentimeterbereich liegt. Zu den Anwendungsfeldern zählen Mikrooptik, Mikromechanik, Mikrofluidik, Mikroelektronik, Medizin und Biologie.

## 2 Prinzip der Zwei-Photonen-Polymerisation

Wie der Name Zwei-Photonen-Polymerisation impliziert, basiert dieser Prozess auf einer lichtinduzierten Polymerisationsreaktion, die das verwendete fotosensitive Material im belichteten Bereich vernetzt. Bei der Polymerisationsreaktion handelt es sich um eine radikalische Kettenpolymerisation, mit den charakteristischen Reaktionsschritten Initiation, Propagation und Termination.

Der Fotolack besteht oft aus einer Mischung von multifunktionalen Oligomer- und Monomermolekülen auf Acrylat/Methacrylat-Basis, denen eine geringe Konzentration eines Fotoinitiators in einem Lösungsmittel zugesetzt wird. Im Initiationsschritt wird der

Fotolack mit Laserstrahlung selektiv belichtet. Durch Absorption der Photonen werden die Initiatormoleküle homolytisch in freie Radikale gespalten, die als Starter der radikalischen Polymerisationsreaktion fungieren. Die freien Radikale sind hochreaktiv und reagieren innerhalb kurzer Zeit mit den funktionellen Gruppen der Oligomer- und Monomermoleküle, wodurch Kettenradikale entstehen, die im Propagationsschritt zunehmend durch die Reaktion mit anderen Monomer-und Oligomermolekülen wachsen, bis die Kettenreaktion im Terminationsschritt durch Rekombinationsprozesse unterbrochen wird.

Durch diese Polymerisationsreaktion wird der belichtete Fotolack vernetzt und somit aus dem flüssigen in den festen und unlöslichen Zustand überführt, der als Polymer bezeichnet wird (siehe Abb. 2).

In der Zwei-Photonen-Polymerisation wird diese Polymerisationsreaktion selektiv und im Volumen des Fotolacks initiiert, was sich wesentlich von den UV-Lithografieverfahren unterscheidet. Dieser Unterschied lässt sich durch den Anregungsprozess des Fotoinitiators erklären, der im Fall der 2PP auf einer Zwei-Photonen-Absorption basiert, wohingegen die Anregung in den UV-Lithografieverfahren durch eine Ein-Photon-Absorption erreicht wird.

Beim Ein-Photon-Absorptions-Prozess (siehe Abb. 3, links oben) wird die notwendige Energie für den Übergang des Fotoinitiatormoleküls, aus dem Grundzustand $S_0$ in den angeregten Zustand $S_1$ durch die Absorption eines einzelnen Photons $h\nu_{UV}$ erzielt, dessen Energie der Energielücke zwischen beiden Zuständen entspricht. Die Absorptionsrate hängt dabei linear von der Lichtintensität ab; die Materialien sind auf relativ große Absorptionsquerschnitte, und somit auf eine große Wahrscheinlichkeit der Wechselwirkung zwischen Photon und Fotoinitiatormolekül, optimiert. Dies hat zur Folge, dass kleine Lichtintensitäten genügen, um die Fotoinitiatormoleküle in den angeregten Zustand zu überführen und somit Radikale zu bilden, die ihrerseits die Polymerisationsreaktion initiieren.

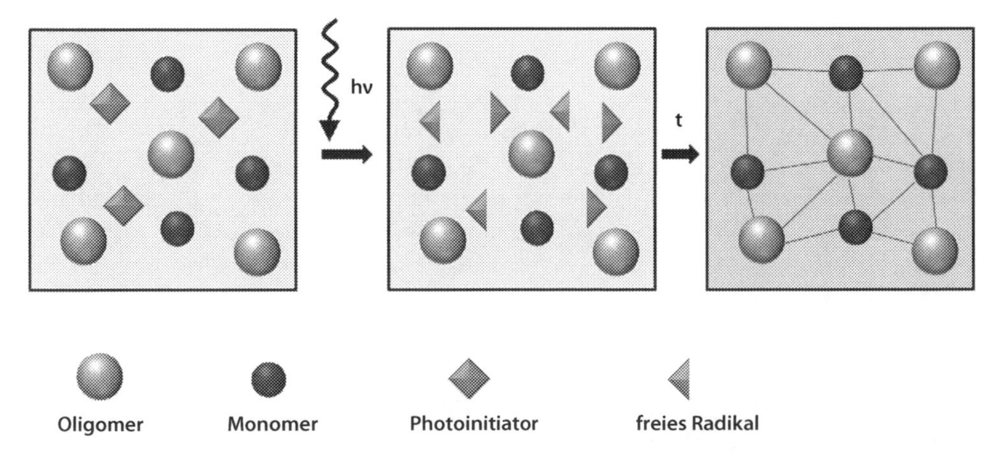


**Abb. 2** Schematische Darstellung der radikalischen Polymerisationsreaktion

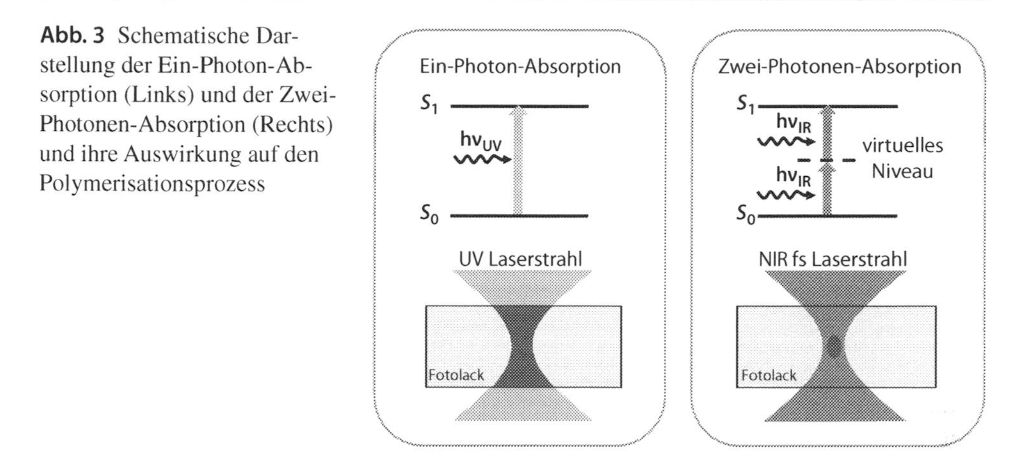


**Abb. 3** Schematische Darstellung der Ein-Photon-Absorption (Links) und der Zwei-Photonen-Absorption (Rechts) und ihre Auswirkung auf den Polymerisationsprozess

Eine Belichtung des Fotolackes führt daher in der Regel zur Polymerisation des gesamten belichteten Volumens (siehe Abb. 3, links unten). Ein dreidimensionaler Strukturaufbau kann in diesem Fall (UV-Lithografieverfahren) durch Schichtbauverfahren erreicht werden, also durch das sequentielle Auftragen dünner Fotolackschichten und deren Belichtung.

Die Zwei-Photonen-Absorption wurde erstmals im Jahr 1929 von Maria Göppert-Mayer in ihrer Dissertation theoretisch beschrieben [3]. Es handelt sich dabei um einen nichtlinearen Licht-Materie-Wechselwirkungsprozess: Hierbei partizipieren zwei Photonen $hv_{IR}$, deren Energien in der Summe der Energielücke zwischen dem Grundzustand $S_0$ und dem angeregtem Zustand $S_1$ entsprechen, gemeinsam am Absorptionsvorgang (siehe Abb. 3, rechts oben).

Die Absorption beider Photonen verläuft über ein virtuelles Zwischenniveau mit einer Lebensdauer von nur wenigen Femtosekunden und muss somit nahezu simultan stattfinden, damit der Übergang ermöglicht wird. Die Absorptionsrate verhält sich in diesem Fall nichtlinear und ist proportional zum Quadrat der Lichtintensität. Dies setzt eine große Lichtintensität für den Übergang voraus, welche in der Taille eines fokussierten Ultrakurzpuls-Laserstrahls erreicht wird. Der Initiationsprozess kann durch geeignete Wahl der Laserintensität sogar auf ein Teilvolumen der Taille lokalisiert werden, sodass auch die Polymerisation auf dieses Teilvolumen beschränkt bleibt (Abb. 3, rechts unten).

Somit wird es möglich, mit 2PP durch direktes Laserschreiben mit hoher räumlicher Auflösung im Volumen des fotosensitiven Materials zu strukturieren. Eine strenge Schichtbauweise wie bei vielen anderen konventionellen UV-Lithografieverfahren ist nicht erforderlich, sodass ein sehr präziser und flexibler Strukturaufbau möglich wird.

Die Strukturauflösung im 2PP-Prozess wird in erster Linie vom verwendeten Objektiv bestimmt und hängt direkt vom Abbildungsmaßstab und der numerischen Apertur (NA) des Objektivs ab. Je größer der gewählte Abbildungsmaßstab und die NA sind, desto höher ist auch die erreichbare Strukturauflösung im Prozess.

Im Unterschied zur Auflösung vieler UV-Lithographieverfahren ist die Strukturauflösung der 2PP nicht beugungsbegrenzt, da sie nicht allein durch das Auflösungsvermögen der dazugehörigen Optik beschrieben werden kann, sondern die Licht-Material-Wechselwirkung mitberücksichtigt werden muss. Häufig wird die 2PP mittels eines Intensitätsschwellenmodells mit zwei Lichtintensitätsschwellen beschrieben (siehe Abb. 4), die das Prozessfenster der Polymerisation eingrenzen und vom verwendeten Material abhängen. Die untere Schwelle beschreibt dabei die kleinstmögliche Lichtintensität, bei der die Polymerisation einsetzt, wohingegen die obere Schwelle die Lichtintensität angibt, bei der das Material zu verbrennen beginnt oder eine Blasenformation eintritt.

Im Weiteren wird eine näherungsweise gaußförmige Intensitätsverteilung in der Taille des fokussierten Laserstrahls angenommen. Die Strukturauflösung innerhalb des *Prozessfensters* ist durch die gewählte Intensität bestimmt. Bei kleinen Lichtintensitäten, die nur knapp über der Polymerisationsschwelle liegen, wird die Polymerisation nur in einem kleinen inneren Teilbereich des Fokusvolumens induziert, wodurch auch eine Strukturauflösung unter dem Beugungslimit realisiert werden kann. Mit steigender Lichtintensität tragen auch die Flanken der Intensitätsverteilung verstärkt zur Polymerisation bei, sodass das polymerisierte Volumen zunimmt und die Strukturauflösung abnimmt. Dieses Verhalten gilt sowohl für die laterale als auch für die axiale Auflösung, sodass das polymerisierte Materialvolumen im Fokus in lateraler und axialer Richtung ausgedehnt ist und die Form eines Ellipsoids annimmt, welches in Analogie zum Pixel als Voxel (Volumen-Pixel) bezeichnet wird.

Nach diesem vereinfachten Modell wäre eine nahezu beliebig hohe Auflösung denkbar, was jedoch durch die Materialfestigkeit bei kleinen Lichtintensitäten begrenzt wird. Denn der Vernetzungsgrad des Polymers ist im Fall kleiner Intensitäten ebenfalls klein, sodass

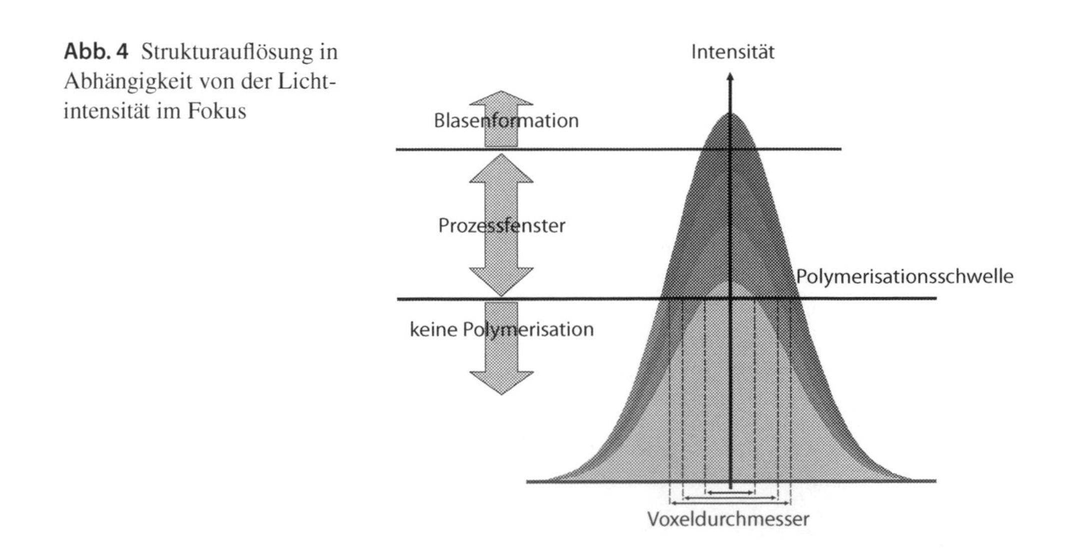


**Abb. 4** Strukturauflösung in Abhängigkeit von der Lichtintensität im Fokus

die Polymerisation zu instabil ist, und die erzeugten Strukturen kollabieren oder nachfolgende Prozessschritte nicht überstehen.

## 2.1 2PP-Aufbau

Die technischen Möglichkeiten eines 2PP-Systems werden wesentlich durch das optische System und die verwendeten Positioniersysteme bestimmt. Je nach Anwendung kann ein System beispielsweise auf höchste Auflösung, kürzeste Prozesszeit oder für bestimme Materialien optimiert werden.

Die Intensitätsanforderungen im 2PP-Prozess machen die Verwendung von gepulsten Lasersystemen notwendig. Hauptsächlich kommen Femtosekundenlaser zum Einsatz, die gepulste Laserstrahlung mit einer Repetitionsrate im MHz-Bereich emittieren und dabei Pulslängen von wenigen 10 fs bis hin zu einigen 100 fs erzeugen. Der Vorteil dieser kurzgepulsten Laserstrahlung ist die große Pulsspitzenintensität bei gleichzeitig kleiner Pulsenergie. Die Pulsspitzenleistung kann einige 100 $kW/cm^2$ bis hin zu einigen $TW/cm^2$ im Fokus betragen, wobei die Pulsenergie lediglich im Bereich von nJ bis µJ liegt. Auf diese Weise können die notwendigen Lichtintensitäten für den 2PP-Prozess - ohne großen mittleren Energieeintrag in das Material - bereitgestellt werden. In der Praxis werden häufig Ti:Sa-Laser (800 nm) eingesetzt; etwa 2/3 der publizierten Arbeiten basieren auf diesem Lasertyp. Zum Teil kommen auch leistungsschwächere frequenzverdoppelte Erbium-dotierte Faserlaser (780 nm) zum Einsatz.

Um mit Hilfe eines 2PP-Systems dreidimensionale Strukturen zu erzeugen, müssen Material und Laserfokus relativ zueinander bewegt werden. Dies kann grundsätzlich geschehen, indem entweder das Material relativ zu einem feststehenden Laserstrahl durch ein Positioniersystem bewegt wird (siehe Abb. 5, rechts), oder indem der Laserstrahl abgelenkt wird (siehe Abb. 5, links), beispielsweise durch einen Galvanometer-Laserscanner. Beide Konzepte haben unterschiedliche Vor- und Nachteile und beide werden heute verwendet.

Galvanometer-Laserscanner kommen häufig zum Einsatz, wenn eine besonders schnelle Strahlablenkung gefordert ist, denn aufgrund der geringen Masse der kleinen Ablenkspiegel kann der Laserstrahl besonders dynamisch durch das Material geführt werden. Allerdings bringt die Verwendung von Galvanoscannern auch Nachteile mit sich. Da der Laserstrahl hinter dem Scanner noch durch die fokussierende Optik geführt werden muss, ist das Bearbeitungsfeld durch diese Optik begrenzt. Strukturen, die größer als das Sichtfeld des Objektivs sind, müssen stückweise zusammengesetzt werden und weisen in der Regel sichtbare Anschlussstellen auf. Die Objektive sollten zudem speziell für dieses Bearbeitungskonzept entworfen sein (sogenannte F-Theta-Objektive), um Verzerrungen der Strukturen zu vermeiden. Mit diesem Ansatz wurden Schreibgeschwindigkeiten von bis zu 5 m/s demonstriert.

Soll der Laserstrahl statisch gehalten werden (siehe Abb. 5, rechts), muss das Probenmaterial mit Hilfe eines Positioniersystems gegen den Laserstrahl bewegt werden.

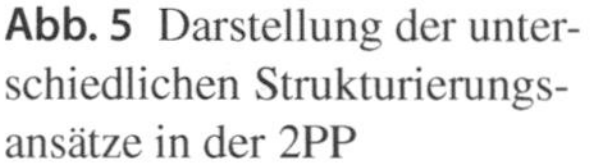

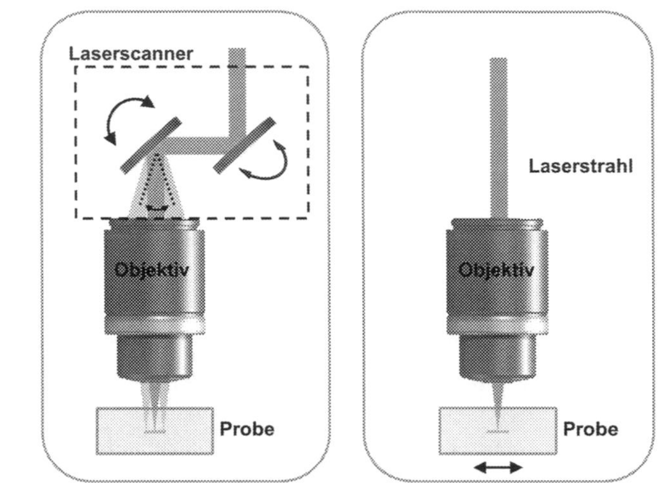


**Abb. 5** Darstellung der unterschiedlichen Strukturierungsansätze in der 2PP

Dadurch werden für die Prozessierung nahezu unbegrenzt große Flächen unterbrechungsfrei zugänglich, gleichzeitig steigt jedoch die Prozesszeit, da die relativ große Masse der Positionierachsen nicht so dynamisch beschleunigt werden kann wie die Ablenkspiegel in einem Scanner.

Als Positioniersysteme kommen aufwendig konzipierte 3-Achssysteme zum Einsatz, die eine geregelte Stellgenauigkeit von besser als 5 nm erreichen. Die Spanne an Achssystemen reicht dabei von Systemen mit Luftlagerung und Direktantrieben, die Stellwege im cm-Bereich aufweisen und weit darüber hinaus skalierbar sind, bis hin zu sehr kompakten Einheiten mit Piezoantrieben, die Stellwege zwischen 10 µm und wenigen Zentimetern realisieren. Der Ansatz mittels Positioniersystemen erlaubt einen zusammenhängenden Strukturaufbau, sodass die Strukturgröße unabhängig vom Sichtfeld des Objektivs ist. Die erreichbare Schreibgeschwindigkeit liegt meist deutlich unter 1 m/s, bei Piezosystemen in der Regel bis zu wenigen cm/s. Wenn große Flächen mit hoher Geschwindigkeit strukturiert werden sollen, werden daher auch Scanner mit Positioniersystemen kombiniert.

Für die homogene Prozessierung des Materials ist wichtig, dass an jedem zu polymerisierendem Ort die gleiche Laserenergie eingebracht wird. Die Bewegungen des Positioniersystems muss also während der Polymerisation mit kontrolliert gleichförmiger Geschwindigkeit erfolgen. Sollen komplexe dreidimensionale Bahnkurven abgefahren werden, beispielsweise um die Konturen linsenförmiger Elemente zu erzeugen, so muss das Positioniersystem darüber hinaus über eine präzise Bahnsteuerung verfügen.

Weitere Elemente des optischen Systems dienen der Kontrolle der Eigenschaften des Laserstrahles. Dazu zählen Strahlformung, schnelle optische Laserschalter und eine präzise Regelung der Laserenergie, die für den 2PP-Prozess bereitgestellt wird (siehe Abb. 6). Häufig gibt es dafür verschiedene technische Realisierungen; im Folgenden werden die häufigsten verwendeten Lösungen angesprochen.

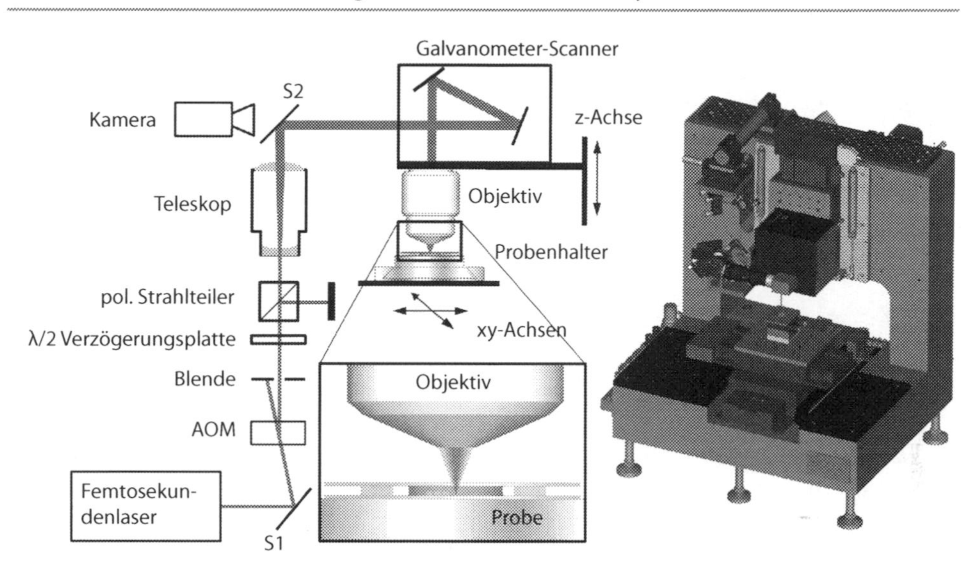


**Abb. 6** Stark vereinfachte Darstellung des Aufbauprinzips einer kommerziellen 2PP-Anlage und Blick unter die Haube eines M3D-Systems (Laser Zentrum Hannover e.V.)

Um zu steuern, welche Bereiche im Material polymerisiert werden sollen und welche nicht, muss der Laserstrahl schnell und positionssynchron ein- und ausgeschaltet werden können. Je schneller und exakter dies an den gewünschten Positionen im Material realisiert werden kann, desto genauer kann eine Struktur aufgebaut werden und desto höher kann die Prozessgeschwindigkeit skaliert werden.

Sofern der Laser selbst nicht über einen sehr schnellen Steuereingang verfügt, wird als Laserschalter oft eine Kombination von akustooptischem Modulator (AOM) und einer Blende eingesetzt, die so justiert sind, dass nur die 1. Ordnung des gebeugten Laserstrahls durch die Blende gelangt, während die 0. Ordnung von der Blende abgeschirmt wird. Auf diese Weise kann der Laserstrahl während der Strukturierung innerhalb von Nanosekunden ein- und ausgeschaltet werden. Die positionssynchrone Steuerung des Strahlschalters wird dabei über Steuersignale des Positioniersystemes ausgelöst.

Für eine hohe Auflösungsgenauigkeit und Reproduzierbarkeit muss eine möglichst präzise Laserleistungsregelung realisiert werden. Dies wird häufig mit Hilfe polarisationsoptischer Elemente erreicht: Eine λ/2-Verzögerungsplatte wird rotiert (oder ein variabler Flüssigkristallverzögerer verwendet) und damit die Polarisationsebene des in der Regel linear polarisierten Laserlichtes um einen definierten Winkel gedreht. An einem nachfolgenden polarisierenden Strahlteiler werden dann die Polarisationsanteile getrennt, so dass der dort transmittierte Anteil durch die Rotation der Verzögerungsplatte einstellbar ist.

Der Laser weist herstellerseitig bestimmte optische Eigenschaften auf, die immer an die optischen Anforderungen des verwendeten Objektivs angepasst werden müssen. Soweit dies Strahldurchmesser und Divergenz des Laserstrahles betrifft, können diese mit einem geeigneten Teleskop für die Eintrittsapertur des Objektivs korrigiert werden. Störende Inhomogenitäten im Strahlprofil können gegebenenfalls durch Raumfilter entfernt werden.

Durch eine Kamera, die den Strukturierungsprozess durch das Objektiv vergrößert auf einem Monitor darstellt, kann der Prozess beobachtet werden. Da die Polymerisation in den meisten Fällen direkt durch das Kamerabild sichtbar ist, erlaubt die Kamera eine Echtzeitüberwachung des Prozesses und ermöglicht zudem die Orientierung während der manuellen Steuerung.

## 2.2 Aufbau von Strukturen

Der Herstellungsprozess von Strukturen besteht in der 2PP im Wesentlichen aus den drei Schritten Probenpräparation, Strukturaufbau und Entwicklung. Durch die dreidimensionale Strukturierung im Volumen des Materials, ist es möglich sowohl feste als auch flüssige Fotolacke zu verarbeiten. Die Probenkonfiguration wird dafür im Präparationsschritt passend zur Viskosität des Materials ausgewählt.

Bei niederviskosen Fotolacken wird das Material in der Regel zwischen zwei dünne Substrate gefüllt, die durch Abstandshalter voneinander getrennt werden (siehe Abb. 7, links). Auf diese Weise können die Strukturen so aufgebaut werden, dass sie an dem vom Objektiv abgewandten Glas kontaktiert werden, um ein Wegschwimmen im Prozess zu vermeiden. Im Fall der hochviskosen oder festen Fotolacke ist es dagegen ausreichend, einen Tropfen des Materials auf einem Substrat zu verwenden (siehe Abb. 7, rechts). Die Strukturen können so im Volumen erstellt werden.

Im Rahmen des Strukturaufbaus wird zunächst die vorkonfigurierte Probe auf einem 3-Achs-Positioniertisch montiert und der Laserstrahl des Femtosekundenlasers mittels Objektiv in das Material der Probe fokussiert. Nach dem Festlegen der Startposition

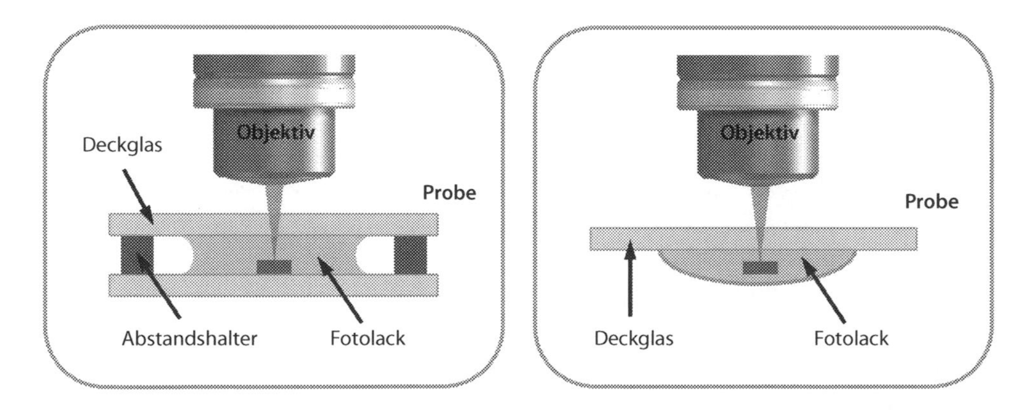


**Abb. 7** Schematische Darstellung der unterschiedlichen Probenkonfigurationen in der 2PP

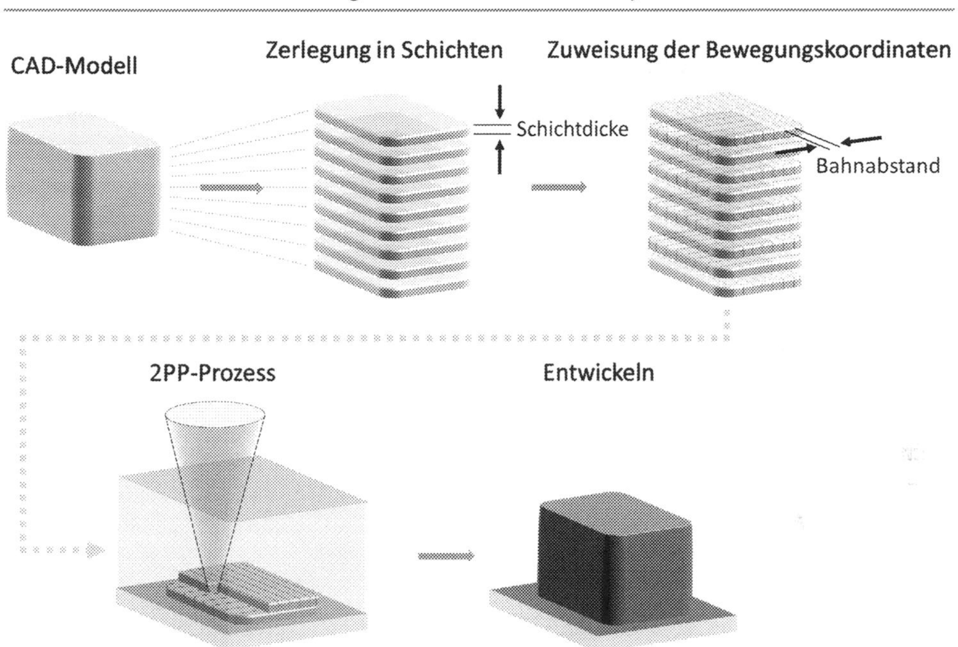


**Abb. 8** Darstellung des Strukturaufbauprinzips von CAD-Modellen in der 2PP

wird das 3D-Modell der Struktur durch die Steuerungssoftware in Bewegungskoordinaten zerlegt und die Laserschaltpositionen festgelegt. Während der Strukturierung wird der Laserfokus relativ zur Probe entlang der festgelegten Trajektorien bewegt, sodass die Struktur aufgebaut wird (siehe Abb. 8).

Im Anschluss an den Strukturierungsprozess sind die polymerisierten Strukturen von unbelichtetem Fotolack umhüllt, sodass sie im Entwicklungsprozess mit einem geeigneten Lösungsmittel davon befreit werden. Stabile Strukturen können danach sofort entnommen werden, wohingegen fragile Strukturen meist noch in einem Trocknungsprozess kräftefrei vom Lösungsmittel befreit werden müssen.

## 3 Anwendungen

Die Zwei-Photonen-Polymerisation ist heute als additives Fertigungsverfahren in denjenigen Forschungfeldern etabliert, in denen eine hohe Strukturauflösung und eine flexible Prozessierung besonders wichtig sind. Trotz derzeit langer Prozesszeiten bei großen und hochaufgelösten Bauteilen wird das Verfahren zunehmend auch für industrielle Anwendungen interessant.

Zu den typischen anwendungsnahen Einsatzgebieten gehören das Rapid Prototyping mikromechanischer, mikrofluidischer und mikrooptischer Bauteile oder die Herstellung funktionaler Strukturen für die biomedizinische Anwendung, wobei der Einsatz von der

Implantatherstellung bis zur Fertigung komplexer Gerüststrukturen für die Zellkultivierung reicht.

## 3.1 Mikromechanische, Mikrofluidische und Mikrooptische Bauteile

Die 2PP wird in den Feldern Mikromechanik, Mikrofluidik und Mikrooptik in der Regel für den Aufbau von Prototypen oder kleiner Bauteilserien eingesetzt. Dafür steht heute eine große Auswahl an kommerziell erhältlichen Materialien mit gut charakterisierten mechanischen, optischen und thermischen Eigenschaften zur Verfügung. Die Materialvielfalt deckt dabei sowohl die Gruppe der Positiv-Photoresiste, als auch die der Negativ-Photoresiste ab.

Positiv-Photoresiste haben die besondere Eigenschaft, dass ihre Löslichkeit durch die Belichtung zunimmt, wohingegen unbelichtete Bereiche unlöslich verbleiben. Die belichteten Bereiche werden daher im Entwickler entfernt. Im Gegensatz dazu führt die Belichtung bei Negativ-Photoresisten zu einer verminderten Löslichkeit, sodass die belichteten Bereiche dem Entwickler widerstehen können und die unbelichteten Bereiche aufgelöst werden. Diese Gruppe der Resiste kommt in der 2PP am häufigsten zur Anwendung.

Eine besondere Aufmerksamkeit genießen in dieser Gruppe der Negativ-Photoresiste die Hybridpolymere. Diese anorganisch-organischen Hybridpolymere werden im Sol-Gel-Verfahren synthetisiert und bestehen aus organisch modifizierten Si-Alkoxiden oder Metallalkoxiden und organischen Monomeren [4, 5]. Sie besitzen eine gute Transparenz sowie eine große thermische Stabilität und eignen sich besonders für die Herstellung optischer Bauteile.

Für die Formtreue vieler Bauteile ist eine möglichst kleine Schrumpfungsrate des Materials von großer Bedeutung. Die eigens entwickelten Materialen Femtobond 4B und 4C oder das bekannte Material Ormosil (organically mocified silica), aus der Gruppe der Hybridpolymeren, zeigen eine sehr kleine Schrumpfungsrate [6]. Sie eignen sich von daher besonders für die Fertigung sehr präziser Bauteile. Diese Materialien werden im festen Zustand verarbeitet, sodass die Strukturen ohne zusätzliche Stützelemente im Volumen erstellt werden können. Auf diese Weise können funktionale mikromechanische Bauteile in einem einzigen Schritt gefertigt werden.

Die Abb. 9a und b zeigen zwei Beispiele an funktionalen mikromechanischen Strukturen aus den Hybridmaterialen Femtobond 4B (Laser Zentrum Hannover e.V.) und OrmoCore (micro resist technology GmbH). Abbildung 9a zeigt das Modell eines kleinen Getriebes, bestehend aus drei freidrehenden und ineinander greifenden Zahnrädern. Dieses Modell wurde ohne Stützelemente und in einem einzigen Prozessschritt erstellt. Die dargestellten Windräder in Abb. 9b bestehen jeweils aus einem Mast und einem Windrad, wobei das Rad auf der Nabe frei drehbar gelagert ist. Diese Strukturen wurden ebenfalls in einem einzigen Schritt aufgebaut und ohne den Einsatz zusätzlicher Stützstrukturen [7].

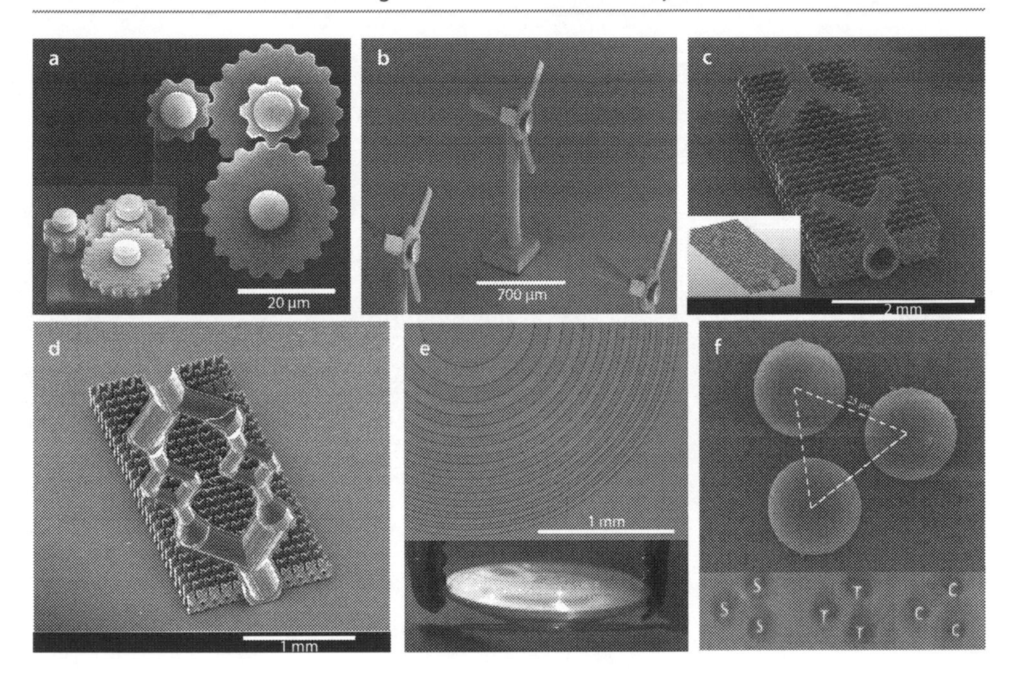


**Abb. 9** Rasterelektronenmikroskop-Aufnahmen mikromechanischer, mikrofluidischer und mikrooptischer Bauteile. (**a**) funktionales mikromechanisches Getriebe. (**b**) kleine funktionale Windräder aus [7]. (**c**) mikrofluidisches Modell eines Blutgefäßsystems und (**d**) Horizontalschnitt durch die gleiche Struktur. (**e**) Trifokallinse als Modell einer Intraokularlinse aus [8]. (**f**) Mikrolinsenarray aus [9]

Als Beispiel mikrofluidischer Bauteile demonstrieren die Abb. 9c und d die Struktur eines verzweigten Mikrokanals, das in einem Gerüst eingebettet ist. Es stellt ein vereinfachtes Modell eines Blutgefäßsystems dar, welches z. B. die Untersuchung der Strömungsdynamik in sehr kleinen künstlichen Blutgefäßen ermöglichen soll. Die Gerüststruktur bietet zudem die Möglichkeit der Zellbesiedelung für in vitro Untersuchungen im Bereich der Gewebekulturvierung.

Die Abb. 9e und f zeigen Strukturen aus der Optik. Die Abb. 9e stellt eine Trifokallinse dar, die in einem kombinierten Prozess mittels 2PP und einem Abformprozess hergestellt wurde [8]. Die Linse ist aus einer asphärischen Plankonvexlinse und einem binären diffraktiven optischen Element (DOE) aufgebaut. Das diffraktive Element besteht aus etwa 400 nm hohen konzentrischen Ringen und wurde mit Hilfe der 2PP aus dem Resist NIL 6000 (micro resist technology GmbH) auf einem Glasträger aufgebaut. Die Plankonvexlinse wurde im Anschluss daran durch Abformung mit einem Silikonstempel aus dem Hybridpolymer OrmoStamp (micro resist technology GmbH) auf die freie Fläche des Glasträgers erstellt, sodass beide Elemente in einer Struktur kombiniert sind. Die Trifokallinse weist drei Brennpunkte auf und dient als Modell eines Implantates einer Intraokularlinse, das dem Patienten nach einer Kataraktoperation das Sehen in unterschiedlichen Entfernungen ohne Gleitsichtbrille erlaubt.

Eine weitere Anwendung aus der Mikrooptik ist die Herstellung von Mikrolinsenarrays mittels 2PP. Für die Herstellung von optischen Komponenten mittels 2PP wurde eine Oberflächenrauheit von kleiner 2,5 nm demonstriert [9]. Sollen zahlreiche gleichartige Bauteile aufgebaut werden, ist eine Parallelisierung des 2PP-Prozesses von Interesse. Dies kann geschehen, indem der Laserstrahl räumlich moduliert wird, so dass er in der Fokalebene eine Matrix von Brennpunkten formt. Auf diese Weise lassen sich parallel zahlreiche identische Strukturen in einem einzigen Schreibprozess erzeugen. Diese Methode wurde zur Fertigung des in Abb. 9f dargestellten Mikrolinsenarrays verwendet, wobei drei Foki in einem Dreieck mit einer Seitenlänge von 25 µm angeordnet wurden [10]. Das Linsenarray wurde aus dem transparenten Photopolymer SU-8 2075 (MicroChem) aufgebaut und durch das Abbilden von Buchstaben auf seine Funktion überprüft, wie im unteren Abschnitt der Abb. 9f demonstriert.

## 3.2 Biomedizinische Strukturen

In der Biomedizin findet die 2PP beispielsweise Anwendung bei der Herstellung kleiner Implantatmodelle und Gerüststrukturen für die Gewebezüchtung (Tissue Engineering) sowie bei der Fertigung biomechanischer Strukturen. Die 2PP erweist sich bei der Fertigung dieser Strukturen als vorteilhaft, da es sich dabei um ein rein optisches Verfahren handelt, das die kontaktlose Herstellung direkt aus dem Computermodell ermöglicht. Dies bietet eine große Flexibilität und verkürzt die Designentwicklungszyklen.

Bei diesen Anwendungen müssen biokompatible Materialien verwendet werden, sodass die Entwicklung und Erforschung neuer Materialien einen großen Stellenwert besitzen.

Im Bereich des Tissue Engineering und der regenerativer Medizin werden funktionale Gerüststrukturen für die Gewebezüchtung entwickelt, die durch ihre Geometrie die Diffusion notwendiger Nährstoffe zu den Zellen erlauben und gleichzeitig den kultivierten Zellen bei der dreidimensionalen Gewebekonstruktion ausreichenden mechanischen Halt bieten. Dabei geht die Entwicklung verstärkt in Richtung bioresorbierbarer Materialien, die sich nach der Gewebeformation selbstständig auflösen. Die Abb. 10a–c zeigen Gerüststrukturen unterschiedlicher Geometrien, wobei die Abb. 10a und b Strukturen aus einem neuentwickelten und wasserlöslichem Chitosan-Hydrogel darstellen [11], wohingegen die Abb. 10c eine Struktur aus dem nichtlöslichen Polymer PETA (Pentaerythritol tetraacrylate) zeigt. Diese Strukturen wurden mittels 2PP hergestellt und durch Zellkultivierung auf ihre biologische Kompatibilität überprüft.

Für medizinische Anwendungen sind biomechanische Strukturen und Implantate von großer Bedeutung. Hierbei wird die 2PP für die Fertigung kleiner Prototypen und Teststrukturen eingesetzt. Die Abb. 10d und e zeigen Beispiele biomechanischer Strukturen wie z. B. ein Mikronadelarray für die transdermale Infusion von Arzneimitteln (siehe Abb. 10d) oder ein Mikroventil zur Verhinderung des Blutrückflusses in Venen (siehe Abb. 10e) [12]. Der Einsatz der 2PP für die Herstellung von Mikroimplantaten wurde zum Beispiel für das Ohr am Beispiel von Prototypen eines Gehörknöchelimplantats demonstriert (siehe Abb. 10f) [13].

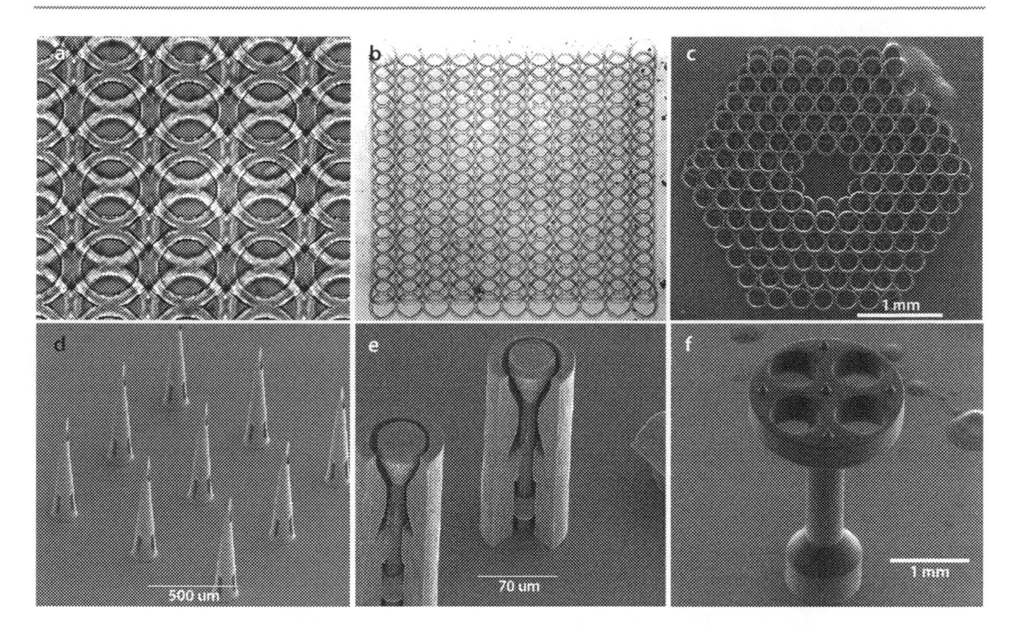


**Abb. 10** Aufnahmen verschiedener Biomedizinischer Strukturen. (**a**) und (**b**) Gerüststrukturen für die Zellkultivierung aus Chitosan-Hydrogel aus [11]. (**c**) Gerüststruktur für die Zellzüchtung aus PETA. (**d**) Mikronadelarray für die transdermale Infusion aus [12]. (**e**) Mikroventil zur Verhinderung des Blutrückflusses in Venen aus [12]. (**f**) Prototyp eines Gehörknöchelimplantats aus [13]

## 4 Zusammenfassung

Die Zwei-Photonen-Polymerisation (2PP) ist ein laserbasiertes additives Fertigungsverfahren, das die kontaktlose vollautomatische Herstellung komplexer polymerbasierter dreidimensionaler Bauteile aus dem Computermodel und mit einer Strukturauflösung von bis zu sub-100 nm erlaubt. Sie zählt zu den Lithografieverfahren und adressiert die Fertigung besonders hochaufgelöster 3D-Bauteile, die mit Hilfe der UV-Lithografie nicht einfach realisiert werden können. Die 2PP basiert auf der nichtlinearen Zwei-Photonen-Absorption, die als Initiationsprozess für den strukturgebenden Polymerisationsprozess dient und nur im Fokus eines Laserstrahls erreicht wird. Sie ist in der Lage, durch direktes Laserschreiben im Volumen eines Fotolacks zu strukturieren und bietet somit eine besonders flexible Möglichkeit der dreidimensionalen Fertigung von Bauteilen.

Zu den Einsatzgebieten zählen heute Forschungsanwendungen, deren Fokus auf einer hohen Strukturauflösung und einer großen Strukturierungsflexibilität liegt. Sie wird erfolgreich in der Mikromechanik, der Mikrooptik, der Mikrofluidik und der Biomedizin eingesetzt. Mit der 2PP konnten bis heute zahlreiche funktionale mikromechanische Bauteile demonstriert werden, die aus mehreren Komponenten bestehen, die in einem einzigen Schritt erstellt wurden. In der Mikrooptik findet die 2PP durch ihre besonders hohe Präzision und die Vielfalt an transparenten Polymeren den Einsatz bei der Fertigung mikrooptischer Elemente, wie Mikrolinsensysteme, diffraktive optische Elemente und Wellenleiter.

In der Mikrofluidik und der Biomedizin wird die 2PP aufgrund ihrer Flexibilität und der kurzen Designentwicklungszyklen bei der Gestaltung von komplexen Strukturen für die Herstellung komplexer biomechanischer Bauteile sowie Implantate eingesetzt. Sie gehört außerdem zu den Standardverfahren bei der Fertigung von Gerüststrukturen für das Tissue Engineering.

## Literaturverzeichnis


[1] *S. Maruo, O. Nakamura, and S. Kawata, Three-dimensional microfabrication with two-photon-absorbed photopolymerization,Opt Lett,Vol. 22, No. 2, January 15, 1997*

[2] *V. Ferreras Paz, M. Emons et al., Development of functional sub-100 nm structures with 3D two-photon polymerization technique and optical methods for characterization,J. Laser Appl., Vol. 24, 4, July 2012*

[3] *M. Göppert-Mayer, Über die Wahrscheinlichkeit des Zusammenwirkens zweier Lichtquanten in einem Elementarakt, Naturwissenschaften 17, 932 (1929)*

[4] *C. J. Brinker, and W. G. Scherer, Sol-Gel Science, Academic Press, New York, 1990*

[5] *F. Kahlenberg, and M. Popall, ORMOCER®s (Organic-Inorganic Hybrid Polymers) for Telecom Applications: Structure/Property Correlations, MRS Proceedings, 847, EE14.4.1 (2005)*

[6] *A. Ovsianikov, J. Viertl et al., Ultra-Low Shrinkage Hybrid Photosensitive Material for Two-Photon Polymerization Microfabrication, ACS Nano, VOL. 2 NO. 11, 2257–2262, 2008*

[7] *A. Ostendorf, and B. N. Chichkov, Two-Photon Polymerization: A New Approach to Micromachining, Photon Spectra, 2006*

[8] *U. Hinze, A. El-Tamer et al., Additive manufacturing of a trifocal diffractive-refractive lens, Opt Commun, 372, 235–240, (2016)*

[9] *D. Wu, S. Wu et al., High numerical aperture microlens arrays of close packing, Appl Phys Lett, 97,3, 2010*

[10] *L. Yang, A. El-Tamer et al., Parallel direct laser writing of micro-optical and photonic structures using spatial light modulator, Opt Laser Eng, 70, 26–32, 2015*

[11] *O. Kufelt, A. El-Tamer et al., Water-soluble photopolymerizable chitosan hydrogels for biofabrication via two-photon polymerization, Acta Biomater, 18, 186–195, 2015*

[12] *M. Farsari, and B. N. Chichkov, Two-photon fabrication, Nat Photonics, Vol. 3, 2009*

[13] *U. Hinze, A. El-Tamer et al., Implantatdesign mittels Multiphotonen-Polymerisation, Klin Monatsbl Augenheilkd, 232, 1381-1385, 2015*

# Geschäftsmodellevolution im Technischen Kundendienst des Maschinen- und Anlagenbaus durch additive Fertigung – Ersatzteilbereitstellung als smart Service

Andreas Varwig, Friedemann Kammler und Oliver Thomas

**Zusammenfassung**

*Um den Herausforderungen des stetig zunehmenden Wettbewerbsdrucks im deutschen Maschinen- und Anlagenbau gerecht zu werden, versuchen immer mehr Unternehmen hybride Wertschöpfungsstrategien umzusetzen und auszubauen. Im allgegenwärtigen Streben nach Kostenreduktion und Verbesserung von Reaktionszeiten und Prozessqualität ist insbesondere im Dienstleistungsangebot ein radikaler Umbruch festzustellen. Immer öfter werden moderne Technologien eingesetzt, um Wartungs- und Servicetechniker vor Ort zu unterstützen. In diesem Umfeld erscheint auch Additive Manufacturing (AM) als eine besonders vielversprechende Möglichkeit, um bestehende Serviceprozesse im Technischen Kundendienst zu unterstützen und sogar neue Geschäftsfelder zu erschießen. Dennoch sind deutsche Maschinen- und Anlagenbauer mit dem Einsatz von AM sehr zögerlich. Obwohl die Integration von AM auf den ersten Blick nicht problematisch erscheint, kommen bei der Bewertung der konkreten Einsatzbarkeit in Service- und Wartungsdienstleistungen zahlreiche Fragen auf, die vorab einer Klärung bedürfen.*

A. Varwig (✉) · F. Kammler · O. Thomas
Fachgebiet Informationsmanagement und Wirtschaftsinformatik (IMWI),
Universität Osnabrück, Osnabrück, Deutschland
e-mail: andreas.varwig@uni-osnabrueck.de



R. Lachmayer, R.B. Lippert (Hrsg.), *Additive Manufacturing Quantifiziert*,
DOI 10.1007/978-3-662-54113-5_9

**Schlüsselwörter**

*Smart Service Engineering · Digitales Ersatzteillager · Logistik 4.0 · Wertschöpfungsnetzwerke*

## Inhaltsverzeichnis



## 1 Einleitung

Die Digitalisierung des technischen Kundendiensts schreitet mit großen Schritten voran. In Deutschland offenbart sich diese Entwicklung in besonderem Maße in Branchen wie dem Maschinen- und Anlagenbau. Mit Smartphones, Tablets und neusten Technologien aus dem Bereich der Wearables werden immer mehr Dienstleistungen durch die teils proaktive Bereitstellung hilfreicher Informationen unterstützt (vgl. [1]). So ist es beispielsweise möglich, die Zeit bis zur erfolgreichen Behebung von Störungsfällen durch das Bereitstellen von Einbauanleitungen oder Demonstrationsvideos effektiv zu verkürzen. Auch wird seit einiger Zeit vermehrt versucht, Stakeholder von Serviceeinsätzen durch die Einführung von Plattformstrategien stärker miteinander zu vernetzen und Informationen gezielter zu teilen (siehe u. a. [2]). Ein zentrales Problem im Streben nach einer Effizienzsteigerung im Service bleibt jedoch die zeitnahe Bereitstellung benötigter Ersatzteile. Oftmals ist der Bedarf zwar schnell ermittelt, jedoch sind Teile, insbesondere für hochspezialisierte oder ältere Anlagen, nicht immer direkt vor Ort verfügbar. Dies kann lange, kostenintensive Maschinenausfallzeiten zur Folge haben (vgl. [3]).

Aus informationstechnischer Perspektive wird diese Herausforderung bereits seit Jahrzehnten angegangen. Hier nutzen Unternehmen insbesondere die Folgen der Industrie-4.0-Entwicklungen und die damit einhergehende wachsende Anzahl verbauter Sensoren. Durch die automatisierte Auswertung von Maschinendaten und die stetige Verfeinerung von Analysealgorithmen verfolgen sie sogenannte „Predictive Maintenance“-Ansätze. Dadurch soll der drohende Defekt eines seltenen Bauteils möglichst frühzeitig diagnostiziert werden (siehe bspw. [4]). Es fehlt jedoch bisher an Lösungen, um auch die

„Materialisierung vor Ort“ zu realisieren und so eine zeitnahe, gesamtheitliche Ersatzteilversorgung zu ermöglichen. Durch die Einbettung von Additive Manufacturing (AM) Technologien sind daher innovative Möglichkeiten zu erwarten. In Folge der stetig zunehmenden Leistungsfähigkeit der Fertigungsverfahren ergeben sich neue Anwendungsfälle, die in Kombination mit modernen Informationstechnologien zu sogenannten „Smart Services“ weiterentwickelt werden können (siehe u. a. [5]).

Ein solcher Smart Service ist die digitale Ersatzteilbereitstellung. Immer kompaktere AM Technologien, die noch dazu eine zunehmende Menge an Materialien verarbeiten können, ermöglichen flexible Fertigungsstandorte und sogar die mobile Herstellung von Ersatzteilen. Dadurch gewinnen Konzepte wie das digitale Ersatzteillager immens an Attraktivität. Deutsche Maschinen- und Anlagenbauer blicken jedoch noch immer mit Skepsis auf AM und sind sehr zögerlich in dessen Einsatz. Im Rahmen dieser Ausarbeitung wird versucht, die Ursachen für die Zurückhaltung zu ergründen und die aus der Perspektive des deutschen Maschinen- und Anlagenbaus zu klärenden Fragen zu identifizieren. Zu diesem Zweck werden die Ertragspotentiale AM-gestützter Smart Services am Beispiel eines Digitalen Ersatzteillagers für deutsche Maschinen- und Anlagenbauer aufgezeigt und die Anforderungen und Herausforderungen bei der Umsetzung herausgearbeitet (vgl. [6]).

## 2 Serviceinnovationspotential im Maschinen- und Anlagenbau

Die zunehmende Wettbewerbsintensität fordert von Maschinen- und Anlagenbauern die stetige Prozessoptimierung. Zur Stabilisierung und zum Ausbau der eigenen Position verfolgen immer mehr Unternehmen den Ausbau hybrider Wertschöpfungsstrategien, denn die Unternehmen haben erkannt, dass in der Erbringung von Servicedienstleistungen noch immer große Optimierungspotenziale vorhanden sind. Durch die Anpassung von Serviceprozessen lassen sich darüber hinaus auch neue Erträge, Geschäftsmodelle und ganze Geschäftsfelder erschließen. Eine Übersicht über diese Entwicklungen liefern Thomas et al. [1].

Zwei Stellschrauben, die maßgeblich für den Erfolg der Anpassungen des Dienstleistungsgeschäfts im deutschen Maschinen- und Anlagenbau sind, sind a) die Kosten der Leistungserbringung an sich und b) die Reaktionszeit im Servicefall. Ein Großteil der deutschen Maschinenhersteller hat das Ertragspotential von Service- und Wartungsdienstleistungen noch nicht erschlossen. Die Erträge aus After-Sales-Services machen im deutschen Maschinen- und Anlagenbau bislang noch weniger als 20 % der Gesamterträge aus (vgl. [7]). Hieraus ist ableitbar, dass ein Großteil der Serviceleistungen aktuell noch innerhalb des Gewährleistungszeitraums erfolgt. Somit wirken sich hohe Servicekosten unmittelbar auf das Betriebsergebnis aus. Gleiches gilt auch für die Reaktionszeit, denn Maschinenausfallzeiten sind häufig mit immensen Einnahmeausfällen der Betreiber verbunden, welche innerhalb der Gewährleistung häufig an den Hersteller weitergereicht werden.

Ein strategischer Schwerpunkt im deutschen Maschinen- und Anlagenbau liegt daher derzeit auf der Steigerung der Maschinenverlässlichkeit zur Vermeidung von Ausfallzeiten (vgl. [6]). Um eine größtmögliche Ausfallsicherheit zu erreichen, werden verschiedene Ansätze verfolgt. Einerseits wird die Zuverlässigkeit produzierter Komponenten bereits maßgeblich durch die Sicherung der Produktionsgüte beeinflusst. Andererseits wird aber auch beabsichtigt, den unvermeidbaren Ausfall der Komponenten vorherzusagen und einen vorzeitigen Austausch zu veranlassen. Insbesondere in der Erschließung des Marktes zur Serviceerbringung nach Ablauf der Gewährleistung ist die Verbesserung der Reaktionszeiten von immenser Bedeutung. Denn, bedingt durch die großen Ertragseinbußen durch Maschinenstillstände, ist für Maschinenbetreiber in den meisten Fällen eine geringe Reaktionszeit wichtiger als die tatsächlich entstandenen Reparaturkosten.

Durch den Einsatz von AM bietet sich die Möglichkeit, diese Herausforderungen auf verschiedenen Ebenen anzugehen. Primär können durch die Ersatzteilfertigung „ondemand", d. h. die kurzfristige und bedarfsgerechte Materialisierung von Ersatzteilen aus einer digitalen Lagerhaltung, langfristig Lagerkosten eingespart werden, da das physische Vorhalten vor Ersatzteilen weitestgehend vermieden werden könnte, vgl. [5]. Außerdem sind durch den etwaig geringeren Bedarf an Spezialwerkzeugen und individuellen Gussformen für die Ersatzteilfertigung langfristig geringere Kosten zu erwarten, siehe [8]. Durch das Eingehen neuer Kooperationen und die Etablierung von AM-Fertigungsnetzen, etwa durch die gemeinschaftliche Anschaffung von Druckanlagen und Einrichtung von Druckzentren in der Nähe von Produktionsstandorten, könnten zudem die Initialkosten und Investitionsrisiken niedrig gehalten werden. Dieser Vorteil würde durch die nachfolgende Senkung der Transportkosten noch erhöht werden.

Wenngleich im Einzelfall zu erproben bleibt, ob sich durch AM auch geringere Lieferzeiten für ein komplettes, dauerhaft einsetzbares Ersatzteil realisieren lassen, ermöglicht AM dennoch die Möglichkeit für sogenannte Hotfixes (im Sinne von schnellen Übergangslösungen durch Rapid und Smart Repair). Dies schließt mittlerweile auch die Hybridisierung von Bauteilbereichen ein. Denn unterschiedliche Werkstoffe können, z. B. innerhalb des „Selektiven Laserstrahl-Schmelzens", miteinander verbunden werden, so dass sie gewollt unterschiedliche mechanische und chemische Eigenschaften aufweisen [9]. Auch kann AM, etwa durch die Erzeugung von Bauteilmustern aus Kunststoffen, zur schnellen und verlässlichen Erprobung von kostenintensiven Wartungsschritten, bspw. komplexen Einbauvorgängen, genutzt werden (vgl. [10]). Der Einsatz von AM könnte sogar die Erschließung völlig neuer Servicekonzepte ermöglichen. Beispielsweise muss nicht länger das langlebigste und haltbarste Teil, welches unter Umständen aus teurem Material hergestellt werden muss, bevorzugt werden. Stattdessen kann eines kostenoptimal sein, das mittels kontinuierlichem Austausch in geplanten Wartungszyklen die geringste unerwartete Ausfallhäufigkeit aufweist.

Besonderes Potential für AM-Technologien ist in der Wartungsunterstützung an älteren Anlagen zu erkennen. Tritt ein Ersatzteilbedarf zu Beginn des Maschinenlebenszyklus ein, kann dieser oftmals unkompliziert und schnell behoben werden. Ersatzteile für ältere Anlagen können jedoch häufig nur schwer oder gar nicht beschafft werden. Dies kann Neuanschaffungen notwendig machen und mit hohen Kosten verbunden sein, die im Fall eines verfügbaren Ersatzteils kurzfristig vermeidbar gewesen wären. Während die physische Vorhaltung von historischen Ersatzteilen aufgrund der verbundenen Kosten oft nicht oder nur eingeschränkt möglich ist, stellt die digitale Lagerhaltung von Konstruktionsdaten einen wichtigen Schritt für Unternehmen des Maschinen- und Anlagenbaus dar. Digitale Konstruktionsinformationen zur bedarfsgesteuerten Ersatzteilproduktion durch AM zu nutzen, würde den Vorteil mit sich bringen, dass die kontinuierliche Versorgung von Maschinen, die sich bereits Jahrzehnte im Einsatz befinden, mit benötigten Ersatzteilen einfacher möglich wäre.

Hinsichtlich der Lebensdauer der Anlage und der erreichten Servicegeschwindigkeit stellt sich außerdem die Frage nach Analyseansätzen, die Maschinen-, Konstruktions- und Fertigungsdaten integrieren und kontinuierliche Verbesserungen der Komponenten und angebotenen Services ermöglichen (vgl. [11]). Hierbei kann der reproduktive Fertigungsschritt als Ausgangspunkt für Adaption und Konfiguration der Ersatzkomponenten sowie für das Prototyping neuer, besser auf den spezifischen Einsatzzweck angepasste Varianten genutzt werden [12]. Für Maschinenbetreiber entsteht so die Möglichkeit, neben der Instandhaltung auch eine Verbesserung seiner Maschine zu erschließen und damit höhere Produktivität und Lebensdauer zu erzielen.

## 3 Digitale Lagerhaltung und smarte Ersatzteilbereitstellung

Wie entwickelt man eine digitale Lagerhaltung? Geht man diese Frage aus informationstechnischer Perspektive an, so fällt schnell besonderes Augenmerk auf die Bereitstellung von Konstruktionsdaten für die Fertigung der Komponenten. Im ersten Schritt bedeutet dies, dass entwickelte Datensätze in einem zentralen Katalog bereitgestellt werden müssen. Ein solcher Ansatz wäre allerdings nicht als unbedingte Innovation zu bewerten, da entsprechende Speichertechnologien seit Jahren verfügbar sind. Betrachtet man jedoch die Implikationen einer Integration entlang der Wertschöpfungskette bis hin zum Endabnehmer von Ersatzteilen, wird klar, dass eine Kopplung solcher Speichertechnologien mit einem Netzwerk von additiven Fertigungsanlagen Innovationsmöglichkeiten bietet. Eine entsprechende Analyse wurde von Khajavi et al. bereits für die Ersatzteillieferkette von Militärflugzeugen durchgeführt [13]. Ein Kernpotenzial liegt dabei in der Auslagerung der tatsächlichen Produktion des Ersatzteils. So könnte beispielsweise die Vergabe von Individualaufträgen innerhalb eines Netzwerks von 3D-Druck-Dienstleistern stattfinden. Für den Maschinen- und Anlagenbau bedeutet dies, dass dringend benötigte Ersatzteile entweder direkt dem Kunden oder einem geographisch nahgelegenen Dienstleister virtuell zugestellt werden können. Die Entwurfsskizze eines digitalen Ersatzteillagers ist in Abb. 1 dargestellt.

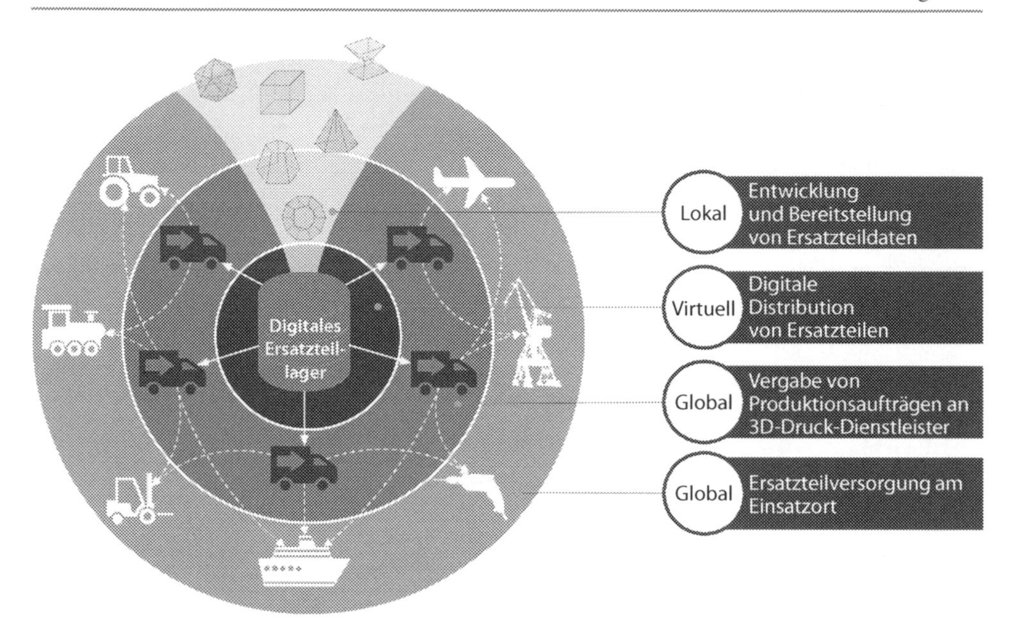


**Abb. 1** Konzeptuelle Abbildung eines digitalen Ersatzteillagers

Für den Maschinen- und Anlagenbauer entsteht so sogar ein neues Geschäftsmodell. Denn er fungiert nicht länger nur als Ersatzteilproduzent, sondern transformiert seine Rolle zu der eines digitalen Entwicklungsdienstleisters. Vormals zentrale Aspekte, wie die Erschließung eines physischen Distributionswegs zum Endverbraucher, werden durch die virtuelle Abbildung der Wegstrecke obsolet. Auf dieser Ebene entstehen zukünftig vor allem Entwicklungskosten, während Ertrag über die Lizensierung der gedruckten Ersatzteile erwirtschaftet werden könnte. Hierfür wird die Entwicklung von Modellen zur Kooperation mit Produzenten erforderlich, die den Druck vor Ort sowie die „letzte Meile" zum Endverbraucher übernehmen können. Solche Kooperationsmodelle können unterschiedlichsten Varianten folgen, angefangen bei dem Druck im Self-Service durch den Endverbraucher bis hin zum zertifizierten Dienstleister, der als Full-Service-Provider Ersatzteile zum Einsatzort liefert. Einen breiten Überblick über das grundsätzliche Revolutionspotential des AM, auch für das Dienstleistungsgeschäft, bieten beispielsweise Weller et al. [14].

Die Implementierung eines digitalen Ersatzteillagers erfordert auf technischer Ebene nur begrenzten Aufwand. Primär muss eine adäquate Speicher- und Beschreibungsstruktur gefunden werden, die in der Lage ist, die Produktionsdaten, wie bspw. die Konstruktionspläne (CAD-Daten) und Material- und sonstigen Fertigungsanweisungen abzubilden. In dieser Speicherstruktur muss eine Beschreibungsebene angelegt werden, die die individuellen Datensätze für alle Ersatzteile schnell und unkompliziert auffindbar macht. Aufgrund der virtuellen Distribution muss mindestens eine Schnittstelle zum Internet bestehen, idealerweise wird das digitale Ersatzteillager schon als Cloud-Service abgebildet und folgt so einer nahezu freien Skalier- und Verfügbarkeit. Aufgrund der Veränderung des Geschäftsmodells hin zu einem Dienstleister-/Plattformbetreibermodell muss eine Schnittstelle zu den betrieblichen Informationssystemen (bspw. ERP- und CRM-System) geschaffen werden, um die Ersatzteilabrufe zu fakturieren und für den weiteren Geschäftsverlauf zu protokollieren. Schlussendlich sind Mechanismen zum Schutz der digitalen Modelle erforderlich, die das mehrfache Drucken von einzelnen Ersatzteilen verhindern. Denkbar wäre beispielsweise die Entwicklung einer individuellen Seriennummer.

Das digitale Ersatzteillager dient also nicht nur der direkten Bereitstellung von benötigten Daten. Auch Funktionen wie beispielsweise das Generationenmanagement oder die Bereitstellung von historischen Ersatzteilen erfordert nicht länger eine räumliche Lagerung, die wertvolle Kapazitäten in Anspruch nimmt und bietet die Möglichkeit zu weitgehenden Qualitätsversprechen, wie beispielsweise der „lebenslangen" Nachlieferung von Ersatz- und Verschleißteilen.

## 4 Anforderungen durch den Maschinen- und Anlagenbau und Implikationen für den Einsatz von AM

Neben dem digitalen Ersatzteillager sind noch zahlreiche weitere Geschäftsmodelle und Use Cases für den Maschinen- und Anlagenbau denkbar. Warum läuft die Integration von AM-Konzepten jedoch so schleppend an? Augenscheinlich gibt es noch immer zu viele Fragen und Unklarheiten, die nicht einmal strukturiert aufgearbeitet wurden. Damit die Implementierung eines digitalen Ersatzteillagers, durch das zentrale Serviceprozesse nachhaltig profitieren, möglich wird, ergeben sich alleine mannigfaltige interdisziplinäre Forschungs- und Analysebedarfe. Diese reichen von der Auswahl der für AM geeigneten Verschleißteile, über die Bedarfe an Vermessungstechnologien und IT-Infrastruktur bis hin zur Selektion der Kriterien für die Standortwahl. Darüber hinaus sind umfassende Anforderungen an Informationstechnologien und -architekturen selbst zu berücksichtigen.

Bevor an einen breiten Einsatz von AM im deutschen Maschinen- und Anlagenbau zu denken ist, ist jedoch zu untersuchen, inwieweit eine Transformation der bestehenden Prozesse, im Hinblick auf das digitale Ersatzteillager speziell Wartungs- und Austauschserviceprozesse, in durch AM unterstützte Serviceprozesse überhaupt möglich ist. Dabei sind gleichsam fertigungstechnische Fragestellungen als auch die jeweiligen Wartungsprozesskomplexitäten zu überprüfen. Bedingt durch die rapiden technischen Entwicklungen (u. a. [15, 16]), und den daraus resultierenden Mangel an Standards, gibt es erhebliche Informationsasymmetrien zwischen Fertigungstechnikern, den potentiellen Verwendern von AM und vielfältigen weiteren Stakeholdern [17].

Maschinenhersteller greifen heute, vor allem bei der Herstellung metallener Maschinenbauteile, zumeist auf Guss- und Druckgussverfahren zurück. Dies hat zur Folge, dass sie eine bestimmte Materialbeschaffenheit von manchen Ersatzteilen erwarten und benötigen, um ein reibungsloses Funktionieren einer Maschine zu garantieren. Bereits heute können zwar verschiedenste Materialien mittels AM verarbeitet werden, dennoch können die Verfahren nur bedingt Einfluss auf die Beschaffenheit der gefertigten Teile nehmen. Durch partielles Anschmelzen von neuem Material können bspw. nicht die gleichen Festigkeiten und Materialspannungen innerhalb von Bauteilen erreicht werden, wie dies im Druckguss möglich ist. Auch spielt die zulässige Toleranz bei Formabweichungen eine Rolle. Während Formgussverfahren durch individuelle Kavitäten eine sehr hohe Genauigkeit gewährleisten können, ist diese nicht durch alle AM-Verfahren gegeben (siehe u. a. [15]).

Neben den Materialeigenschaften bestimmt auch die benötigte maximale Bereitstellungsdauer Anforderungen an die Fertigungstechnologie, welche die Auswahl von relevanten Ersatzteilen und Informationssystemarchitekturen weiter einschränken können. Geht es um hochkomplexe Ersatzteile, die produktionskritisch sind, muss die Bereitstellung über das digitale Ersatzteillager und die AM-Produktion schneller erfolgen, als sie etwa durch eine Zustellung per Kurier aus dem nächsten Ersatzteillager erfolgen kann. D. h., um eine möglichst geringe Reaktionszeit zu gewährleisten, kann sogar eine lokale Datenhaltung und Vorhaltung aller entsprechenden Fertigungsrohstoffe für solche Teile notwendig sein. Beinahe zwangsläufig stellt sich in diesem Zusammenhang auch die Frage nach der zeitnahen Bedarfserkennung und -signalisierung. Daher gilt es nicht nur, eine Aufstellung von Standardverschleißteilen zu erlangen. Die Teile müssen außerdem grundsätzlich durch AM erfüllbare Anforderungen im Hinblick auf ihre materialinterne Komplexität und Formabweichungstoleranzen haben. Um außerdem eine maximale Bereitstellungsdauer einhalten zu können, müssen Produktionsstandards definiert werden, die einen zuverlässigen Rückschluss auf die Qualität, Beschaffenheit und Verschleißeigenschaften der hergestellten Komponenten zulassen. Die Herausforderung besteht demnach darin, Materialfragestellungen sowie die Themen der tatsächlichen Implementierung, Operationalisierung und Unterstützung in zukünftigen Smart Services zu kombinieren.

Auch stellt sich die Frage nach der Auswahl des optimalen, bedarfsnahen und bedarfsgerechten Produktionsstandorts und den resultierenden Implikationen für die AM-Technologie- und Informationssystemauswahl. Dabei geht es nicht ausschließlich darum, Wegstrecken bei der Auslieferung von Ersatzteilen zu optimieren. Es müssen gleichsam zahlreiche Nebenbedingungen berücksichtigt werden. Offensichtlich ist dabei beispielsweise die Notwendigkeit, die Versorgung mit Ausgangsrohstoffen sicher zu stellen. So müssen Handels- und Transport- und Einfuhrbestimmungen für spezielle Rohmaterialien beachtet werden. Auch kommen nur solche Fertigungsstandorte in Frage, an denen die notwendigen Verarbeitungsrahmenbedingungen, bspw. Temperatur, Luftfeuchtigkeit und Erschütterungssicherheit eingehalten werden können. Ferner muss die Datenversorgung und Datensicherheit nach Bezug gewährleistet sein. Dabei ist etwa relevant, wie häufig einzelne Modelldaten aktualisiert werden können. Bei einer hohen Frequenz von Detail- und Designmodifikationen kann so eine permanente Datenanbindung mit großer Bandbreite notwendig werden.

Nachdem die relevanten Ersatzteile identifiziert und deren grundsätzliche Herstellbarkeit verifiziert wurden, ist der nächste notwendige Schritt zur vollen Ausschöpfung des

Potentials eines digitalen Ersatzteillagers das „Enabling" der Mitarbeiter vor Ort. D. h., es muss sichergestellt werden, dass es möglich ist, ein on-demand vor Ort hergestelltes Ersatzteil auch einzubauen. Dies ist insbesondere dann relevant, wenn der Einsatz von AM dazu führt, dass Austauscharbeiten durch andere Personen vorgenommen werden, als ursprünglich oder bei herkömmlicher Herstellung des Ersatzteils geplant waren. Denn der digitale Transport der Ersatzteile macht auch dessen Begleitung durch Fachkräfte obsolet und erfordert auch ein Umdenken hinsichtlich des eigentlichen Einbaus. Um entsprechende Schulungs- und Support-Möglichkeiten überhaupt zu ermöglichen, müssen die entsprechenden wartungsrelevanten Prozesse in vielen Fällen jedoch im ersten Schritt hierfür aufbereitet werden. Ist dies erfolgt, können schnelle Unterstützungserfolge etwa durch die Einbindung von Wearables erzielt werden. Smart Glasses können bspw. Bild- und Videoanweisungen einblenden oder einen Live-Chat mit einem entfernten Techniker herstellen (vgl. [18]).

Eine weitere zentrale Herausforderung ist die aktuell noch geringe allgemeine Bereitschaft zur Kooperation. Weil die Anschaffungskosten für KMUs noch immer ein Hemmnis darstellen, kann ein Masseneinsatz im Maschinen- und Anlagenbau im Grunde nur über Kooperationsmodelle erfolgen. Problematisch ist in diesem Kontext jedoch, dass vielerorts die Erkenntnis, dass Kooperation grundsätzlich für alle Beteiligten vorteilhaft sein kann, noch nicht erlangt wurde. Dort, wo man Kooperation erwägt, verhindern insbesondere Sicherheitsbedenken und die Angst vor dem Verlust eigener Konstruktionsdaten in vielen Fällen die konkrete Umsetzung. Es ist daher geboten, Zugriffs- und Berechtigungskonzepte zu entwickeln, welche Datensicherheit und -eigentum gewährleisten und in verfügbaren Informationssystemarchitekturen realisierbar sind, so dass eventuelle Vorurteile abgebaut werden können.

## 5 Zusammenfassung und Ausblick

Um dem permanent steigenden Wettbewerbsdruck zu trotzen, sind immer mehr deutsche Maschinen- und Anlagenbauer bestrebt, hybride Wertschöpfungsstrategien umzusetzen und auszuweiten. Ertragspotentiale werden insbesondere in der Optimierung der Prozessabläufe in produktbegleitenden Dienstleistungen wie dem technischen Kundendienst gesehen. Die konsequente Einbettung von AM in Wartungs- und Ersatzteilversorgungsdienstleistungen stellt dabei eine vielversprechende Strategie zur Umsatz- und Qualitätssteigerungen bis hin zur Erschließung neuer Geschäftsfelder dar.

Ein digitales Ersatzteillager kann mittlerweile auch im Maschinen- und Anlagenbau für viele benötigte Ersatzteile die bedarfsgerechte und zeitnahe Fertigung ermöglichen. Dieses Konzept ist dabei weit mehr als eine eindimensionale Kostenersparnis und Möglichkeit zur Effizienzsteigerung in der Ersatzteillogistik. Ein digitales Ersatzteillager verspricht auch eine längere Maschinenlebensdauer und geringere Ausfallreaktions- und Maschinenstandzeiten und eröffnet immense interorganisationale Kooperationspotentiale.

Selbst wenn sich ein digitales Ersatzteillager als ungeeignet für den deutschen Maschinen- und Anlagenbau herausstellen sollte, schätzen wir das Potential von AM, nicht zuletzt aufgrund der rasant zunehmenden Verbreitung unter Privatanwendern (vgl. [19]), als äußerst vielversprechend ein. Unter anderem ist daher zu untersuchen, inwieweit eine indirekte Fertigungsunterstützung durch AM vorteilhaft sein kann. Wenn durch die Herstellung eines Ersatzteils mittels AM keine Beschleunigung der Bereitstellung zu erreichen ist, kann unter Umständen die Fertigung von Gussformen oder Spezialwerkzeugen mittels AM einen Geschwindigkeitsvorteil darstellen.

Bei der Konzeption und Umsetzung eines digitalen Ersatzteillagers im Maschinen- und Anlagenbau müssen jedoch die Anforderungen und Interessen unterschiedlichster Stakeholder erfasst und berücksichtigt werden. Dadurch ergeben sich mannigfaltige, interdisziplinäre Forschungsbedarfe, die hier lediglich skizziert wurden. So gilt es unter anderem, standardisierte Anforderungskataloge und Fertigungsanweisungen für Verschleißteile aus unterschiedlichen Materialien auszuarbeiten. Auch ergeben sich Herausforderungen im Hinblick auf die Entwicklung neuer Informationstechnologien. Zur Gewährleistung des Datenschutzes bei permanenter globaler Verfügbarkeit von Ersatzteildaten werden innovative Sicherheitsmechanismen und -lösungen dringend benötigt. Nicht zuletzt gilt es, endlich Rechtssicherheit im Hinblick auf die Haftung im Schadensfall zu schaffen, um die Risiken der Ersatzteilherstellung mittels AM besser bemessen und steuern zu können.

Effizienzsteigerung und Prozessrationalisierung sind jedoch auch immer mit sozialen Folgen verbunden. Um unternehmensintern wie auch gesamtgesellschaftlich eine größtmögliche Akzeptanz für die Umsetzung der digitalen Ersatzteilbereitstellung zu erreichen, dürfen diese Konsequenzen nicht außer Acht gelassen werden. Daher gilt es, frühzeitig Strategien zur Kompensation eines etwaigen Beschäftigungswegfalls zu erarbeiten und frühzeitig umzusetzen.

## Literaturverzeichnis


[1] *O. Thomas, P. Loos und M. Nüttgens (Hrsg.) (2010), Hybride Wertschöpfung: mobile Anwendungssysteme für effiziente Dienstleistungsprozesse im technischen Kundendienst. Berlin: Springer, 2010.*

[2] *M. Nüttgens, O. Thomas und M. Fellmann (Hrsg.) (2014), Dienstleistungsproduktivität: mit mobilen Assistenzsystemen zum Unternehmenserfolg. Wiesbaden: Springer Gabler, 2014.*

[3] *A. Bacchetti und N. Saccani (2012), Spare parts classification and demand forecasting for stock control: Investigat-ing the gap between research and practice, Omega, Bd. 40, Nr. 6, S. 722–737, Dez. 2012.*

[4] *J. Wende und P. Kiradjiev (2014), Eine Implementierung von Losgröße 1 nach Industrie-4.0-Prinzipien, Elektrotech. Inftech., Bd. 131, Nr. 7, S. 202–206, Okt. 2014.*

[5] *O. Thomas, F. Kammler, B. Zobel, D. Sossner, und N. Zarvic (2016), Supply Chain 4.0: Revolution in der Logistik durch 3D-Druck, IMio Fachz. Für Innov. Organ. Manag., S. 58–63, 2016.*

[6] *O. Thomas, F. Kammler, und D. Sossner (2015), Smart Services: Geschäftsmodellinnovationen durch 3D-Druck, Wirtsch. Manag., Bd. 7, Nr. 6, S. 18–29, 2015.*

[7] *Verband Deutscher Maschinen- und Anlagenbau e.V. und McKinsey & Company (2014), Zukunftsperspektive deutscher Maschinenbau - Erfolgreich in einem dynamischen Umfeld agieren, 2014.*

[8] *R. Lachmayer, R.B. Lippert, T. Fahlbusch (Hrsg.) (2016): 3D-Druck beleuchtet – Additive Manufacturing auf dem Weg in die Anwendung, Springer Vieweg Verlag, Berlin Heidelberg, Mai 2016, ISBN: 978-3-662-49055-6*

[9] *M. Schmid (2015), Additive Fertigung mit Selektivem Lasersintern (SLS), Springer Fachmedien Wiesbaden, Wiesbaden, 2015.*

[10] *G. Witt, A. Wegner, und J. T. Sehrt (Hrsg.) (2015), Neue Entwicklungen in der Additiven Fertigung, Springer, Berlin Heidelberg, 2015.*

[11] *E. Wycisk, S. Siddique, D. Herzog, F. Walther, und C. Emmelmann (2015), Fatigue Performance of Laser Additive Manufactured Ti–6Al–4V in Very High Cycle Fatigue Regime up to 109 Cycles, Front. Mater., Bd. 2, Dez. 2015.*

[12] *R. Lachmayer und P. Gottwald (2013), An Approach to Integrate Data Mining into the Development Process, in Modelling and Management of Engineering Processes: Proceedings of the 3rd International Conference 2013, Springer, Berlin Heidelberg, S. 175–185, 2015.*

[13] *S. H. Khajavi, J. Partanen, und J. Holmström (2014), Additive manufacturing in the spare parts supply chain, Comput. Ind., Bd. 65, Nr. 1, S. 50–63, Jan. 2014.*

[14] *C. Weller, R. Kleer, und F. T. Piller (2015), Economic implications of 3D printing: Market structure models in light of additive manufacturing revisited, Int. J. Prod. Econ., S. 43–56, Juni 2015.*

[15] *I. Gibson, D. W. Rosen, und B. Stucker (2010), Additive manufacturing technologies: rapid prototyping to direct digital manufacturing, Springer, New York, 2010.*

[16] *W. E. Frazier (2014), Metal Additive Manufacturing: A Review, J. Mater. Eng. Perform., Bd. 23, Nr. 6, S. 1917–1928, Juni 2014.*

[17] *B. P. Conner, G. P. Manogharan, A. N. Martof, L. M. Rodomsky, C. M. Rodomsky, D. C. Jordan, und J. W. Limperos (2014), Making sense of 3-D printing: Creating a map of additive manufacturing products and services, Addit. Manuf., Bd. 1–4, S. 64–76, Okt. 2014.*

[18] *D. Metzger, C. Niemöller, und O. Thomas (2016), Hybride Aus- und Weiterbildung - Wie Datenbrillen die Lern- und Arbeitsumgebung von morgen verändern, in Handbuch E-Learning, Fachverlag Deutscher Wirtschaftsdienst, S. 1–17, 2016.*

[19] *Gartner (2015), Forecast: 3D Printers, Worldwide, 2015.*

# Simulation von Selective Laser Melting Prozessen

Henning Wessels, Matthias Gieseke, Christian Weißenfels, Stefan Kaierle, Peter Wriggers und Ludger Overmeyer

## Zusammenfassung

*Selective Laser Melting (SLM) ist ein additives Fertigungsverfahren, bei dem ein Metallpulverbett punktuell aufgeschmolzen wird. So können komplexe Geometrien hergestellt werden. Allerdings sind die vielfältigen, miteinander interagierenden physikalischen Prozesse nicht vollständig verstanden. In der Prozess-, Material- und Bauteilentwicklung sind daher zeit- und kostenintensive Experimente nötig. Die Entwicklung innovativer Simulationsverfahren aus dem Bereich der computergestützten Ingenieurswissenschaften bietet das Potential, den Einfluss der Prozessparameter auf die Bauteileigenschaften vorherzusagen. Eine genaue Vorhersage bietet die Möglichkeit einer individualisierten Prozessplanung, sodass Bauteileigenschaften nach Bedarf lokal angepasst werden können.*

*Der grundlegende Ablauf von SLM-Prozessen wird einleitend vorgestellt. Dem Leser wird ein Überblick über die auftretenden physikalischen Effekte bei SLM-Verfahren verschafft. Anschließend werden die thermomechanischen Gleichungen vorgestellt und grundsätzliche Aspekte der Modellierung von SLM-Prozessen diskutiert. Des Weiteren werden, ohne Anspruch auf Vollständigkeit, verschiedene existierende Simulationsansätze kurz vorgestellt.*

H. Wessels (✉) · C. Weißenfels · P. Wriggers
Institut für Kontinuumsmechanik (IKM), Leibniz Universität Hannover, Hannover, Deutschland
e-mail: wessels@ikm.uni-hannover.de

M. Gieseke · S. Kaierle · L. Overmeyer
Laser Zentrum Hannover e.V. (LZH), Hannover, Deutschland



R. Lachmayer, R.B. Lippert (Hrsg.), *Additive Manufacturing Quantifiziert*,
DOI 10.1007/978-3-662-54113-5_10

Schlüsselwörter
*Additive Fertigung · Selective Laser Melting · Prozesssimulation*

## Inhaltsverzeichnis



## 1 Einleitung

Selective Laser Melting (SLM), im deutschen Sprachraum auch als selektives Laserstrahlschmelzen bekannt, ist das derzeit weit verbreitetste additive Fertigungsverfahren für metallische Werkstoffe. Wie in Abb. 1 dargestellt wird vordeponiertes Pulver durch den Laser aufgeschmolzen und so schichtweise das Bauteil im Pulverbett erzeugt. Die Bauplattform wird häufig auf Temperaturen von beispielsweise 80 °C bis 200 °C vorgeheizt, um Verzug zu vermeiden [1, 2]. Aufgrund der zahlreichen Anlagenhersteller existieren für dieses Verfahren verschiedene, teilweise geschützte Bezeichnungen wie Direct Metal Laser Sintering (DMLS, EOS GmbH, Krailingen), LaserCUSING® (Concept Laser GmbH, Lichtenfels), Direct Metal Printing (DMP, 3DSystems, Rock Hill, USA), Phenix-Process (Phenix Systems, Riom, Frankreich) und Selective Laser Melting (SLM, Realizer GmbH, Borchem; Renishaw plc, New Wills, Großbritannien; SLM Solutions GmbH, Lübeck) [3, 4].

Die Anlagenhersteller vertreiben zahlreiche verarbeitbare Materialien zusammen mit entsprechend geeigneten Prozessparametern. So können verschiedene Stähle, wie auch Aluminium, Kobalt-, Nickel- und Titanlegierungen und Edelmetalle additiv gefertigt werden. Durch ein vollständiges Aufschmelzen des Pulverwerkstoffes sind Dichten > 99,9 % und ähnliche Materialeigenschaften wie bei gegossenen Materialien realisierbar. Neben Funktionsprototypen können daher auch einsatzbereite

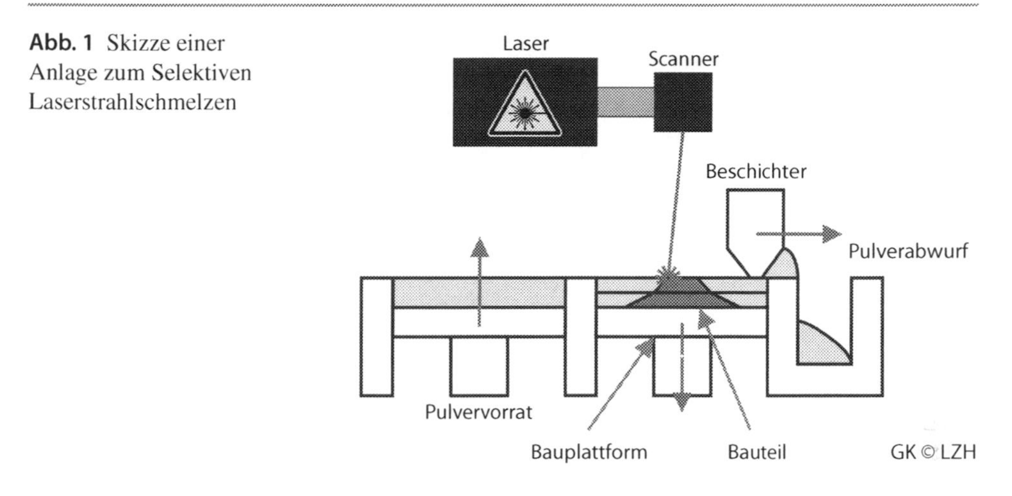


**Abb. 1** Skizze einer Anlage zum Selektiven Laserstrahlschmelzen

Einzelanfertigungen und Kleinserien aber auch Großserienbauteile mit besonderen Anforderungen wie innenliegenden Kühlkanälen erzeugt werden [3].

Die Orientierung im Bauraum ist bei der Fertigung von entscheidender Bedeutung, da durch den Schichtaufbau eine Anisotropie im Material und hierdurch richtungsabhängige Materialeigenschaften entstehen [4]. Stützstrukturen sind notwendig, da das Pulverbett im Allgemeinen nur Überhänge bis ca. 45° stützen kann und diese für eine homogene Wärmeabfuhr aus dem Bauteil sorgen müssen. Darüber hinaus verhindern die Stützen ein Verschieben des Bauteils bei der Fertigung durch auftretende Scherkräfte während der Beschichtung. Durch entsprechende Software können die Stützen automatisch erstellt werden. Sie verfügen über Sollbruchstellen, um ein einfaches Ablösen zu gewährleisten. Mit SLM-Verfahren sind derzeit Bauteile mit einer Größe von maximal 800 × 400 × 500 mm fertigbar [5]. Die in Laboranwendungen demonstrierte maximal erzielbare Strukturauflösung von 30 µm kann aber nur für kleinere Bauteile auf einer Substratplatte mit Ø 50 mm erzielt werden [6].

Die Prozessoptimierung basiert zum jetzigen Zeitpunkt fast ausschließlich auf experimentellen Erfahrungen. Die Nutzung von Simulationssoftware bietet hier großes Potential. Zum einen können durch einen gezielten Einsatz Entwicklungszeiten gerade bei neuen Pulverwerkstoffen verringert werden. Zum anderen bieten vollständige Prozesssimulationen neue Möglichkeiten der Prozessregelung und Qualitätskontrolle. Beide Anwendungsszenarien bedürfen realitätsnaher Modelle, die auch mit herkömmlichen Desktop-PCs in kurzer Zeit belastbare Ergebnisse liefern.

## 2 Physikalische Phänomene in SLM Verfahren

Die Laserleistung, die Lasergeschwindigkeit und der Laserspotradius sind die drei wichtigsten steuerbaren Maschinenparameter im SLM-Verfahren. Die Prozessparameter bestimmen die Struktur des gefertigten Bauteils bezüglich Fehlstellen und Oberflächenqualität. Die Struktur wiederum gibt Aufschluss über die mechanischen Eigenschaften wie Festigkeit und Ermüdungsverhalten des Bauteils. Die Interaktion von Struktur und Eigenschaften wird im Rahmen dieses Artikels jedoch nicht besprochen, es sei an dieser Stelle auf [7] verwiesen.

In Abb. 2 sind schematisch die ein- und ausfließenden Wärmeströme eines laserstrahlgeschmolzenen Pulverbetts dargestellt. Die zugeführte Laserleistung folgt in Abhängigkeit des Spotradius und der Scangeschwindigkeit einer Gauss'schen Glocke. Der Wärmeaustausch mit der Umgebung findet über Wärmeleitung, -strahlung und Konvektion statt. Die wesentlichen physikalischen Phänomene in SLM Verfahren werden im Folgenden vorgestellt.

## 2.1 Fehlstellenbildung

Ein wichtiger Kennwert SLM-gefertigter Teile ist die Dichte eines Bauteils bezogen auf die Dichte des Reinmetalls, das verarbeitet wird. Nach [8] sind Dichten > 99,9 % realisierbar. Grund für die geringere Dichte im Vergleich zum Reinstoff sind Fehlstellen, für deren Entstehung in [9] zwei Gründe benannt werden.

Um bei den auftretenden hohen Temperaturen Sauerstoffreaktionen zu vermeiden, findet der Prozess im Bauraum unter einer Schutzatmosphäre aus dem Edelgas Argon statt. Alternativ kann auch Stickstoff verwendet werden. Wenn das Metallpulver aufgeschmolzen wird, kann es vorkommen, dass nicht das gesamte Gas entweichen kann und einzelne Gasblasen von der Schmelze eingeschlossen werden.

Eine weitere Ursache der Fehlstellenbildung ist der Einschluss ungeschmolzenen Pulvers. Bei zu hohen Geschwindigkeiten werden einzelne Partikel nicht vollständig

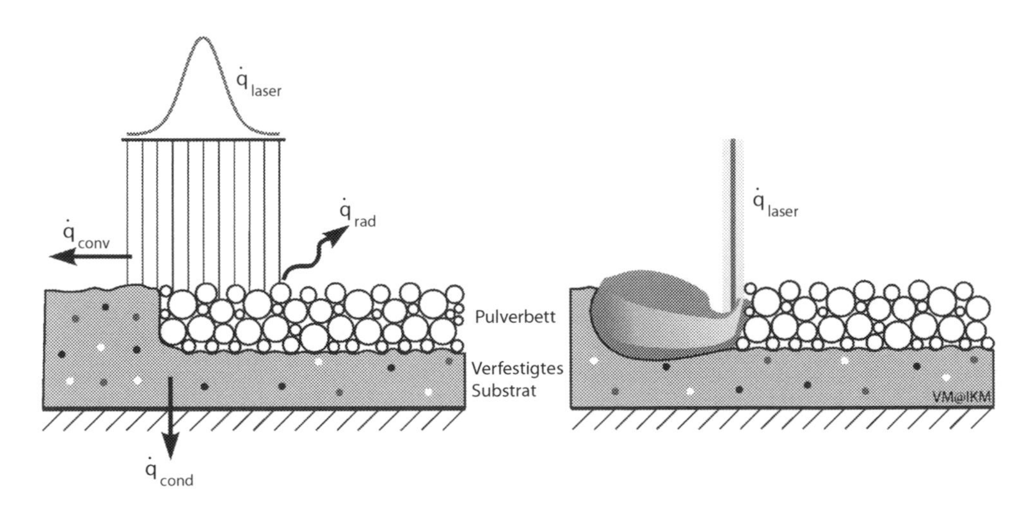


**Abb. 2** Wärmeübertragung in SLM-Verfahren. Grau eingefärbt verdampfte, schwarz ungeschmolzene Partikel und weiß eingeschlossenes Schutzgas. Links: Gauss Verteilung der Laserenergiedichte. Rechts: Einkerbung des Schmelzpools in Folge Verdampfung

aufgeschmolzen und eingeschlossen, sodass Materialinhomogenitäten entstehen. Allerdings sind höhere Geschwindigkeiten von Vorteil, da höhere Aufbauraten erzielt werden können. Zudem verringert die geringere Wärmeentwicklung die Entstehung von Eigenspannungen und somit Verwerfungen im Bauteil. Gesucht wird also das Pareto- Optimum, das nach [9] als die Suche nach der optimalen Laserleistung für eine gegebene hohe Geschwindigkeit formuliert werden kann.

In [10] wird als dritte Ursache für die Entstehung von Fehlstellen der Einschluss kleiner Partikel, die in die Gasphase übergegangen sind und eingeschlossen wurden, genannt. Tritt Verdampfen gehäuft auf, wird in [9] auch von keyholing gesprochen. Keyholing sollte in jedem Fall vermieden werden und ist ein Indiz, dass die zugeführte Wärme zu hoch ist.

Eine weitere Ursache von Fehlstellen liegt in einer unzureichenden Benetzung der bereits erstarrten Strukturen mit metallischer Schmelze.

## 2.2 Wärmeentwicklung

Der Anteil der Laserleistung, der vom Pulverbett reflektiert wird, variiert stark je nach gegebener Zusammensetzung, d. h. Material- und Korngrößenverteilung, des Pulvers. Die Wahl des Herstellungsverfahrens des Pulvers, z. Bsp. Gas- oder Wasserverdüsen, hat einen erheblichen Einfluss auf die Pulverform und damit auf die Reflektionseigenschaften.

Die Reflektionseigenschaften des bearbeiteten Materials sind weiterhin abhängig von der Temperatur und insbesondere von der Phase, die bei einer gegebenen Temperatur vorliegt. Da das Pulverbett porös ist, kann die Laserstrahlung tief in das Material eindringen, wo es vielfach reflektiert wird. Daher springt der Anteil der reflektierten Laserleistung sprunghaft an, sobald das Metallpulver aufgeschmolzen wurde und eine glattere Oberfläche vorliegt [9].

Wärmeübertragung lässt sich in drei Anteile untergliedern, die verschiedenen Effekten zugeordnet sind: Wärmeleitung, Konvektion und Strahlung. In [10] konnte mit einer Sensitivitätsanalyse gezeigt werden, dass die vom Laser zugeführte Wärme zum größten Teil durch Wärmeleitung an das umgebene Metall, das in verschiedenen Phasen vorliegt, weitergegeben wird.

## 2.3 Phasenübergang

Um einen Phasenübergang zu ermöglichen, ist das Überwinden einer Bindungswärme notwendig. Während eines Phasenübergangs bleibt die Temperatur konstant, bis die notwendige Energie aufgebracht wurde, um den Phasenübergang zu vollziehen. Bei hohen Laserleistungen und kleinen Pulverpartikeln kann es dabei vorkommen, dass einzelne Partikel verdampfen. Die Verdampfung entzieht dem System einerseits Wärme, was einen Einfluss auf die Temperaturentwicklung im Bauraum hat, andererseits kann der Einschluss von verdampften Partikeln wie bereits oben angesprochen zur Bildung von Fehlstellen führen. Beim Entweichen verdampfter Partikel entsteht ein Rückprall und Kapillarkräfte treten auf [7].

Bei Legierungen, die naturgemäß aus verschiedenen Materialien bestehen, haben verschiedene Bestandteile unterschiedliche Schmelzpunkte. Dies erschwert die Simulation eines Phasenübergangs erheblich. Neben der naheliegenden Möglichkeit, Materialparameter aus Tabellenwerten zu inter- und extrapolieren, können einige mittels CALculation of PHAse Diagramm (CALPHAD) thermodynamisch konsistent ermittelt werden [11].

In der Temperatur- und Phasenabhängigkeit der verwendeten Materialparameter wie Dichte, Wärmeleitfähigkeit, Temperaturausdehnungskoeffizient, E-Modul oder Viskosität liegt eine wesentliche Unsicherheit aller betrachteten Simulationsansätze.

## 2.4 Verdampfungs-Rückprall

Hinter dem Laserspot kommt es zu hohen Temperaturen, die dazu führen, dass Partikel gehäuft Verdampfen. Das Entweichen verdampfter Partikel bewirkt einen Rückprall, der den Schmelzpool wie in Abb. 2 schematisch dargestellt lokal deformiert. Dies kann sowohl in 2D-Lattice-Boltzmann Simulationen [12] als auch mit Hilfe von 3D-Simulationen [13] gezeigt werden.

## 2.5 Oberflächenspannung

In [9] wurde gezeigt, dass die Oberflächenspannung den Wärmetransport und den Schmelzprozess maßgeblich beeinflusst. Wird eine Oberflächenspannung als Randbedingung aufgegeben, ist der Schmelzpool kürzer, die Partikel verschmelzen stärker und es bildet sich eine glattere Oberfläche heraus. Dadurch vergrößert sich auch die Kontaktfläche mit der unteren Schicht, sodass die Wärme schneller abgegeben wird und das Schmelzgebiet schneller auskühlt.

Der Marangoni-Effekt beschreibt den Wärmetransport durch Unterschiede in der Oberflächenspannung bei verschiedenen Temperaturen. Dadurch wird der durch den Rückprall verdampfter Partikel eingekerbte Schmelzpool wieder verschlossen. Die Interaktion von Oberflächenspannung und Verdampfungsrückprall wird in [13] beschrieben.

## 2.6 Plateau-Rayleigh Instabilität

Das verfestigte Schmelzgebiet ist nicht eben. Die Höhe der Oberfläche verläuft wellenförmig. Dieses Phänomen wird in [9] mit einer Plateau-Rayleigh-Instabilität, die bei umströmten Zylindern auftritt, erklärt und häufig als Balling beschrieben. Um die Oberflächenenergie zu verringern, zerfällt ein Fluidstrom hinter dem Zylinder in Tröpfchen. Bei gleichbleibender Geschwindigkeit führt eine höhere Laserleistung zu einer Aufweitung des Schmelzpools und reduziert so die auftretenden Instabilitäten.

### 2.7 Verfestigung

Durch die hohen Temperaturgradienten werden Eigenspannungen und Verzerrungen in das Bauteil eingebracht. Diese bestimmen neben der Schmelzpoolgeometrie maßgeblich die geometrische Genauigkeit des gefertigten Teils. Das Bauteil schrumpft, wenn der Schmelzpool auskühlt und verfestigt. Da das Bauteil auf einer Grundplatte aufgebaut und fest mit dieser verschweißt wird, führt das Trennen von der Grundplatte nach [14] zu plastischen Verformungen.

## 3 Thermomechanische Modellierung Von SLM Prozessen

Das thermomechanisch gekoppelte Problem unterliegt der Massen-, Impuls-, Drehimpuls- und der Energieerhaltung. Die Bedingungen der Massen- und Drehimpulserhaltung können im Fall kompressibler Materialien in die Gleichungen der Impuls-und Energieerhaltung eingearbeitet werden. Die Impuls- und Energiegleichung lauten:

$$\int_v \rho\, \mathbf{a}\, \mathrm{d}v = \int_v \rho\, \mathbf{b}\, \mathrm{d}v + \int_v \mathrm{div}\, \boldsymbol{\sigma}\, \mathrm{d}v$$

$$\frac{\mathrm{d}}{\mathrm{d}t} \int_v \rho\, u\, \mathrm{d}v = \int_v \boldsymbol{\sigma} : \mathbf{d}\, \mathrm{d}v - \int_v \mathrm{div}\, \mathbf{q}\, \mathrm{d}v + \int_v \rho\, r\, \mathrm{d}v$$

wobei $\rho$ die Dichte, $\mathbf{a}$ die Beschleunigung, $\mathbf{b}$ die Körperkräfte, $\boldsymbol{\sigma}$ die Spannung, $u$ die innere Energie, $\mathbf{d}$ die Deformationsgeschwindigkeit, $\mathbf{q}$ Wärmeflüsse und $r$ eine volumetrische Wärmequelle bezeichnen. Bei Verwendung der Finiten Elemente Methode (FEM) wird die schwache Form des Problems zeitlich und räumlich diskretisiert, sodass ein Gleichungssystem für den Verschiebungsvektor und die Temperatur entsteht.

Das schichtweise Aufschmelzen unter Berücksichtigung aller in Abschn. 2 beschriebenen Effekte detailliert für ein gesamtes Bauteil zu erfassen ist nach dem derzeitigen Stand der Computertechnologie zu rechen-, zeit- und damit kostenintensiv. Um der Komplexität des Problems dennoch gerecht zu werden, erfolgt eine Unterteilung in verschiedene Skalen. In [14] wird zwischen der mikro-, meso- und makroskopischen Ebene unterschieden.

Der Phasenwandel und die damit verbundene Änderung der Materialparameter sind mikroskopischen Effekten, die z. B. in der Festkörperphysik beschrieben werden, zuzuordnen. Auf mesoskopischer Ebene kann die Entstehung des Schmelzpools in Abhängigkeit von der lokalen Geometrie, d. h. der Pulverbeschaffenheit, beschrieben werden. Hierbei kommen effektive, volumetrische Wärmequellen zum Einsatz. Für die Berechnung mehrerer Pulverlagen sind mesoskopische Ansätze jedoch zu rechenintensiv, weshalb zur

Darstellung der Temperaturverteilung Vereinfachungen getroffen werden. Auf makroskopischer Ebene werden die mit der Verfestigung einhergehenden Eigenspannungen und Deformationen, die die Fertigungstoleranzen beeinflussen, betrachtet.

Um das obige Gleichungssystem zu schließen, werden noch konstitutive Gleichungen und Ansätze zur Beschreibung der Randbedingungen, insbesondere des Energieeintrags, benötigt. Die zu treffenden Annahmen unterscheiden sich je nach Größenordnung, d. h. der Skala, des Problems. Im Folgenden sind die in jeder Skala zu modellierenden Größen und Beziehungen stichpunktartig aufgeführt:

- Wärmeeintrag durch Laser
- Wärmeabgabe an die Umgebung
- Phasenwandel
- Thermomechanische Spannung
- Temperaturabhängige Materialparameter

Die Kopplung der verschiedenen Skalen wird erschwert durch die sich zeitlich verändernden Randbedingungen auf den unteren Skalen. Auf diese Problematik wird insbesondere in [15] und [16] bei der Berechnung der Schmelzpoolgeometrie kompletter Bauteile mit Überhangkonstruktionen eingegangen. Diese und weitere Simulationsansätze werden im nächsten Abschnitt besprochen.

## 4 Simulationstools zur Beschreibung von SLM-Prozessen

Im Folgenden werden beispielhaft einige aktuelle Ansätze aus der Literatur vorgestellt. Dabei wird auf die Numerik nicht genauer eingegangen, vielmehr soll ein Überblick über die verschieden Methoden verschafft und gezeigt werden, welche Ergebnisse sich den verschiedenen Ansätzen entnehmen lassen.

Zunächst wird in Abschn. 4.1 auf die Modellierung des Wärmeeintrags durch Laserbestrahlung eingegangen. In den darauf folgenden Abschnitten werden ausgewählte Arbeiten der UC Berkeley, des Lawrence Livermore National Laboratory, der Universität Bremen und der Northwestern University kurz zusammengefasst.

### 4.1 Wärmequellen

Die Modellierung der vom System absorbierten Wärme ist ein Kernproblem in der Simulation. Das Pulverbett ist stochastischer Natur und beeinflusst wesentlich den Anteil der absorbierten Energie.

Für das Elektronenstrahlschweißen (Electron Beam Melting – EBM) wird in [17] eine Wärmequelle basierend auf einer Monte-Carlo-Simulation vorgeschlagen, mit der gezeigt werden kann, dass der Schmelzpool zuerst unterhalb der Oberfläche entsteht. Zwar ist diese Wärmequelle nicht direkt auf SLM-Prozesse übertragbar, jedoch lässt sich an diesem Beispiel gut die Bedeutung der Unterscheidung zwischen einem Wärmefluss über die Oberfläche und einer volumetrischen Wärmequelle illustrieren.

Als volumetrische Wärmequellen werden im Folgenden die häufig verwendete Goldak-Quelle für Schweißvorgänge [18] und die speziell für SLM-Verfahren entwickelte Gusarov-Wärmequelle aus [19] vorgestellt.

### Goldak Wärmequelle für Schweißvorgänge

Die genaue Vorhersage der Temperaturentwicklung in Schweißprozessen ist nach [18] von enormer Bedeutung. Die Zeit, in der die Schweißnaht von 800 °C auf 500 °C abkühlt, bestimmt den Aufbau der Mikrostruktur und deren mechanische Eigenschaften. Die Abkühlzeit von 400 °C auf 150 °C ist ein bestimmender Faktor für die Diffusion von Wasserstoff und dem kalten Brechen einer Schweißnaht.

Die Modellierung einer Wärmequelle wird erschwert durch die Tatsache, dass die genauen physikalischen Vorgänge nicht vollständig verstanden sind. Die aus der Laserbestrahlung resultierenden Oberflächenspannungseffekte, Auftriebskräfte in der Schmelze und die Viskosität von geschmolzenem Metall sind nicht ausreichend bekannt. Um den Einfluss dieser Unsicherheiten auf die Temperaturentwicklung dennoch zu erfassen, wird versucht, die Wärmequelle entsprechend experimentellen Erfahrungen zu modellieren.

Daher wird in [18] eine doppelt ellipsenförmige Wärmequelle vorgeschlagen, die als Parameter die geometrischen Abmaße des Schmelzpools enthält. Diese müssen dabei aus Experimenten bestimmt werden. Zudem muss der jeweilige Anteil der Energie, der in Scanrichtung vor und hinter dem Lasermittelpunkt abgegeben wird, abgeschätzt oder experimentell ermittelt werden.

### Gusarov Wärmequelle für SLM-Prozesse

In [19] werden zwei Faktoren genannt, die den SLM-Prozess bei steigender Geschwindigkeit destabilisieren: die Erhöhung des Länge-zu-Breite Verhältnisses des Schmelzpools und eine Verringerung der Kontaktfläche des Schmelzpools mit dem darunterliegenden Substrat. Durch vielfache Reflektionen in der porösen Pulverschicht wirkt die Laserenergiedichte $Q_0$ als volumetrische Quelle und nicht als Wärmestrom über die Oberfläche:

$$r = -\frac{\mathrm{d}Q}{dz} = -\beta Q_0 \frac{\mathrm{d}q}{d\xi}$$

In der oben stehenden Gleichung bezeichnet $z$ die Eindringtiefe, $q$ die dimensionslose Energieflussdichte und $\mathrm{x} = \beta z$ die dimensionslose Koordinate. Der optische Extinktionskoeffizient $\beta$ berechnet sich aus dem Partikeldurchmesser $D$ und der Pulverbett-Porosität $\varepsilon$:

$$\beta = \frac{3(1-\varepsilon)}{2\,\varepsilon\,D}$$

Zur expliziten Lösung der Energiegleichung wird in [19] ein Finite Differenzen Verfahren verwendet. Konvektion und Strahlung werden vernachlässigt. Die Materialeigenschaften hängen von der Phase ab. Ein Punkt, dessen Temperatur im Prozessverlauf die Schmelztemperatur überschritten hat, erfährt eine irreversible Änderung der Phasenvariable $\phi$ , die der Funktion

$$\frac{\partial \phi}{t} - v\frac{\partial \phi}{\partial x} = 0 \quad \phi = \begin{cases} 0 & z < L \\ 1 & z \geq L \end{cases}$$

folgt, wobei L die Schichtdicke darstellt.

Das Reflektionsverhalten wurde bei Raumtemperatur gemessen. Der Marangoni-Effekt sowie Wärmeverluste durch Verdampfen werden vernachlässigt. Um diesen Vereinfachungen gerecht zu werden, wird die zugeführte Wärmeleistung in der Simulation im Vergleich zum Experiment verringert. Da ein Fließen der Schmelze in den Berechnungen nicht berücksichtigt wurde, wird der verfestigte Bereich nicht korrekt dargestellt. Dennoch zeigen die Ergebnisse eine gute Übereinkunft mit der experimentell bestimmten Schmelzpoolgeometrie.

## 4.2 University of California Berkeley

### Transiente Jeffreys Wärmeleitung eines Pulverpartikels

In [20] wird eine pulsierende Laser-Wärmequelle modelliert. Die Temperatur wird als Funktion der zeitlich veränderlichen Laserleistung und eines Reflektionskoeffizienten bestimmt. Der Wärmefluss **q** wird anstelle des häufig verwendeten Ansatzes von Fourier mit der Jeffreys Beziehung modelliert [21]. Diese enthält den Relaxationsparameter $\tau$:

$$\tau\, \dot{\mathbf{q}} + \mathbf{q} = -\mathbf{K}\ \mathrm{grad}\ \theta$$

Wird die obige Beziehung in die Energiegleichung eingesetzt, ergibt sich die thermisch relaxierte „second-sound" Gleichung:

$$\ddot{\theta} + 2\,\zeta\, w_n \dot{\theta} + w_n^2 \theta = f(t)$$

Die Bezeichnung „second-sound" ergibt sich aus der mathematischen Analogie zu Schallwellen in der Akustik. Der Relaxationsparameter $\tau$ muss experimentell bestimmt werden. Die Lösung der Gleichung erfolgt mit der Diskreten Elemente Methode (DEM).

### Ein gekoppeltes Diskrete Elemente - Finite Differenzen Modell für selective laser sintering

Um die Temperaturverteilung einer einzelnen Laserspur zu simulieren wird in [10] ein kombinierter Ansatz aus DEM und Finite Differenzen Methode (FDM) verwendet. Die DEM-Partikel repräsentieren dabei das Pulverbett während mit der FDM die Wärmeverteilung im darunter liegenden Substrat bestimmt wird. Die Kopplung erfolgt dabei über den Wärmefluss, wobei angekommen wird, dass der Laser nicht in das Substrat eindringt.

Simuliert wird auch das Auftragen des Pulvers, um der stochastischen Natur des Pulverbetts gerecht zu werden. Die Bewegung der Partikel unterliegt der Impulsgleichung:

$$m\ddot{\mathbf{x}} = \mathbf{F}_i^{con} + \mathbf{F}_i^{fric} + \mathbf{F}_i^{env} + \mathbf{F}_i^{grav}$$

Die Kontaktkraft $\mathbf{F}_i^{con}$ basiert auf der Hertz'schen Kontakttheorie und hängt von einem Dämpfungsparameter $\zeta$ ab. Die Berechnung der Reibungskraft $\mathbf{F}_i^{fric}$ setzt die Kenntnis eines dynamischen Reibkoeffizienten $\mu_{\mathrm{d}}$ voraus. Mit der Annahme einer Stoke'schen Strömung, d. h. für sehr kleine Reynoldszahlen $Re \ll 1$, kann die Umgebungskraft als $\mathbf{F}_i^{env} = -6\,\pi\,\mu_f\,R_i\,v_i$ angenommen werden wobei $\mu_f$ die dynamische Viskosität des umgebenen Argon bezeichnet.

Der Gough-Joule Effekt wird in der Energiegleichung vernachlässigt. Wärmeleitung, -strahlung und Konvektion werden gleichermaßen berücksichtigt, wobei Konvektion und Strahlung nur an der Oberfläche auftreten. Die absorbierte Laserleistung wird über eine innere Wärmequelle

$$r_i = \alpha\, I(r,z)\, A_i$$

mit der Absorptivität $\alpha$ und der bestrahlten Fläche $A_i$ modelliert. Die Abnahme der Laserintensität $I$ mit zunehmender Eindringtiefe $z$ und Entfernung vom Laserspotmittelpunkt $r$ wird mit der Beer-Lambertz-Gleichung bestimmt:

$$I(r,z) = I_0 e^{-\beta z} e^{-2r^2/w^2}$$

Der optische Extinktionskoeffizient $\beta$ wird nach der in [19] beschriebenen Theorie von Gusarov bestimmt und $w$ bezeichnet die Größe des Laserspots.

Der Phasenwandel wird mit der Wärmekapazitätsmethode, beschrieben in [22] und [23], behandelt. Dabei wird die Wärmekapazität je nach Richtung des Phasenwandels um die Bindungsenergie verändert. Da keine Wärmeleitfähigkeiten der flüssigen Phase bekannt sind, werden stattdessen temperaturabhängige Werte von festem Material angenommen.

Die simulierte Schmelzpoolgeometrie weicht von den experimentellen Ergebnissen aus [9] ab. Insbesondere die Höhe ist ungenau, da die Partikel nicht schrumpfen können und Verfestigungsprozesse nicht berücksichtigt werden. Sensitivitätstudien haben ergeben, dass Wärmeleitung die Wärmeabgabe dominiert. Bezogen auf die Laserleistung ist der Anteil der Strahlung um drei und der Anteil der Konvektion um vier Größenordnungen kleiner als der der Wärmeleitung. In [10] wird vorgeschlagen, die thermische Leitfähigkeit des Pulvers, die Pulverbettdichte und die Größe des Schmelzpools als Daten für höherskalige Kontinuumsansätze zu verwenden.

## 4.3 Lawrence Livermore National Laboratory

Das Lawrence Livermore National Laboratory (LLNL) entwickelt sowohl hydrodynamische Simulationen des Schmelzvorgangs einzelner Laserspuren auf Pulverebene als auch Simulationstools, die auf Bauteilebene Eigenspannungen und Verzerrungen vorhersagen können. Im Folgenden werden beide Ansätze anhand zweier Veröffentlichungen kurz vorgestellt. Ein guter Überblick über die aus Sicht des Autors wegweisenden Arbeiten wird in [24] und [13] gegeben.

### Mesoskopisches Simulationsmodell eines SLM-Pulverbetts

In [9] werden Ergebnisse einer Prozesssimulation mit Stahl vom Typ 316L, die mit dem Multiphysics Code ALE3D des Lawrence Livermore National Laboratory erzielt wurden, vorgestellt. In der Arbitrary Lagrangian Eulerian (ALE) Beschreibung bewegt sich das Netz mit einer konvektiven Geschwindigkeit in Bezug zu den Knoten, die die physikalischen Eigenschaften transportieren.

Für die Simulation einer einzelnen 1 mm langen Laserspur sind sehr kleine Zeitschritte im Bereich 1 ns und eine räumliche Diskretisierung von 3 μm verwendet worden. Um das Aufschmelzen und die Verfestigung erfassen zu können, sind Simulationszeiten von mehreren 100 μs nötig. Dies führt zu enormen Rechenzeiten von 100.000 cpu h und der Beschränkung auf hohe Scangeschwindigkeiten, da niedrigere Geschwindigkeiten die Rechenzeit weiter erhöhen.

Der Wärmeeintrag erfolgt über eine Gauss'sche Wärmequelle und die Theorie von Gusarov [19]. Die Simulationen bilden Plateau-Rayleigh-Instabilitäten ab und zeigen, dass diese bei gleichbleibender Geschwindigkeit und erhöhter Laserleistung geringer ausfallen. Im Vergleich mit Experimenten zeigt die Simulation gute Ergebnisse bezüglich der Schmelzpoolgeometrie.

Unsicherheiten sind die verwendeten Materialdaten, insbesondere das unklare Reflektionsverhalten der flüssigen Schmelze. Die Marangoni-Konvektion ist ebenfalls vernachlässigt worden. Mit der ALE3D-Methode wird die Oberfläche nicht automatisch verfolgt. Da die Laserleistung von der absoluten Höhe abhängt und das Material aufgrund der Plateau-Rayleigh-Instabilität keine konstante Höhe aufweist, liegt im Wärmeeintrag eine weitere Unsicherheit. Auch die etwaige Verdampfung einzelner Partikel und das Umgebungsgas werden nicht berücksichtigt.

Die sehr detaillierten Simulationen verschaffen einen Einblick in die Bildung von Plateau-Rayleigh-Instabilitäten und in den Einfluss der Oberflächenspannung auf den Schmelzprozess. Eine Erweiternung des Modells um verdampfungsinduzierten Rückprall und Marangoni Konvektion wird in [13] beschrieben.

### Thermomechanisches SLM-Simulationsmodell

In [15] wird die Simulation der Temperaturverteilung und der Verfestigung mehrerer Pulverlagen mit dem Diablo Code des LLNL diskutiert. Der Code verwendet implizite Zeitintegration und eine Lagrange Formulierung der Gleichungen. Für die Temperatur wird eine eigene Lösungsschleife verwendet (staggered-scheme), d. h. in jedem Zeitschritt wird zunächst die Energiegleichung und im Anschluss die Impulsgleichung gelöst.

Der Wärmeeintrag wird mit einer modifizierten Version der Theorie von Gusarov [19] modelliert. Die resultierende effektive Laserleistung wird um einen Proportionalitätsfaktor vermindert, um die experimentellen Ergebnisse abbilden zu können, da Effekte wie Wärmestrahlung, Verdampfung und das Wegfliegen einzelner Partikel vernachlässigt werden. Für die Wärmeleitung wird die Beziehung von Fourier verwendet.

Der Phasenwandel von Pulver hin zu flüssigem Material wird mit der Stefan-Neumann-Gleichung beschrieben:

$$\theta\left(\boldsymbol{x}_{trans}, t\right) = \theta_{trans.} \text{ auf } \boldsymbol{x}_{trans} \in \Gamma_{trans}$$

$$\left(\boldsymbol{k}_{phase1} \frac{\partial \theta_1}{\partial x} - \boldsymbol{k}_{phase2} \frac{\partial \theta_2}{\partial x}\right) \cdot n = H \rho \frac{\partial \mathrm{x}_{trans1}}{\partial t} \cdot n, \text{ auf } \boldsymbol{x}_{trans} \in \Gamma_{trans}$$

Die Phasenvariable $\phi$ muss an jedem Punkt der Zwangsbedingung

$$\sum_i \phi_i = 1$$

genügen. Allerdings wird in [15] nicht die genaue Position der Phasengrenzfläche bestimmt, sondern nur das Element, in dem ein Phasenwandel stattfindet. Ist dies der Fall, wird ein inkrementeller Quellterm berechnet und die Temperatur konstant gehalten. Sobald die Summe der Inkremente der für den Phasenwandel benötigten Bindungswärme entspricht, kann sich die Temperatur wieder frei entwickeln. Die Gleichung ist beschränkt auf reine Materialien oder solche Legierungen, deren Komponenten dieselbe Schmelztemperatur besitzen.

Der Phasenübergang von flüssigem hin zu festem Material wird mit einer modifizierten Wärmekapazität berücksichtigt:

$$c_{mod} = \frac{\left|\int_{T_{solid}}^{T_{liquid}} c(T)dT + H\right|}{T_{liquid} - T_{solid}}, T_{solid} < T < T_{liquid}$$

Die Cauchy-Spannung $\sigma$ ist eine Funktion des Verschiebungsgradienten, der Temperatur und der beiden Phasen $\phi_1$ – Pulver und $\phi_2$ – verfestigtes Material. Die Spannung ergibt sich aus einer volumetrischen Gewichtung mit den Phasenanteilen:

$$\begin{aligned} \boldsymbol{\sigma} &= \boldsymbol{\sigma}\left(\text{grad } \mathbf{u}, \theta, \phi_{1.} \phi_2\right) \\ &= \phi_1 \boldsymbol{\sigma}_1 + \phi_1 \boldsymbol{\sigma}_2 \end{aligned}$$

Die Dehnungen $\boldsymbol{\varepsilon} = \boldsymbol{\varepsilon}_1 = \boldsymbol{\varepsilon}_2$ werden in allen Phasen als identisch angenommen, da die Übergangsfläche nicht erfasst wird sondern nur das Element, indem ein Übergang stattfindet. Die Dehnungen ergeben sich aus dem additiven Split in einen Verschiebungs-, Temperatur- und Phasenanteil:

$$\varepsilon = \varepsilon_u + \varepsilon_\vartheta + \varepsilon_\phi$$

mit

$$\varepsilon_\vartheta = \left[\phi_1 \alpha_1 \left(\theta - \theta_{ref1}\right) + \phi_2 \alpha_2 \left(\theta - \theta_{ref2}\right)\right] \mathbf{1}$$
$$\varepsilon_\phi = \left(\phi_1 \beta_1 + \phi_2 \beta_2\right) \mathbf{1}$$

wobei $\alpha_i$ und $\beta_i$ die thermischen und phasenspezifischen Ausdehnungskoeffizienten der beiden betrachteten Phasen bezeichnen. Der verschiebungsabhängige Anteil der Verzerrung ergibt sich aus dem Deformationsgradienten. Ferner wird isotropisches, elasto-plastisches Materialverhalten vorausgesetzt und inkrementelle $J_2$-Plastizität verwendet. Das Schrumpfen durch Verfestigung wird vernachlässigt, die Volumenkontraktion durch den Verlust der Pulverporosität jedoch erfasst.

Die Materialdaten sind eine Funktion der Temperatur $\theta$ und der $\phi$. Da für Temperaturen q > 1700 K keine Daten vorliegen sondern diese extrapoliert werden müssen, liegt hier eine große Unsicherheit der Methode.

Die Simulationsergebnisse zeigen bezüglich der maximalen Temperatur und der Schmelzpoolgeometrie eine gute Übereinstimmung mit denen von Gusarov [19]. Bei der Erstellung von Überhängen konnte in [15] eine Aufweitung des Schmelzpools nachgewiesen werden. Da Pulver deutlich schlechter leitet als aufgeschmolzenes oder bereits verfestigtes Material, wirken Pulverschichten unter einer zu bearbeitenden Schicht isolierend, was lokal zu einer Temperaturerhöhung führt.

## 4.4 BCCMS Universität Bremen

### Multiskalen FEM-Simulation für die Verzerrungsberechnung von additiv gefertigtem, härtbarem Stahl

In [14] wird ein Multiskalen FEM Simulationsansatz mit dem kommerziellen Programm MSC Marc/Mentat beschrieben. Die Größe, die von der Meso- an die Makroskala übergeben wird, ist dabei die Schmelzpoolgeometrie, die auf die zugeführte Laserleistung bezogen wird

$$\dot{q} = \varepsilon \frac{P_{laser}}{d_{spot} d_{melt_{depth}} d_{hatching}}$$

wobei $\varepsilon < 1$ die Lasereffizienz bezeichnet. Über die Lasereffizienz $\varepsilon$ werden die Absorptivität des Pulverbetts und Wärmeverluste z. B. durch Verdampfen einzelner Partikel berücksichtigt.

Anstatt einer Gauss-verteilten Laserintensität wird auf makroskopischer Ebene ein konstanter Bereich definiert. Somit kann die zugeführte Energie $E_{tot}$ als Produkt der zugeführten Laserleistung $\dot{q}$ des effektiv geheizten Volumenelementes und der Heizdauer beschrieben werden:

$$E_{tot} = \dot{q}\,\Delta x\,\Delta y\,\Delta z \frac{\Delta x}{v}$$

Der schichtweise Materialauftrag wird simuliert, indem einzelne Layer zugeschaltet werden. Dies erfordert eine adaptive Vernetzung. Die temperaturabhängigen Materialdaten werden aus der Datenbank JMatPro mit dem CALPHAD Ansatz bestimmt. Das Material wird als ideal plastisch angenommen.

### Zur Verbesserung des thermischen Managements von SLM Prozessen

In [16] wird die Software MSC Marc verwendet und auf temperaturabhängige Materialdaten aus der Software JMatPro sowie eine Goldak Wärmequelle zurückgegriffen um den Effekt der Umgebungsrandbedingungen auf die Schmelzpoolgeometrie zu untersuchen. Dafür wird eine Geometrie mit einem Überhang produziert. Die absorbierte Laserleistung wird im Vergleich mit Versuchen bei einer festgelegten Geschwindigkeit kalibriert. Experiment und Simulation zeigen, dass der Schmelzpool in Überhangsgebieten, d. h. Bereichen mit darunter liegenden Pulverlagen, um bis zu 30 % vergrößert ist. Als Maßnahme wird bei konstanter Laserleistung die Scangeschwindigkeit angepasst, um die Temperaturentwicklung und somit die Schmelzpoolgröße konstant zu halten. Die Korrekturfaktoren werden als proportional zur Breite des Schmelzpools angenommen. Eine stabile Schmelzpoolgröße wird in [16] als Schlüsselparameter für die Reduzierung von Materialdefekten bezeichnet.

## 4.5 Northwestern University

### Thermodynamisch konsistente Vorhersage der Mikrostruktur additiv gefertigter Materialien

In [11] wird die CALculation of PHase Diagramm, kurz CALPHAD Methode verwendet um die spezifische Wärmekapazität, die Enthalpieänderung in Folge des Phasenwandels und die Phasenzusammensetzung (d. h. den Anteil kubisch-flächen- oder kubisch-raumzentrierter Gitter) in Abhängigkeit der Temperatur zu bestimmen. Der CALPHAD-Ansatz beruht auf der Gibb'schen freien Energie, die für jede Phase errechnet wird. Eingangsdaten der mit der Software Thermo-Calc durchgeführten Scheil-Gulliver Simulationen sind die Materialzusammensetzung und die Temperatur.

Die Temperaturverteilung wird mit FEM gelöst. Es wird eine Gauss'sche Oberflächenwärmequelle zur Simulation eines EBM-Prozesses angenommen:

$$q = \frac{-2\,a\,P_{laser}}{\pi\,R_{beam}^2}\,exp\left(-2\frac{R^2}{R_{beam}^2}\right)$$

wobei $a$ die Absorptivität, $P_{laser}$ die Laserleistung, $R_{beam}$ den Radius der Laserquelle und $R$ den radialen Abstand der Wärmequelle zum untersuchten Materialpunkt bezeichnen.

In Abhängigkeit der räumlichen Temperaturverteilung werden die Materialparameter in jedem Zeitschritt aktualisiert. Aufgrund der starken Nichtlinearität sind stückweise konstante Materialparameter verwendet worden. Über einen Polynomansatz mit Parametern, die von CALPHAD berechnet werden, wird die Phasenzusammensetzung ermittelt. Die Simulationen zeigen scharfe Phasengradienten, die einen Einfluss auf die Ausbildung der Mikrostruktur haben und die damit verbundenen Eigenschaften bestimmen. Der Ansatz kann daher verwendet werden, um den Einfluss der Prozessparameter auf die Phasengradienten zu untersuchen.

## 5 Zusammenfassung

Eine wesentliche Unsicherheit in der Modellbildung sind die temperaturabhängigen Materialparameter, die oft nicht bekannt sind. Neben dem Absorptions- und Reflektionsverhalten des Pulverbetts ist auch der sprunghafte Anstieg der Absorptionseigenschaften beim Übergang von der flüssigen in die feste Phase zu berücksichtigen. Die Eigenschaften des Pulvers und des umgebenen Materials einer Laserspur beeinflussen maßgeblich die sich ausprägende Schmelzpoolgeometrie.

Die Verwendung von Pulverwerkstoffen mit stochastisch verteilten Partikeln verschiedener Größen und teilweise auch Morphologien, die unterschiedlichen Oberflächenzustände (Oxidationsgrad, Nitrierung) sowie die teilweise lose Schüttung mit inhomogener Pulverbettdichte führen zu der hohen Komplexität des Wärmeeintrags in SLM Prozessen. Diese Komplexität führt bei Verwendung herkömmlicher numerischer Methoden zu hohen Rechenzeiten, sodass eine Zuordnung der physikalischen Phänomene in verschiedene Skalen notwendig ist.

Die physikalischen Phänomene der Mikroskala können mit geeigneten Modellen direkt in meso- und makroskopische Simulationen eingebracht werden. Der Wärmeeintrag in das Pulverbett kann zum Beispiel nach der Theorie von Gusarov [19] als Randbedingung modelliert werden. Die temperaturabhängigen Materialparameter können zum Teil mit der CALPHAD Methode [11] berechnet oder alternativ aus Handbuchwerten inter- und zum Teil extrapoliert werden.

Die Kopplung von Meso- und Makroskala hingegen wird erschwert durch die sich verändernden Randbedingungen auf der Mesoskala. Hier müssen geeignete Konzepte entwickelt werden, um die geometrische Genauigkeit des Fertigungsverfahrens (bestimmt durch die Schmelzpoolgeometrie) und die Struktur (bestimmt durch Fehlstellenverteilung und Oberflächenqualität) in annehmbarer Zeit verlässlich vorherzusagen. Lässt sich die Struktur vorhersagen, kann über geeignete Homogenisierungskonzepte eine Aussage über die thermomechanischen Eigenschaften SLM gefertigter Bauteile getroffen werden [7]. Langfristiges Ziel ist es, mit Hilfe von Simulationssoftware optimale Prozessparameter abschätzen zu können um gewünschte Geometrien und lokal optimierte Bauteileigenschaften zu erreichen.

## Literaturverzeichnis


[1] *Buchbinder, D.: Selective Laser Melting von Aluminiumgusslegierungen. Aachen 2013.*

[2] *Sehrt, J. T.: Möglichkeiten und Grenzen bei der generativen Herstellung metallischer Bauteile durch das Strahlschmelzverfahren. Aachen 2010.*

[3] *Gebhardt, A.: Generative Fertigungsverfahren. München 2013.*

[4] *Gibson, I.; Rosen, D. W.; Stucker, B.: Additive manufacturing technologies. Rapid prototyping to direct digital manufacturing. New York 2010.*

[5] *NN: X line 2000R metal laser melting system. URL: http://www.concept-laser.de/branchen/automotive/maschinen.html.*

[6] *Noelke, C.; Gieseke, M.; Kaierle, S.: Additive manufacturing in micro scale: Proceedings of the 32rd international conference on applications of lasers & electro-optics (ICALEO), Miami.*

[7] *Smith, J.; Xiong, W.; Yan, W.; Lin, S.; Cheng, P.; Kafka, O. L.; Wagner, G. J.; Cao, J.; Liu, W. K.: Linking process, structure, property, and performance for metal-based additive manufacturing. Computational approaches with experimental support. In: Computational Mechanics 57 (2016) 4, S. 583–610.*

[8] *Lachmayer, R.; Lippert, R. B.; Fahlbusch, T. (Hrsg.): 3D-DRUCK beleuchtet. Additive Manufacturing auf dem Weg in die Anwendung. Berlin Heidelberg 2016.*

[9] *Khairallah, S. A.; Anderson, A.: Mesoscopic simulation model of selective laser melting of stainless steel powder. In: Journal of Materials Processing Technology 214 (2014) 11, S. 2627–36.*

[10] *Ganeriwala, R.; Zohdi, T. I.: A coupled discrete element-finite difference model of selective laser sintering. In: Granular Matter 18 (2016) 2.*

[11] *Smith, J.; Xiong, W.; Cao, J.; Liu, W. K.: Thermodynamically consistent microstructure prediction of additively manufactured materials. In: Computational Mechanics 57 (2016) 3, S. 359–70.*

[12] *Klassen, A.; Scharowsky, T.; Körner, C.: Evaporation model for beam based additive manufacturing using free surface lattice Boltzmann methods. In: Journal of Physics D: Applied Physics 47 (2014) 27, S. 275303.*

[13] *King, W. E.; Anderson, A. T.; Ferencz, R. M.; Hodge, N. E.; Kamath, C.; Khairallah, S. A.; Rubenchik, A. M.: Laser powder bed fusion additive manufacturing of metals; physics, computational, and materials challenges. In: Applied Physics Reviews 2 (2015) 4, S. 41304.*

[14] *Neugebauer, F.; Keller, N.; Feuerhahn, F.; Koehler, H.: Multi Scale FEM Simulation for Distortion Calculation in Additive Manufacturing of Hardening Stainless Steel. In: International Conference on Thermal Forming and Welding Distortion (2014).*

[15] *Hodge, N. E.; Ferencz, R. M.; Solberg, J. M.: Implementation of a thermomechanical model for the simulation of selective laser melting. In: Computational Mechanics 54 (2014) 1, S. 33–51.*

[16] *Xu, H.; Keller, N.; Ploshikhin, V.; Prihodovsky, A.; Ilin, A.; Logvinov, R.; Kulikov, A.; Günther, B.; Windfelder, J.; Bechmann, F. (Hrsg.): Towards Improved Thermal Management of Laser Beam Melting Processes. Stuttgart 2014.*

[17] *Yan, W.; Smith, J.; Ge, W.; Lin, F.; Liu, W. K.: Multiscale modeling of electron beam and substrate interaction. A new heat source model. In: Computational Mechanics 56 (2015) 2, S. 265–76.*

[18] *Goldak, J.; Chakravarti, A.; Bibby, M.: A new finite element model for welding heat sources. In: Metallurgical Transactions B 15 (1984) 2, S. 299–305.*

[19] *Gusarov, A. V.; Yadroitsev, I.; Bertrand, P.; Smurov, I.: Model of Radiation and Heat Transfer in Laser-Powder Interaction Zone at Selective Laser Melting. In: Journal of Heat Transfer 131 (2009) 7, S. 72101.*

[20] *Zohdi, T. I.: On the thermal response of a surface deposited laser-irradiated powder particle. In: CIRP Journal of Manufacturing Science and Technology 10 (2015), S. 77–83.*

[21] *Joseph, D. D.; Preziosi, L.: Heat waves. In: Reviews of Modern Physics 61 (1989) 1, S. 41–73.*

[22] *Bonacina, C.; Comini, G.; Fasano, A.; Primicerio, M.: Numerical solution of phase-change problems. In: International Journal of Heat and Mass Transfer 16 (1973) 10, S. 1825–32.*

[23] *Muhieddine, M.; Canot, É.; March, R.: Various Approaches for Solving Problems in Heat Conduction with Phase Change. In: International Journal on Finite Volumes (2009) 6, S. 66–85.*

[24] *King, W.; Anderson, A. T.; Ferencz, R. M.; Hodge, N. E.; Kamath, C.; Khairallah, S. A.: Overview of modelling and simulation of metal powder bed fusion process at Lawrence Livermore National Laboratory. In: Materials Science and Technology 31 (2014) 8, S. 957–68.*

# Additive Fertigung transparenter Optiken

Gerolf Kloppenburg, Marvin Knöchelmann und Alexander Wolf

**Zusammenfassung**

*Für Bauteile mit einer hohen Funktionsintegration und im Prototypenbau ist die additive Fertigung besonders interessant. Neben den allgemeinen Herausforderungen dieser Technologie sind bei der Herstellung transparenter Optiken zusätzliche Anforderungen an Reflexion, Transmission und Streuung zu beachten. Diese Eigenschaften ergeben sich im Wesentlichen aus dem verwendeten Material, dessen Homogenität im Bauteil und der Oberflächenbeschaffenheit. Anders als bei einer spanenden Bearbeitung von Polymeren hat der additive Fertigungsprozess einen sehr hohen Einfluss auf alle drei genannten Eigenschaften. In diesem Beitrag wird anhand von zwei Musterteilen gezeigt, unter welchen Randbedingungen eine additive Fertigung transparenter Optiken sinnvoll ist.*

*Nach einem Technologieüberblick über geeignete Verfahren wird ein im Poly-Jet Modeling hergestelltes Prisma charakterisiert. Dazu werden die Transmission und Brechkraft quantifiziert und eine Aussage über die Oberflächenbeschaffenheit getroffen. Die stark wellenlängenabhängige Transmission des verwendeten Materials engt mögliche Anwendungsgebiete ein.*

*Als Anwendungsbeispiel wird die gefräste Sammellinse eines Laserscheinwerfers durch eine additiv gefertigte Linse ersetzt und photometrisch charakterisiert. Der Lichtstrom und die Beleuchtungsstärke bleiben dabei deutlich unter den Werten der*

G. Kloppenburg (✉) · M. Knöchelmann · A. Wolf
Institut für Produktentwicklung und Gerätebau (IPeG), Leibniz Universität Hannover, Hannover, Deutschland
e-mail: kloppenburg@ipeg.uni-hannover.de



R. Lachmayer, R.B. Lippert (Hrsg.), *Additive Manufacturing Quantifiziert*,
DOI 10.1007/978-3-662-54113-5_11

*gefrästen Linse. Dennoch ist ein Potential der additiven Fertigungsprozesse für transparente Optiken erkennbar, beispielsweise bei der frühzeitigen Konzeptevaluation von Beleuchtungssystemen.*

**Schlüsselwörter**

*Transparente Optiken · Poly-Jet Modeling · Laserscheinwerfer*

## Inhaltsverzeichnis



## 1 Einleitung

Mit dem zunehmenden Preisverfall von 3D-Druckern und der damit einhergehenden Verbreitung von additiv erzeugten Bauteilen in allen Bereichen der Technik stellt sich auch die Frage, inwiefern optische Komponenten umgesetzt werden können. Eine erste Betrachtung im Hinblick auf reflektiv genutzte Oberflächen ist in [1] zu finden. Eine weitergehende Analyse mit Fokus auf den transmissiven Eigenschaften derartiger Bauteile soll im Folgenden durchgeführt werden. Neben der Einhaltung von Formtoleranzen, die für Fertigung und Montage eine große Rolle spielen, müssen für optische Bauteile zusätzlich Materialhomogenität und Oberflächeneigenschaften beachtet werden. Bei der Wahl geeigneter Verfahren entsteht so eine Vielzahl von Möglichkeiten zur Design- und Funktionsoptimierung von Bauteilen. Komplizierte Strukturen lassen sich ohne den Einsatz aufwändiger Fertigungsverfahren realisieren und optische Bauteile können optimal auf den Anwendungsfall ausgelegt werden.

Die vorliegende Untersuchung setzt bei dem Konzept des sogenannten „Remote Phosphors", einer weißen Laserlichtquelle, an. Dazu wird mit der Energie aus blauen Laserdioden ein Leuchtstoff angeregt, der weißes Licht erzeugt und in einem Fernlichtmodul für einen Fahrzeugfrontscheinwerfer als Quelle eingesetzt wird. Für die Herstellung des Reflektormoduls wurden bereits die Verfahren Hochgeschwindigkeitsfräsen und Selektives Laserstrahlschmelzen gegenübergestellt [1, 2]. In diesem Beitrag werden darüber hinaus Additive Fertigungsverfahren für transparente Optiken betrachtet. Als Demonstratorbauteil dient die asphärische Sammellinse eines Laserscheinwerfermoduls.

## 2 Fertigungsverfahren für transparente Bauteile

Bei der Auswahl eines geeigneten Fertigungsverfahrens ist generell ein Zielkonflikt zwischen den Größen Kosten, Zeit und Qualität zu lösen. Gleichzeitig müssen die Eigenschaften des zu verarbeitenden Materials und der Einfluss des Fertigungsprozesses hierauf berücksichtigt werden (Abb. 1).

In Bezug auf transmissive Optiken ist unter Qualität sowohl die Oberflächenbeschaffenheit als auch die Homogenität des Volumenkörpers zu verstehen, welche vor allem bei additiven Fertigungsverfahren ein wichtiges Bewertungskriterium darstellt. Oberflächenstrukturen in der Größe mehrerer Mikrometer führen zu einer unbeabsichtigten Streuung des Lichts durch Brechung. Weist die Oberflächentopologie hierbei eine Vorzugsrichtung auf, so findet sich diese im Streuwinkel wieder. Regelmäßige Oberflächenstrukturen, deren Abmessungen in der Größenordnung der Wellenlänge des Lichts liegen (sichtbares Licht 380–780 nm) führen zu Beugungseffekten an der Bauteiloberfläche.

Gaseinschlüsse im Material selbst streuen ebenfalls das einfallende Licht. Weitere Volumenfehler sind lokale Unterschiede der Brechzahl und Doppelbrechung aufgrund von bauteilinhärenten mechanischen Spannungen.

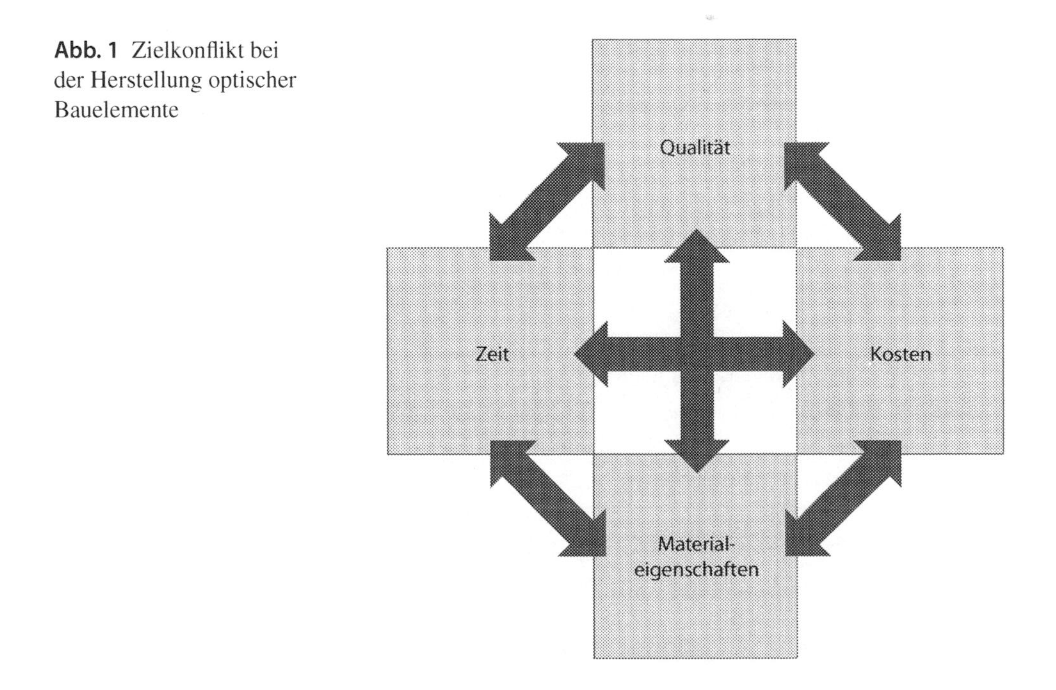


**Abb. 1** Zielkonflikt bei der Herstellung optischer Bauelemente

Neben den thermischen, mechanischen und chemischen Materialeigenschaften müssen Parameter wie Brechzahl, Farbtreue und Neigung zur Spannungsdoppelbrechung berücksichtigt werden, ebenso die für jedes Material möglichen Fertigungs- und Nachbearbeitungsverfahren.

## 2.1 Klassische Fertigung

Transparente optische Elemente können aus Glas oder Kunststoffen gefertigt werden. Während Gläser häufig geschliffen und poliert werden, kommt in der Serienfertigung von Kunststoffoptiken vor allem das Spritzgießen zum Einsatz. Für kleinere Stückzahlen ist auch Vakuumguss interessant. Für manche Anwendungen hat sich auch bei Glasoptiken das Blankpressen, ein urformendes Verfahren ohne die Notwendigkeit der spanenden Nachbearbeitung, etabliert. Kleinstserien und Prototypen von Kunststoffoptiken werden jedoch üblicherweise mittels Hochgeschwindigkeitszerspanung hergestellt.

## 2.2 Additive Fertigung

Der Einsatz additiver Verfahren ist immer dann sinnvoll, wenn entweder aufgrund der zu erwartenden geringen Stückzahlen eine konventionelle Fertigung nicht wirtschaftlich ist oder das zu erzeugende Bauteil aufgrund von dessen Geometrie oder zu integrierender Funktionalität nur durch den Einsatz additiver Technologien sinnvoll gefertigt werden kann. Die additive Fertigung von transparenten Kunststoffbauteilen ist mit einer Vielzahl von Verfahren möglich (Abb. 2). Binder-basierte Verfahren scheiden für die Herstellung transparenter Optiken aus, da Werkstoff und Bindemittel über unterschiedliche optische Eigenschaften verfügen und somit keinen homogenen Volumenkörper bilden. Auch folienbasierte Verfahren sind im Allgemeinen nicht sinnvoll nutzbar, da die Schichtstruktur eine signifikante Anisotropie des Materials bewirkt. Geeignete Verfahren sind das Lasersintern, die Stereolithografie, die Zwei-Photonen-Polymerisation, das Fused-Layer- und das Poly-Jet-Modeling.

Diese Verfahren unterscheiden sich signifikant in Bezug auf die einsetzbaren Materialien und die erreichbaren Oberflächen- und Volumenqualitäten. Im Fused-Layer Modeling lassen sich alle thermoplastischen Kunststoffe verarbeiten, so dass eine breite Palette bewährter optischer Materialien wie PMMA und PC und außerdem Glas [4] eingesetzt werden kann. Allerdings sind die erzeugten Oberflächen durch den endlichen Durchmesser des extrudierten Materialstrangs stark strukturiert, eine aufwändige Nachbearbeitung ist somit unvermeidbar. Auch das Volumenmaterial weist eine begrenzte Homogenität mit ausgeprägter Volumenstreuung auf [5]. Überhänge und Hohlräume lassen sich im Fused-Layer Modeling nicht ohne Weiteres erzeugen. Ab einem material- und temperaturabhängigen Flankenwinkel kommt entweder ein zusätzliches Stützmaterial zum Einsatz, welches sich relativ leicht von Objektmaterial trennen lässt, oder es werden Stützstrukturen

| Gliederungsteil | | | Hauptteil | Zugriffsteil | | | | | | |
|---|---|---|---|---|---|---|---|---|---|---|
| Aggregats-zustand | Form | Bindungs-mechanismus | | Kunststoff | Metall | Schichtdicke [µm] | Stützstruktur | Einsatz | Baugeschw. [mm/h] | Bauraum b x h x t [mm] |
| Fest | Pulver | Verschmelzen | Laser-Sintern | X | | < 10 | | RP, RT, DM | 10 - 35 | 550 x 550 x 750 |
| | | | Laser-Strahlschmelzen | | X | 10 - 100 | X | RP, RT, DM | 7 - 35 | 550 x 280 x 325 |
| | | | Elektronen-Strahlschmelzen | | X | 10 - 100 | X | RP, DM | 0,5 - 80 | 200 x 200 x 380 |
| | | | Laser-Pulver-Auftragsschweißen | | X | | | RR | | |
| | | Binder | 3D Drucken | X | X | > 100 | | RP, RT, DM | Bauteil-abhängig | 780 x 400 x 400 |
| | Strang | Verschmelzen | Fused Layer Modeling / Manufactoring | X | | 10 - 100 | X | RP | Bauteil-abhängig | 914 x 610 x 914 |
| | | | Multi-Jet Modeling | X | | 10 - 100 | X | RP, RT, DM | Bauteil-abhängig | 550 x 393 x 300 |
| | Folie | Verkleben | Layer Laminated Manufactoring | X | X | 10 - 100 | X | RP | 2 - 12 | 813 x 559 x 508 |
| Flüssig | Liquid | UV | Stereolithografie | X | | < 10 | X | RP, RT | | 1500 x 750 x 550 |
| | | | Poly-Jet Modeling | X | | 10 - 100 | X | RP | 8 - 12 | 500 x 400 x 200 |
| | | | Digital Light Processing | X | | 10 - 100 | X | RP, RT, DM | 5 - 40 | 445 x 356 x 500 |

**Abb. 2** Konstruktionskatalog der Additive Manufacturing Technologien (Auszug) [3]

aus dem Objektmaterial selbst erzeugt, die anschließend mechanisch entfernt werden. In beiden Fällen weisen die gestützten Oberflächen abweichende, typischerweise geringere Qualitäten auf als die nicht gestützten. Folglich sollten Überhänge an optisch relevanten Flächen vermieden werden.

Im Gegensatz dazu basieren alle weiteren hier betrachteten Verfahren auf der thermisch wirksamen Absorption von Strahlung durch das flüssige Ausgangsmaterial. Bei der Stereolithografie kommt hierzu ein UV-Laser zum Einsatz, welcher das flüssige Material schichtweise und lokal polymerisiert. Im Vergleich zum FLM lassen sich so deutlich präziser aufgelöste Geometrien erzeugen. Auch die Qualität des Bauteilvolumens ist signifikant höher.

Die Zwei-Photonen-Polymerisation stellt eine Abart der Stereolithografie dar, bei der statt eines UV- ein IR-Laser zum Einsatz kommt. Die Absorption eines dieser energieärmeren Photonen reicht zur Polymerisation des Kunststoffs nicht aus, so dass innerhalb einer sehr kurzen Zeitspanne ein weiteres Photon absorbiert werden muss, um die chemische Aushärtung zu ermöglichen. Die Polymerisation ist somit nur im Bereich höchster Energiedichten möglich, so dass die Volumenzelle, in der das Material aushärtet, besonders klein ist und frei in einem dreidimensionalen Volumen positioniert werden kann.

Durch Zwei-Photonen-Polymerisation lassen sich mikroskopisch kleine Strukturen bei höchster Genauigkeit erzeugen, deren Abmessungen deutlich unterhalb der Wellenlänge des eingesetzten Laserlichts liegen können [6]. Für größere Geometrien ist die Fertigungszeit jedoch sehr hoch.

Das Poly-Jet Modeling, welches in den weiteren Abschnitten näher betrachtet wird, basiert ebenfalls auf einem UV-aushärtenden Kunststoff. Anders als bei der Stereolithografie erfolgt die schichtweise Geometriedefinition jedoch nicht durch das lokale Einbringen von Energie, sondern durch das räumlich begrenzte Auftragen von Material auf die zuvor gefertigte Schicht des Bauteils über Tintenstrahl-Druckköpfe. Das Aushärten erfolgt über eine UV-Lampe, welche den Bauraum großflächig bestrahlt. Der Vorteil dieses Verfahrens ist die hohe nominelle Auflösung des Druckkopfes und das gleichzeitige Beschichten und Aushärten eines mehrere Millimeter breiten Streifens, was vergleichsweise kurze Bauzeiten ermöglicht. In Abhängigkeit der zu erzeugenden Geometrie ist wie beim Fused-Layer Modeling der Einsatz von Stützmaterial oder Stützstrukturen notwendig. Da bei dem Poly-Jet Modeling gleichzeitig mehrere Materialien verarbeitet werden können, kann das Stützmaterial aus einem anderen Photopolymer als das Bauteil gefertigt werden.

Ein typisches Material für das Poly-Jet Modeling ist eine Acrylatmischung, die von Stratasys unter dem Namen VeroClear als transparentes Photopolymer vertrieben wird. Stratasys gibt eine Zugfestigkeit von $65\,\mathrm{MPa}$, eine Bruchdehnung von $25\%$, einen E-Modul von $3000\,\mathrm{MPa}$ und eine Glasübergangtemperatur von $50^{\circ}\mathrm{C}$ an.

## 3 Musterteile

Im folgenden Abschn. 4 wird anhand von zwei Musterteilen gezeigt, welche optischen Eigenschaften additiv gefertigte Bauteile haben und für welche Funktion sie eingesetzt werden können. In den Abschn. 4.1 bis 4.3 wird ein Prisma ohne Stützstruktur untersucht (Abb. 3, rechts). Die Messungen zur Transmission, Brechkraft und Farbzerlegung werden an einem polierten gleichseitigen Prisma aus VeroClear durchgeführt, welches im Poly-Jet Modeling mit einer nominellen lateralen Auflösung des Druckkopfes von 600 dpi

**Abb. 3** Links: Prisma aus VeroClear mit (entfernter) Stützstruktur, rechts: Prisma aus VeroClear ohne Stützstruktur

(6,56 μm) erzeugt wurde. Die vertikale Auflösung beträgt 16 μm. Zusätzlich findet eine Bewertung der Oberfläche statt, die mit einem Auflichtmikroskop untersucht wird.

Das zweite Musterteil ist eine asphärischen Sammellinse, die in einem Laserscheinwerfer eingesetzt wird. Es findet ein Vergleich zwischen einer gefrästen Kunststofflinse und einer additiv gefertigten Linse statt.

# 4 Messung

## 4.1 Transmission

Zur Untersuchung der Transmission kommt eine Halogenlichtquelle in Kombination mit einem Spektrometer zum Einsatz. Für den kurzwelligen Bereich wird statt des thermischen Strahlers eine Hochdruck-Gasentladungslampe als Lichtquelle eingesetzt.

Die untersuchte Probe mit einer Stärke von 29,1 mm ist nicht antireflex-beschichtet, so dass sie aufgrund von Fresnel-Reflektionen eine maximale Transmission von etwa 92 % aufweisen kann.

Das Material VeroClear weist eine stark wellenlängenabhängige Transparenz auf (Abb. 4). Für $\lambda > 720$ nm wird der theoretisch mögliche Maximalwert im Rahmen der Messunsicherheit erreicht. Für kleinere Wellenlängen nimmt die Transmission ab und erreicht im physiologisch besonders relevanten Bereich um 580 nm ein lokales Minimum. Strahlung unterhalb von 420 nm wird nahezu vollständig absorbiert, so dass das Material leicht gelb erscheint.

Die Transmission von UV-aushärtenden Kunststoffen kann durch eine geeignete Nachbehandlung gesteigert werden. Je nach Material empfiehlt sich eine Wärmebehandlung oder eine Bestrahlung mit UV-Licht, wobei jedoch auch die langfristigen Auswirkungen auf das Material berücksichtigt werden müssen [5].

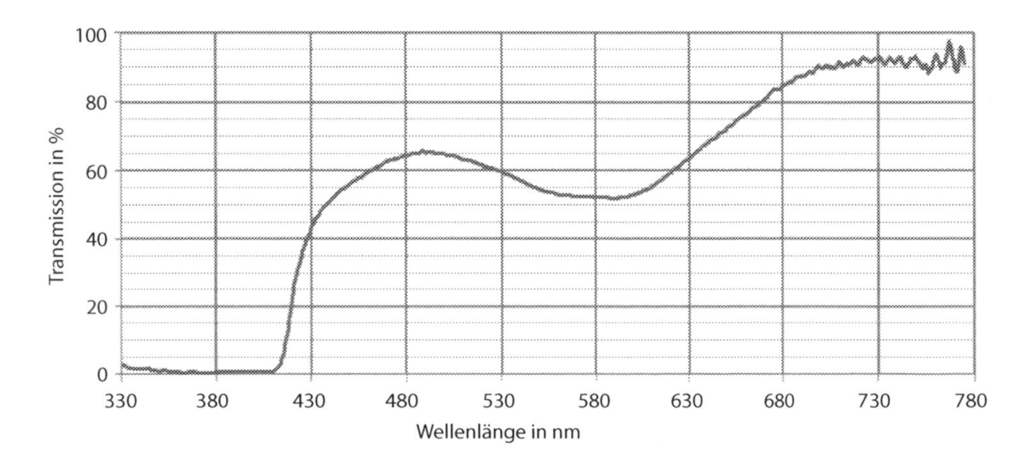


**Abb. 4** Transmission einer 29,1 mm starken Probe aus VeroClear [7]

## 4.2 Brechkraft und Dispersion

Die wellenlängenabhängige Brechkraft des Materials wird mit Hilfe eines Prismenspektralapparats und dem oben beschriebenen Prisma aus VeroClear bestimmt. Dieses Verfahren ermöglicht ein präzises Bestimmen der Brechzahl, ohne dass der Winkel, den die Prismenflächen zueinander aufweisen, exakt bekannt sein muss. Als Lichtquelle kommt eine Hg-Cd-Spektrallampe zum Einsatz, welche lediglich schmale Banden elektromagnetischer Strahlung emittiert, deren Wellenlängen bekannt sind. Die Ergebnisse sind in Tab. 1 angegeben.

Zur Inter- und im begrenzten Maße auch Extrapolation wird an diese Messwerte eine Cauchy-Reihe angenähert und anschließend die Abbe'sche Zahl $\nu_d$ beziehungsweise $\nu_e$ als Maß für die Farbtreue des Materials bestimmt. Es gilt:

$$n(\lambda) = 1{,}5125 + \frac{6{,}3248 \cdot 10^{-3} \cdot \mu m^2}{\lambda^2} - \frac{5{,}3673 \cdot 10^{-5} \cdot \mu m^4}{\lambda^4}$$

$$\nu_d = 46{,}492$$

$$\nu_e = 46{,}202$$

In Bezug auf Brechkraft und Farbtreue liegt das hier betrachtete Material zwischen den farbtreueren PMMA und dem höherbrechenden Polycarbonat in einem für optische Kunststoffe typischen Bereich.

## 4.3 Oberflächenbewertung mit Mikroskop

Zur Bewertung der Oberfäche wird das Musterbauteil mit einem Auflichtmikroskop bei einer 100-fachen Vergrößerung untersucht. Abbildung 5 zeigt eine der $60^\circ$ zur Druckebene geneigten Seitenflächen des Prismas. Bei dem Poly-Jet Modeling Verfahren wird das Material mit Druckköpfen aufgebracht und anschließed unter UV-Licht ausgehärtet. Bis zu der Aushärtung ist das Material flüssig, daher wird auf einer geneigten Fläche die in der Abbildung ersichtliche verlaufene Struktur erzeugt.

**Tab. 1** Brechkraft des Materials

| Wellenlänge in nm | Brechzahl |
|---|---|
| 435,83 | 1,54413 |
| 467,82 | 1,54047 |
| 479,99 | 1,53906 |
| 508,58 | 1,53605 |
| 546,07 | 1,53284 |
| 643,85 | 1,52753 |

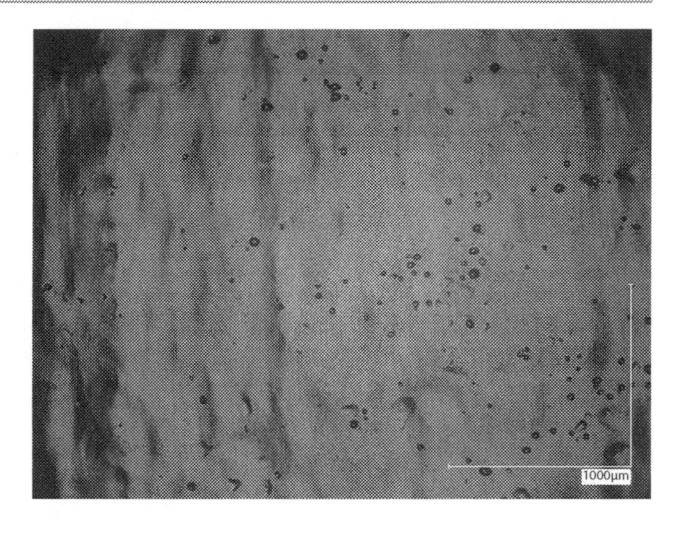


**Abb. 5** Oberflächenstruktur eines im Poly-Jet Modeling gedruckten transparenten Bauteils

Die untere Seite des Prismas wird in dem Verfahren mit einer Stützstruktur versehen. Dies sind in Abb. 6 die kreisförmigen Strukturen mit einem Durchmesser von ca. 130 µm. Der Abstand zwischen den Stützstrukturen beträgt ca. 670 µm senkrecht zur Aufbauebene und ca. 250 µm parallel dazu. Der Abstand der sichelförmigen Strukturen dazwischen stellt die laterale Auflösung des Druckprozesses dar.

## 4.4 Demo-Setup Laserscheinwerfer

Exemplarisch wird das Poly-Jet Modeling zum Herstellen einer asphärischen Sammellinse für einen laserbasierten Fahrzeugscheinwerfer eingesetzt. Das optische Konzept dieses prototypischen Zusatzscheinwerfers ist in Abb. 7 dargestellt. Der Strahl von insgesamt

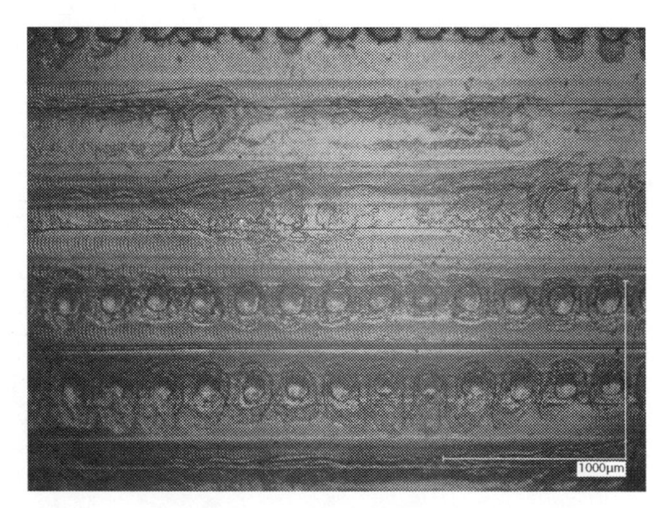


**Abb. 6** Oberflächenstruktur an Unterseite des Bauteils

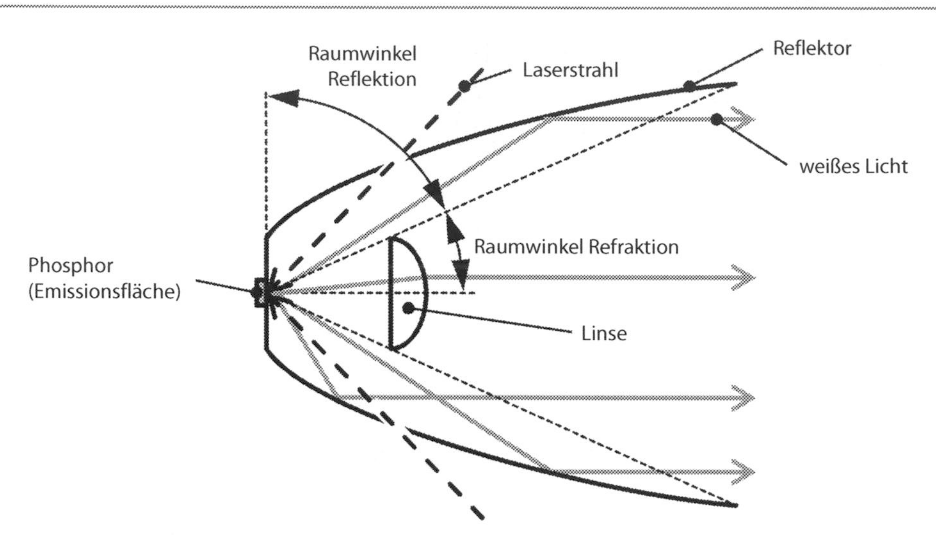


**Abb. 7** Optisches Konzept des Laserscheinwerfers (vereinfacht) nach [8]

vier blauen Laserdioden wird jeweils von vorne auf eine Leuchtstoffschicht gelenkt, welche einen Teil der eingestrahlten Energie in Form von gelbem Licht emittiert und einen Teil des Laserlichts diffus streut. In Summe erscheint die Leuchtstoffschicht somit als weiße Lichtquelle. Der Vorteil dieser Art der Weißlichterzeugung gegenüber dem Einsatz von LEDs ist die deutlich kleinere lichtabstrahlende Fläche, so dass das optische System zur Lenkung des Lichts ebenfalls kleiner gestaltet werden kann.

Im hier gezeigten Beispiel wird der in den „Raumwinkel Brechung" abgestrahlte Teil des Lichtstroms von einer plankonvexen, asphärischen Linse umgelenkt. Das in den „Raumwinkel Reflektion" abgestrahlte Licht wird hingegen durch einen facettierten Reflektor umgelenkt. Während der Reflektor dem Erzeugen einer horizontal aufgeweiteten und vertikal stark begrenzten Lichtverteilung dient, überlagert sich im Hot Spot, dem hellsten Punkt im Zentrum der Lichtverteilung, vom Reflektor und von der Linse umgelenktes Licht. Bei unverändertem Reflektor ist die Beleuchtungsstärke im Hot Spot somit ein Maß für die Qualität der eingesetzten Linse. Das Vorhandensein von Oberflächen- beziehungsweise Volumenfehlern führt zu einer Streuung des Lichts, wodurch die erzeugte Beleuchtungsstärke sinkt. Auch eine Abnahme der Transmission lässt sich anhand der generierten Beleuchtungsstärke feststellen. Zur Bestimmung der Beleuchtungsstärke wird ein Goniophotometer eingesetzt und die im Poly-Jet Modeling erzeugte Linse mit einer HSC-gefrästen aus PMMA verglichen. Die Geometrie der Linse wird auf die unterschiedlichen Brechzahlen der Materialien PMMA und VeroClear angepasst. In Abb. 8 sind beide Linsen auf einem Foto gegenübergestellt. Die additiv gefertigte Linse wird auf einem Objet 30pro im Poly-Jet Modeling-Verfahren hergestellt. Die Rauheit $R_a$ der Linse beträgt in radialer Richtung nahe dem Scheitelpunkt 1,14 µm. Mit händischem Polieren wird $R_a = 0{,}54$ µm erreicht.

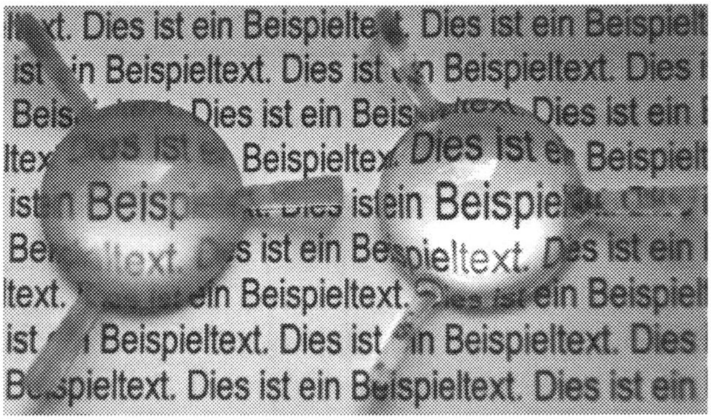

**Abb. 8** Foto der Linsen mit Befestigungsstrukturen, links: Herstellung im Additive Manufacturing, rechts: konventionelle Fertigung [9]

Der Lichtstrom, der in den vermessenen und für die Scheinwerferfunktion relevanten Winkelbereich emittiert wird, nimmt bei der konventionell gefertigten Linse um 21 % und bei der Additive Manufacturing Optik um 11 % gegenüber dem Reflektor ohne zusätzliche Linse zu. Hierbei wird deutlich, dass die Transmission der AM-Linse gegenüber der aus PMMA gefrästen signifikant geringer ist. Die Beleuchtungsstärke im Hot Spot ist zusätzlich zur Transmission vor allem von der Oberflächenqualität der Optik abhängig. Hier zeigt sich der Einfluss der Rauheit der AM-Linse. Mit ihr wird gegenüber dem Setup ohne Linse lediglich eine Verbesserung um 30 % erreicht, wohingegen die Beleuchtungsstärke beim Einsatz der gefrästen Linse um 224 % gesteigert wird [9].

## 5 Zusammenfassung und Fazit

In diesem Beitrag wurden die verschiedenen additiven Fertigungsprozesse, die sich zur Herstellung transparenter Bauteile eignen, vorgestellt. Am Beispiel eines Prismas, das im Poly-Jet Modeling Verfahren gefertigt wurde, werden die resultierenden optischen Eigenschaften aus diesem Prozess bestimmt. Dabei wird der Einfluss von Stützstrukturen auf die optische Qualität des Prismas deutlich. Daraus ergeben sich Restriktion an die Geometrie additiv hergestellter optischer Bauteile. Stützstrukturen, und damit überhängende oder stark geneigte Flächen, sind im Bereich von Funktionsflächen zu vermeiden.

Neben Restriktionen an die Geometrie, muss auch der Temperatureinfluss beachtet werden. Beim Fused-Layer Modeling können zwar die bekannten optischen Polymere wie PC oder PMMA verwendet werden, das Verfahren erfordert aber aufgrund der niedrigen Auflösung eine aufwändige Nachbearbeitung. Um das Potential der additiven Fertigung besser zu nutzen, eignet sich das Poly-Jet Modeling. Wegen der niedrigen Glasübergangstemperatur des hier betrachteten Materials eignen sich zur Beleuchtung Halbleiterlichtquellen besser als Gasentladungs- oder Glühlampen.

Die stark wellenlängenabhängige Transmission des VeroClear Materials schränkt die Anwendung der optischen Elemente ein. Auch andere unter UV-Licht aushärtende

Polymere weisen prozessbedingt eine stark reduzierte Transmission im Bereich unter 420 nm auf.

Aufgrund der gezeigten Strukturen der unbehandelten Oberfläche des Musterteils ist ein Einsatz in abbildenden optischen Systemen nicht zu empfehlen.

Mit dem zweiten Musterbauteil, der Sammellinse für einen Laserscheinwerfer, konnte gezeigt werden, dass das Poly-Jet Modeling für Beleuchtungssysteme geeignet ist. Der Vorteil einer Funktionsintegration wird am Beispiel der Befestigungsstrukturen deutlich. Der direkte Vergleich mit einer gefrästen Linse ergibt, dass insbesondere durch die geringere Oberflächengüte der AM-Linse nicht die gleiche Beleuchtungsstärke erzielt werden kann. Die Anwendung der additiven Fertigung von transparenten Optiken ist daher momentan im Bereich der frühen Evaluation von optischen Konzepten zu sehen.

## Literaturverzeichnis


[1] *Kloppenburg, G. und Wolf, A.: Eigenschaften und Validierung optischer Komponenten. In: Lachmayer, R.; Lippert, B.; Fahlbusch, Th. (Hrsg.): 3D-Druck beleuchtet: Additive Manufacturing auf dem Weg in die Anwendung, Springer Verlag, 2016, ISBN 978-3-662-49055-6, S. 87–102*

[2] *Lachmayer, R.; Kloppenburg, G. und Wolf, A.: Rapid prototyping of reflectors for vehicle lighting using laser activated remote phosphor. Proc. SPIE 9383, p. 938305, 2015. DOI 10.1117/12.2078791*

[3] *Lachmayer, R.; Lippert, B.: Chancen und Herausforderungen für die Produktentwicklung. In: Lachmayer, R.; Lippert, B.; Fahlbusch, Th. (Hrsg.): 3D-Druck beleuchtet: Additive Manufacturing auf dem Weg in die Anwendung, Springer Verlag, 2016, ISBN 978-3-662-49055-6 S. 5–17*

[4] *Klein, J.; Stern, M.; Franchin, G. et al.: Additive Manufacturing of Optically Transparent Glass. 3D Printing and Additive Manufacturing. September 2015, 2(3):92–105 DOI: 10.1089/3dp.2015.0021*

[5] *Heinrich, A.; Rank, M.; Maillard, Ph.; Suckow, A.; Bauckhage, Y.; Rößler, P.; Lang, J.; Shariff, F. und Pekrul, S.: Additive manufacturing of optical components. Adv. Opt. Techn. 2016; 5(4): 293–301. DOI 0.1515/aot-2016-0021*

[6] *Emons, M.; Obata, K.; Binhammer, Th.; Ovsianokov, A.; Chichkov, B. N.; Morgner, U.: Two-photon polymerization technique with sub-50 nm resolution by sub-10 fs laser pulses. Optical Materials Express 2012, 2(7): 942–947*

[7] *Wolf, A.: Direct Manufacturing optomechatronischer Komponenten. In: Roth, B. (Hrsg.): Optomechatronik – Siebter Workshop Optische Technologien, TEWISS, 2014, ISBN 978-3-944586-55-7, S. 117–126*

[8] *Lachmayer, R., Wolf, A., Kloppenburg, G.: Lichtmodule auf Basis von laseraktiviertem Leuchtstoff für den Einsatz als Zusatzfernlicht. In: VDI (Hrsg.): Optische Technologien in der Fahrzeugtechnik – VDI-Berichte 2221, Düsseldorf: VDI Verlag GmbH, 2014, S. 31–44*

[9] *Lachmayer, R., Wolf, A., Danov, R., Kloppenburg, G.: Reflektorbasierte Laser-Lichtmodule als Zusatzfernlicht für die Fahrzeugbeleuchtung. In: Nederlandse Stichting Voor Verlichtungskunde (Hrsg.): Licht 2014 – Tagungsband der 21. Gemenschaftstagung vom 21. bis 24. September 2014, S. 16–24*

# Additive Manufacturing als Baustein zur gestaltungsgerechten Produktentwicklung in der Fahrzeugelektronik am Beispiel automobiler Zugangssysteme

Tobias Heine

**Zusammenfassung**

*Das Automobildesign beeinflusst über ästhetisch wahrnehmbare Attribute die direkt erlebbare Produktattraktivität von Fahrzeugen. Die Umsetzung gestalterischer Ansprüche ist daher schon in frühen Phasen ein bedeutsamer Teil der Automobilentwicklung. Bestimmte Fahrzeugkomponenten wie Aktuatoren, Sensoren oder Steuergeräte, unterliegen jedoch keinen wesentlich ästhetischen Designansprüchen, da Fahrzeugnutzer im Normalbetrieb keinen direkten Kontakt mit diesen Komponenten haben. Die gestalterische Qualität dieser Bauteile betrifft eher nichtästhetische Produktmerkmale, wie etwa die Betriebsfestigkeit. Für gewöhnlich bilden ästhetisch-gestalterische Anforderungen daher kein Kompetenzfeld in der Entwicklung von automobilen Elektronikkomponenten und bleiben unberücksichtigt.*

*Fahrzeugfernbedienungen oder Funkschlüssel bilden dagegen eine beispielhafte Ausnahme. Aufgrund ihrer Funktionszugehörigkeit fallen sie in den Entwicklungsbereich der Fahrzeugzugangssysteme und damit in die Elektronikentwicklung. Dennoch unterliegen sie ästhetischen Gestaltanforderungen. Somit ergibt sich auch innerhalb der automobilen Elektronikentwicklung der Bedarf, in bestimmten Fällen den Anforderungen ästhetisch-gestalterischer Qualitäten zu entsprechen. Ein Ansatz sich dieser Problematik zu nähern, ist die integrierte Umsetzung gestalterischer Produktkonzepte*

T. Heine (✉)
Hella KGaA Hueck & Co., Lippstadt, Deutschland
e-mail: tobias.heine@hella.com



R. Lachmayer, R.B. Lippert (Hrsg.), *Additive Manufacturing Quantifiziert*,
DOI 10.1007/978-3-662-54113-5_12

*mit Hilfe von Prototypingverfahren, wie sie auch in Industriedesignprozessen gängig sind.*

*Es soll hiermit die Integration additiver Fertigungsverfahren in die automobile Elektronikvorentwicklung beschrieben werden, mit dem Ziel Produktkonzepte mit gestalterischen Ansprüchen umzusetzen. Dazu werden insbesondere die Integration von Additive Manufacturing im Vorentwicklungsprozess der Fahrzeugelektronik, die Auswahl relevanter Verfahren und Materialien für spezifische Anwendungsfälle sowie ein Prototyping gerechtes Design erläutert.*

**Schlüsselwörter**

*Produktgestaltung · Additive Manufacturing · Industriedesign · automobile Elektronikvorentwicklung · ästhetisch-gestalterische Ansprüche*

## Inhaltsverzeichnis



## 1 Einleitung

Dass sich „Hässlichkeit schlecht verkauft" hat schon der amerikanische Industriedesigner Raymond Loewy (*1893–1986) erkannt. Ebenso sind Dieter Rams (*1932) Thesen für „Gutes Design" seit Jahren bekannt. Wie groß der Einfluss der formal ästhetischen Gestaltung für einen Produkterfolg ist (neben einer guten Marketingkampagne), wurde durch den gestalterischen Erfolg von Apple-Produkten einmal mehr ins breite Bewusstsein gerückt. Es wirken starke stilistische Mechanismen, die zu Erfolg und Akzeptanz beim Kunden führen.

Auch im Automobilbereich verkaufen sich die Produkte über wahrnehmbare gestalterische Attribute. Sie sind Imageträger und Statussymbol, die durch ihre ästhetische Präsenz eine starke emotionale Verbindung auf den Nutzer ausüben. Innerhalb der automobilen Produktentstehung ist die Designqualifikation, d. h. Entwurf, Beurteilung und Absicherung hinsichtlich der gestalterischen Ziele, seit vielen Jahrzehnten ein wichtiger Bestandteil. Als stellvertretendes Beispiel sei der von Giorgio Giugiaro entworfene VW Golf I erwähnt, der sich als Stilikone etabliert hat und in seiner Grundgestalt und seinen Proportionen bis in der heute aktuell siebten Generation erfolgreich weiterentwickelt wurde [1].

Die Entwicklung automobiler Elektronikkomponenten hat hinsichtlich zu berücksichtigender Anforderungen einen ungewohnten Wandel erfahren. Es haben sich Wertigkeitsmerkmale wie Ergonomie, Funktions- und Sicherheitsaspekte weiterentwickelt, die von den Kunden als wichtig und wertig wahrgenommen werden. Fahrerassistenzsysteme, Komfortsysteme, Elektrifizierung und Connectivity sind treibenden Themen und der damit verbundene Anteil der Fahrzeugelektronik muss den Bedarf an die technische Ausgereiftheit dieser Systeme decken.

Neben den technisch-funktionalen Kernaspekten, wie Zuverlässigkeit und funktionale Sicherheit, steigt der Einfluss bezüglich ästhetisch-gestalterischer Anforderungen an diesen Produktbereich. Das Design gewinnt an Bedeutung, was sich auch auf die prozessualen Entwicklungsanforderungen auswirkt. Das zeigt sich deutlich anhand von mobilen Funkfernbedienungen. Diese bilden den ersten Kontaktpunkt zwischen Fahrer und Fahrzeug und nehmen auch bei nicht direkter Fahrzeugnutzung, außerhalb des Automobils eine zentrale Rolle bei der Vermittlung der Wertanmutung ein. Aufgrund dieser Wesenseigenschaften sind diese Geräte ein gestalterisch relevantes Interaktionsmedium. Aus technischer wie auch gestalterischer Sicht haben sie sich vom mechanischen Blech-Schlüssel zum mechatronischen Gerät, mit multiplen Fernbedienungsfunktionen und Wertigkeitsattributen, weiterentwickelt (Abb. 1).

Die Erfüllung gestalterisch wahrnehmbarer Spezifikation und ästhetischer Attribute ist sehr eng mit der technischen Weiterentwicklung verknüpft. Nach der Kano-Theorie der

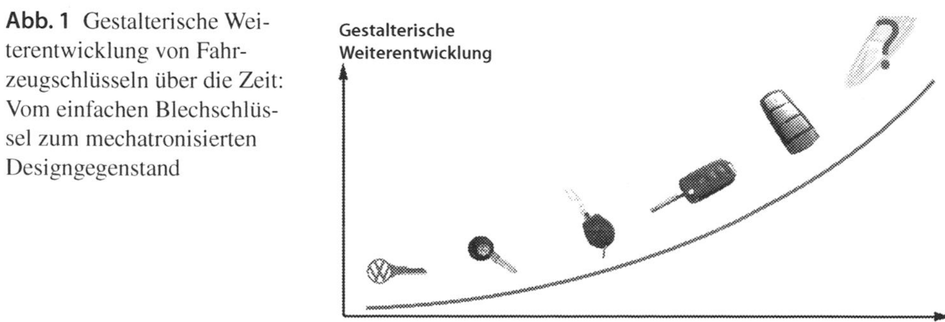


**Abb. 1** Gestalterische Weiterentwicklung von Fahrzeugschlüsseln über die Zeit: Vom einfachen Blechschlüssel zum mechatronisierten Designgegenstand

Kundenzufriedenheit würden gestalterisch-ästhetische Qualitätsattribute als Basisfaktor einzuordnen sein. Der Kunde setzt quasi ein gestalterisches Mindestniveau als Basismerkmal voraus. Eine unzureichend ausgeführte Erfüllung dieser Qualitäten würde demnach negativ als fehlende Produktleistung empfunden werden und zu großer Unzufriedenheit führen [2]. Durch das Kano-Modell kann die gestalterische Einflussnahme als Merkmalsverlauf der Wertanmutung bei modernen automobilen Zugangssystemen im Zusammenhang zwischen Qualitätseigenschaften und Kundenzufriedenheit deutlich gemacht werden (Abb. 2).

Funkfernbedienungen sind als Teil automobiler Zugangssysteme der Fahrzeugelektronik zuzuordnen. Aufgrund ihrer Zugehörigkeit unterliegen sie der automobilen Elektronikentwicklung, womit die Produktspezifische Ausarbeitung ästhetisch-gestalterischer Qualitätsmerkmale ebenfalls in diesem Produktbereich anzuordnen ist. Demzufolge müssen sich die technischen Spezialisten mit diesen Themen intensiver auseinandersetzen. Es ergibt sich die Frage, wie sich die Anforderungen an die Produktgestaltung innerhalb der automobilen Elektronikentwicklung einbinden lassen.

Wie dies mithilfe von Additive Manufacturing (AM) möglich ist, soll in diesem Beitrag dargestellt werden. Dazu werden beispielhafte Prozessmodelle der Technologieentwicklung sowie praktische Erfahrungen aus dem Einsatz additiver Verfahren aus der Produktgestaltung vorgestellt. Der Fokus liegt dabei auf den gestalterischen Aspekten der Ideenrealisierung innerhalb der Projektdurchführung. D. h. die Entwicklungstätigkeiten zur Umsetzung einer Idee mit gestalterischem Hintergrund in ein technisches Erzeugnis.

## 2 Prototypische Visualisierung in frühen Entwicklungsphasen

Bei der Ausarbeitung von technischen Erzeugnissen werden, je nach den zu erreichenden Zielsetzungen, ausgewählte Technologien und Verfahren entwickelt, um spezifizierte Funktionen zu erfüllen. Auch die formal-ästhetische Produktgestaltung unterliegt den

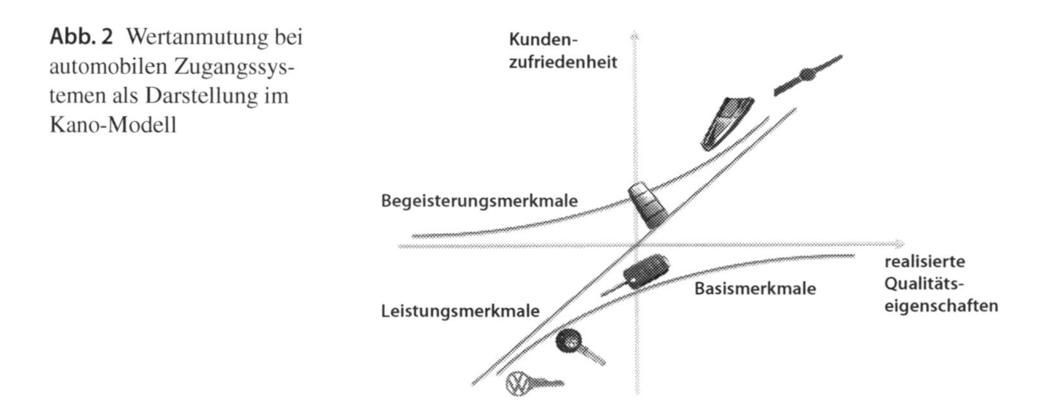


**Abb. 2** Wertanmutung bei automobilen Zugangssystemen als Darstellung im Kano-Modell

Bedingungen der technischen Realisierbarkeit und den damit verbundenen Qualitätsanforderungen. Darüber hinaus muss der Nachweis der gewünschten Funktionsfähigkeit, sowohl im technischen wie auch im gestalterischen Sinn, abgesichert werden. Was wiederum weist auf den Bedarf einer spezifischen Technologieevaluierung und Durchführung entsprechender Testabläufe hin. Das sinngemäße Zitat von Thomas Alva Edison (1847–1931), das Erfinden sei 1 % Inspiration und 99 % Transpiration, betont die Tatsache, dass trotz aller guten Ideen zur Entwicklungsarbeit auch Fleiß gehört. Aufbau und Wiederholung von Testabläufen können mühsam, langwierig und kostspielig sein.

Es ergibt sich die Erkenntnis über die Vorteile einer Testmethode, die sich möglichst einfach zu realisierenden Prototypen bedient, an denen iterativ Änderungen eingepflegt, getestet und resultierende Effekte studiert werden können. In diesem Sinn soll die Anwendung des Rapid Prototyping (RP) innerhalb der gestaltungsorientierten automobilen Elektronikentwicklung genauer betrachtet werden.

## 2.1 Automobile Innovationsprozesse

Automobilhersteller (bzw. Erstausrüster, engl.: Original Equipment Manufacturer, kurz OEM) beschreiben innerhalb eine Fahrzeugentwicklungsprozesses eine „Frühe Phase der Produktentwicklung“, bei welcher Ideen, Ziele und Anforderungen für neue Produkte definiert werden. Abbildung 3 zeigt am Beispiel eines Quality Gate die Zusammenfassung in einem Steckbrief. Darauf aufbauend werden erste technische Lösungen gesucht und evaluiert, um sie nachfolgend zur Konzeptreife zu bringen. Auf Basis des aus der Konzeptphase hervorgegangenen Lastenheftes werden darauf folgende Lieferantenakquisen zur Serienentwicklung durchgeführt.

In der Regel erfolgt die detaillierte Technologieentwicklung bei den Automobilzulieferern. Um die Innovations- und Wettbewerbsfähigkeit zu sichern, muss die rechtzeitige Identifikation und Ausreifung geforderter Technologiebedarfe einen zentralen Bereich bei den Zulieferern einnehmen. Aus Gründen des zeitlichen Aktionsradius wird die Entwicklung neuer Technologien als Aufgabe der automobilen Vorentwicklung eingegliedert. Ziel ist die adäquate Technologieentwicklung für künftig erfolgswirksame Produkte und Produktgenerationen in der automobilen Anwendung. Die Vorentwicklung soll damit die rechtzeitige Handlungsfähigkeit im Sinne einer angebotsfähigen Produktreife sicherstellen, sowohl in der Akquise wie auch in den vorgelagerten Entwicklungsphasen. Um diese

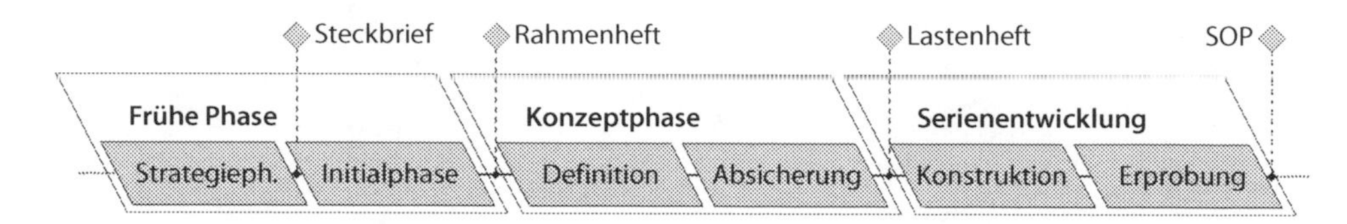


**Abb. 3** Vereinfachter generischer Fahrzeugentwicklungsprozess, Darstellung nach Raabe [3]

Anforderungen umzusetzen, bedient man sich in der Regel dem Innovationsmanagement. Am Beispiel eines allgemeingültigen Dreiphasenmodells werden die Phasen Ideengenerierung, Ideenakzeptierung und Ideenrealisierung unterschieden [4]. Nach *Thom* lässt sich ein Innovationsprozess neben der Identifizierung der Innovationsbedarfe (entspricht der Ideenphase) auf die Zweckmäßigkeit der konkreten Verwirklichung und in dem Kontext auf die Technologieentwicklung schließen. Unter der detaillierten Ideenrealisierung werden die Schritte zur Ideenimplementierung, d. h. auch zur konkreten Umsetzung, Absicherung und Kontrolle eingegliedert. Dadurch lässt sich durchaus auf den Bedarf physischer Muster schließen, was passenderweise prototypische Demonstratoren zur Evaluierung der Gebrauchstauglichkeit sein können.

Abbildung 4 zeigt ein Modell des Technologieentwicklungsprozesses, der im weitesten Sinne aus den Phasen Ideengenerierung, Technologiebasisstudie, erweiterte Technologiestudie und Prototypenentwicklung besteht. Es sollen systematisch Technologien selektiert, priorisiert, validiert werden. Anschließend werden diese in anwendungstauglicher Form in die Produktentwicklung, in diesem Fall zur Serienanwendung, transferiert [5].

Ein ähnliches Schema findet sich im Innovationsprozess der automobilen Vorentwicklung, bei welchem die Ausarbeitung und Absicherung von identifizierten Technologiebedarfen ein übliches Vorgehen ist. Der Entwicklung kann zunächst ein sogenanntes Scouting als Ideenphase vorgelagert werden. Das Scouting beinhaltet neben der Ideengenerierung die Klärung von Technologiebedarfen auf Basis von Trendberichten, Kundenanalysen, Rückmeldungen aus Serienanwendungen, Markt- oder Wettbewerbsrecherchen. Damit stellt das Scouting eine Initialphase der Vorentwicklung dar, auf dessen Ergebnissen die weitere Entwicklung basiert. Die nachgelagerte, eigentliche Entwicklungsarbeit findet in einem dreistufigen Entwicklungsprozess, bestehend aus den Phasen Exploration, Feasibility und Transfer, statt. Die Exploration beinhaltet die Suche nach problemorientierten Lösungsansätzen, Möglichkeiten zur technischen

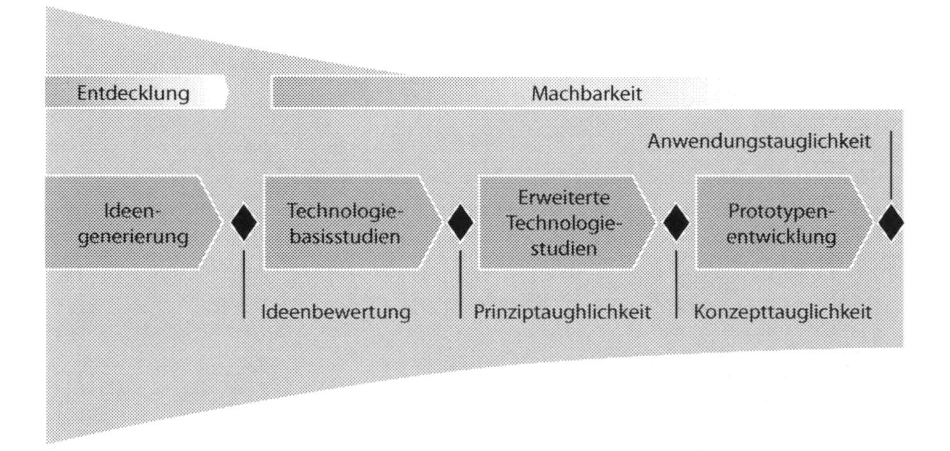


**Abb. 4** Phasen und Meilensteine des Technologieentwicklungsprozesses [5]

Umsetzung der spezifizierten Technologieanforderungen und Aufstellung eines Lieferantenportfolios. In der Feasibility-Phase findet die Sicherstellung der Leistungsfähigkeit, d. h. Erfüllung der spezifizierten Anforderungen, statt. Dies beinhaltet die Schritte Technologieevaluierung, Aufbau von Technologie-Know-how und Absicherungstests. Durch den Transfer werden die erarbeiteten Ergebnisse während des Vorentwicklungsprozesses nachvollziehbar dokumentiert und an die entsprechenden Positionen im Unternehmen mit dem Ziel der Anwendbarkeit und Angebotsfähigkeit für Serienapplikationen weitergeleitet.

Dementsprechend findet auch der Aufbau von Prototypen gewöhnlich in der Feasibility-Phase statt. Prototypentests werden in der Elektronikentwicklung beispielsweise mittels Simulationsmodellen (DMU), Prototypen-Boards oder prototypischer Hardware durchgeführt. Diese soll die Hardware ersetzen, auf der z. B. die Software im Serieneinsatz ausgeführt wird. Oftmals werden Simulationsmodelle mechatronischer Systeme als Funktionsnachweis technischer Prozesse in reale, programmierbare mechatronische Systeme adaptiert, was in diesem Zusammenhang auch als Rapid Prototyping formuliert wird [6].

## 2.2 Bedarf einer prototypischen Phase im Entwicklungsprozess

Um in der Produktentwicklung generell, oder der automobilen Vorentwicklung im speziellen, die eigenen Technologien im Sinne der Entwicklungszielsetzung abzusichern, gibt es praktisch disziplinübergreifend immer eine Test- und/ oder eine Prototypenphase. Das Rapid Prototyping kann innerhalb des Produktentstehungsprozesses dem Design und Prototyping zugeordnet werden [7]. Prototypen werden eingesetzt, um etwa in frühen Testphasen bereits möglichst reale Erfahrungswerte zu sammeln, wobei Aufbau und Testdurchführung von der Spezifizierung der Aufgabe abhängen. Es werden mit dem Prototypenaufbau verschiedene Verfahren, wie in Tab. 1 gezeigt in Verbindung gebracht.

Neben der Suche und Auswahl geeigneter Lösungsprinzipien ist der Aufbau von Untersuchungs- und Teststrukturen ein wichtiger Teil des Vorentwicklungsprozesses. Diese dienen zum Nachweis der Funktionsfähigkeit der erarbeiteten, theoretischen Ansätze und eingesetzter Technologien in kontrollierter, realitätsnaher Umgebung. Daher gehört die Arbeit mit Funktionsmustern und Prototypen zum gewöhnlichen Vorgehen in der automobilen Elektronikentwicklung. Das Prototyping ist hierbei in zweierlei Hinsicht zu verstehen:

1. Die virtuelle Generierung von Soft-oder Hardwaremodellen zu Simulationszwecken im Virtual Prototyping.
2. Der Aufbau von Prototypenmustern zur Absicherung der Zuverlässigkeit. Physische Bauteile werden im Sinne des Additive Manufacturing mit Rapid-Prototyping erstellt und dienen dabei zumeist als Hilfseinrichtung oder Versuchsteileträger, u. a. zum Funktionsnachweis realer technischer Prozess auf technischen Versuchseinrichtungen.

**Tab. 1** Auswahl von Verfahren zur physischen Prototypenerstellung [8]

| Auswahl von Prototypenverfahren | Eingesetzter Werkstoff |
|---|---|
| 3D-Printing | Kalkpulver mit Epoxidhülle |
| Contour Crafting (CC) | Beton |
| Fused Deposition Modeling (FDM) | ABS, Polykarbonat |
| Lasergenerieren | Metallpulver |
| Laminated Object Modeling (LOM) | Aufbau von dünnen Schichten aus verschiedenen Materialien wie Aluminium, Keramik, Papier oder Kunststoff |
| Multi Jet Modeling | Wachsartige Thermoplaste, UV-empfindliche Fotopolymere |
| Polyamidguss | Polyamide |
| Selektives Lasersintern (SLS) | Thermoplaste: Polykarbonate, Polyamide, Polyvinylchlorid und auch Metalle |
| Space Puzzle Molding (SPM) | Herstellung von Kunststoffteilen aus Originalmaterial, nahezu in Serienqualität |
| Stereolithografie (STL oder SLA) | Flüssige Duromere |

Hauptanwendungsfeld für AM-Verfahren in der Elektronikvorentwicklung ist die Bereitstellung von Teile- und Funktionsträgern, Testaufbauten sowie prototypischen Elektronikumhausungen. Somit beschränkt sich in diesem Bereich der Einsatz additiver Fertigungsverfahren auf prototypische Hilfsaufbauten ohne gestalterische Relevanz, was in der Regel durch die fehlenden gestalterischen Anforderungen begründet ist.

Es ist empfehlenswert nicht etwa aus Kostengründen auf den Einsatz von Prototypen in der Entwicklung zu verzichten, da diese Entscheidung mitunter zu Qualitätsproblemen und Kostenfolgen führen kann. Das gilt sowohl für Produkte wie auch für Dienstleistungen [8].

Die Notwendigkeit für den Einsatz geeigneter Möglichkeiten, gestalterische Anforderungen in den Prozess der automobilen Elektronikentwicklung zu integrieren, wurde dargelegt. Ein Ansatz wie dies zu bewerkstelligen ist soll anhand von gestalterisch orientierten Prototypingprozessen aus dem Industrial Design erläutert werden.

## 3 Additive Manufacturing und Design

Entwickler, vorwiegend aus den Bereichen Elektrotechnik und Informatik, müssen sich vermehrt mit den größtenteils disziplinfremden Themen bezüglich gestalterischer Anforderungen, Material- und Oberflächenspezifikationen, sowie Formgebung und Funktionsgestaltung auseinandersetzen. Sofern vorhanden sind diese Aufgaben im Bereich der technischen Disziplinen meistens dem Mechanical Engineering überlassen. Innerhalb des Industriedesigns sind dies jedoch gängige Aufgabengebiete und es steht den Designern eine ganze Palette an Fertigkeiten, Methoden und Tools zur Verfügung, um diese im großen Umfang zu bearbeiten. In der Regel stehen den Fachleuten innerhalb der Elektronikentwicklung diese Kenntnisse und Tools jedoch nicht zur Verfügung oder deren Einsatz zur Lösung gestalterischer Aufgaben ist derart ungewöhnlich, dass sich nur wenig damit auseinandergesetzt wird.

Wie in Abschn. 2.2 beschrieben, müssen technische Erzeugnisse und ihre Funktionen entsprechend der gestellten Spezifikationen und Qualitätskriterien getestet und abgesichert werden. Dafür werden neben virtuellen Simulationen, zum Beispiel mithilfe eines Digital-Mock-Up (DMU), auch Untersuchungen am physischen Bauteil, dementsprechend einem Physical-Mock-Up (PMU), unternommen [9]. Auch im Design gibt es äquivalente Evaluierungs- und Absicherungsverfahren. So finden sich in den Prozessen der professionellen Produktgestaltung so gut wie immer Vorgehen wieder, welche die getätigten Entwürfe anhand von physischen Mustern überprüfen. Gestaltungselemente wie Material- und Oberflächenwirkung, Proportionen, Haptik, Ergonomie und die Gebrauchstauglichkeit lassen sich nur in der Umgebung realistisch abbilden und verifizieren, wo sie auch zur Anwendung kommen: als physisches Objekt in der Handhabung des Nutzers.

In diesem Kapitel wird eine Auswahl spezifischer Prozessmodelle und Methoden dargestellt, die sowohl das Ziel der formalen Produktgestaltung, wie auch die Ergebnisdarstellung und -beurteilung anhand prototypischer Modelle beinhalten.

## 3.1 Prototyping im Entwurfsprozess der Produktgestaltung

Der Designprozess wird je nach Ausbildungs- und Anwendungsschwerpunkt unterschiedlich ausgelegt und gelehrt. Die in Abb. 5 dargestellt Form bezieht sich auf die beispielhaften Schritte der Informationsbeschaffung, in der Markt- und Kundeninformationen zusammengetragen werden, der Konzept- und Entwurfsausarbeitung in denen Prinziplösungen entwickelt und formal dargestellt werden, die Detaillierung der ausgewählten Lösungsentwürfe sowie dem finalen Produktentwurf. Mitunter können diese Phasen mehr oder weniger detailliert durchlaufen werden. Im Allgemeinen beinhaltet ein jeder Produktdesignprozess einen Schritt zur Bewertung erarbeiteter Gestaltungslösungen. Darin sind alle nachvollziehbaren virtuellen und physischen Ausarbeitungen enthalten, die zur Demonstration, Veranschaulichung und zum Transfer der Gestaltungsarbeit dienen.

Insbesondere durch die physische Entwurfsdarstellung lässt sich die Bedeutung realer Modelle erahnen, die zur Verifizierung der gestalterischen Ausarbeitung gehören. Das Rapid Prototyping findet dabei intensive Anwendung, da sich je nach verwendetem Verfahren einige Vorteile ergeben, wie die entwurfsgetreue Abbildung der Gestaltungslösungen, geometrische Freiheiten, sehr gute plastische Darstellung von Freiformen und A-Flächen, gute Anpassbarkeit bei Design und Geometrieänderungen oder die Herstellbarkeit mehrerer Designderivate in einem Vorgang.

| Phasen | Inhalt | *Ziel* |
|---|---|---|
| **Informationsphase** | • Analyse der Vorgaben<br>• Produkt und Marktrecherche | *Verständnis des **Produktkontextes** als Ausarbeitungsbasis* |
| **Konzeptphase** | • Entwicklung von Ideen und Skizzen zur prinzipiellen Umsetzung | *Konzeptentwürfe in Form von Skizzen und **Prinzipmodellen*** |
| **Entwurfsphase** | • Grobentwurf in Form von Zeichnungen und Vormodellen | *Eingrenzung zur **Konzeptauswahl** für Entwurfsdetaillierung* |
| **Detaillierungsphase** | • Ausdetaillierung des Entwurfes<br>• CAD | *Feinentwurf in Form von physischen und virtuellen **Modellen*** |
| **Finalisierungsphase** | • Finalisierung/ Dokumentation<br>• Modellbau | *Abgabefertiger **Produktentwurf*** |

**Abb. 5** Der Designprozess – Phasen, Inhalte und Ziele

## 3.2 Prototyping zur Untersuchung der Gebrauchstauglichkeit

Wie auch bei technischen Absicherungsmaßnahmen werden funktionsdedizierte Prüflinge in der formalen Produktgestaltung eingesetzt, um separierte Funktionen im Anwendungskontext zu evaluieren. Zur besseren, intensiven und störungsfreien Untersuchung gebrauchstauglicher Eigenschaften werden die Untersuchungsmuster dem Untersuchungszweck entsprechend in Funktionen gegliedert und körperlich dargestellt. Erarbeitete Design-, bzw. Produktkonzepte werden neben ihrer Form und Proportionen auch hinsichtlich der Funktion und Gebrauchstauglichkeit evaluiert, was auch Bewertungspunkte zur Ergonomie und Barrierefreiheit mit einbezieht. Durch Rapid-Prototyping-Verfahren kann dies einfach und in geringen Stückzahlen umgesetzt werden, weshalb AM in der Produktgestaltung oftmals zum Aufbau von Gebrauchsmodellen Anwendung findet. Beispiele zur entsprechenden Anwendung sind:

- Formfindung
- Material- und Oberflächendarstellung
- Untersuchung einzelner Gebrauchseigenschaften.

Anhand von Gebrauchsprototypen kann ein Produkt auf die Fähigkeit hin untersucht werden, seinem Bestimmungszweck im Nutzungskontext zufriedenstellend zu entsprechen. Bewertungskriterien hinsichtlich der Benutzbarkeit und Gebrauchstauglichkeit können beispielsweise anhand DIN EN ISO 9241-11 – Anforderungen an die Gebrauchstauglichkeit – aufgestellt werden.

## 3.3 Design Thinking

Design Thinking dient als methodischer Ansatz zum Lösen von Problemen bzw. zur Entwicklung neuer Ideen und Innovationen. Es basiert auf der Erkenntnis, dass viele Innovationen, also am Markt erfolgreiche Erfindungen, unter Anwendung einer Systematik entwickelt wurden, die sich an der Vorgehensweise von Designern orientiert. Dabei umfassen die Untersuchungen sowohl technische Produkte wie auch Services und Dienstleistungen.

Das nutzerorientierte Design Thinking besteht aus einer intensiven Informations- und Entwurfsphase, in der das Problem identifiziert und konkretisiert wird und der nachfolgenden Realisierungsphase zu lösen (Abb. 6). Zu dieser Realisierung gehören die Schritte „Ideenfindung“, „Prototyping“ und „Testen“, welche ihrerseits den Lösungsraum bilden. In diesem Kontext stellt das Prototyping einerseits den Aufbau der Modelle und andererseits die Vorbereitung für das Testen dar. Mit diesen beiden Schritten werden die Ausarbeitungen in Form gebracht und evaluiert. Dabei umfasst das Vorgehen im wesentlichen Kontext dieser Ausarbeitung die Erstellung physischer Prototypen. Im Design Thinking können jedoch auch Formen von Paperwork (z. B. für Prozesse) oder Schauspiel (z. B. für Dienstleistungen) eingesetzt werden.

## 3.4 Automobildesignprozess

Das Exterieur-, bzw. Bodydesign fängt in der Regel mit dem 2D-Entwurf von Designkonzepten an. Ausgewählte Konzeptentwürfe werden nachfolgendend von 2D-Entwürfen zu 3D-Modellen plastisch abgeformt, was meistens im Maßstab 1:10 aus Clay, bzw. Industrieplastilin, nach Entwurfsvorlage und in enger Abstimmung zwischen Modelleur und Designer geschieht. Es erfolgt die Digitalisierung mit Hilfe von 3D-Scan Systemen und

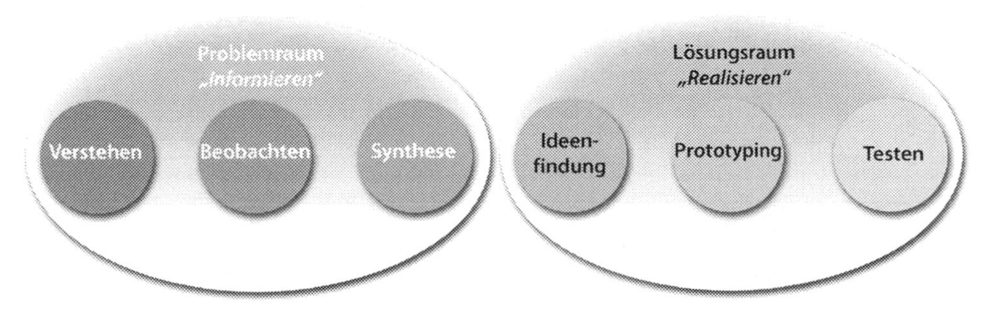


**Abb. 6** Der Design Thinking Prozess

die 3D-Modellierung auf Basis der Abtastdaten (Punktewolke). Der virtuelle 3D-Aufbau, das sogenannte Strak, wird mit speziellen CAD-Programmen zur Oberflächenmodellierung erstellt. Das Ergebnis sind die fertigen Klasse A Oberflächendaten der Automobilaußenhaut. Diese A-Flächen sind jene Oberflächen, die im direkten Sichtbereich des Nutzers liegen. Diese Body-Kontur wird anschließend CNC-gesteuert im 1:1-Modellbau aus Clay gefräst. Der automobile Designprozess für das Interieur ist weitestgehend gleich dem des Exterieurs.

Durch die quasi plastische Erlebbarkeit der Formgebung ist eine genaue Evaluierung der gewünschten Gestaltungsziele möglich: Proportionen, Detailstrukturen, Charakterlinien, usw. sind am realen Modell erkennbar. Weitere Sichtteile wie Blenden, Embleme oder Zierelemente können aus Serienteilen bestehen oder werden prototypisch im RP-Verfahren erstellt.

# 4 Anwendungsbeispiele im Technischen Design

## 4.1 Designorientiertes Additive Manufacturing in der Elektronikentwicklung

Wie im Abschn. 2.1 beschrieben, basieren Entwicklungen im Sinne eines Innovationsprozesses mitunter auf Ideenphasen, die sich wiederum an diversen Markttrends orientieren. Die Konsumelektronik dient im Automobilbereich als sichere Quelle für Ideen und Produkttrends, wie beispielsweise dem Wearable Computing. Diese tragbaren Elektronikgadgets erfreuen sich immer größerer Beliebtheit. Dienen sie einerseits zur Erfüllung diverser Funktionen, wie der Aufzeichnung persönlicher Aktivitäten, werden sie andererseits als dekoratives Accessoire getragen. Somit bieten sie auch für die Entwicklung künftiger Fahrzeugzugangssysteme eine Orientierung für die funktionale und gestalterische Integration in die Elektronikvorentwicklung. Unter diesem Aspekt soll am folgenden Beispiel der Firma HELLA KGaA Hueck & Co. gezeigt werden, wie mithilfe von AM-Verfahren eine integrative Entwicklung bei mobilen Fahrzeugzugangssystemen funktioniert und welcher Nutzen damit einhergeht.

Die benötigte Funkelektronik wurde dabei zu Demonstrationszwecken größenmäßig einem gängigen Wearable angepasst, sollte jedoch keine Einbußen hinsichtlich Performance hinnehmen müssen, was aufgrund der originalen Aluminiumhülle schwierig war. Außerdem sollte das äußere Erscheinungsbild bei Technologiedemonstrationen auf Hella als Hersteller zurückführbar sein.

Mithilfe von SLS-Verfahren wurden die Elektronikkomponenten als physikalische Bauraumstudie zusammen mit der Aufnahmegeometrie für das Armband in ein Demonstratorgehäuse integriert (Abb. 7). Dieses orientiert sich stilistisch am originalen Gehäusevorbild, zeigt jedoch ein eigenständiges Erscheinungsbild, das auf den Nutzungskontext schließen lässt. Durch die Ausführung als RP-Teil sind Anpassungen hinsichtlich Formgestaltung und Branding jederzeit umsetzbar (Abb. 8).

Bei diesem relativ einfachen Beispiel wirken die technischen wie auch gestalterischen Anforderungen zunächst nicht sehr umfangreich. Jedoch stellt sich in der praktischen

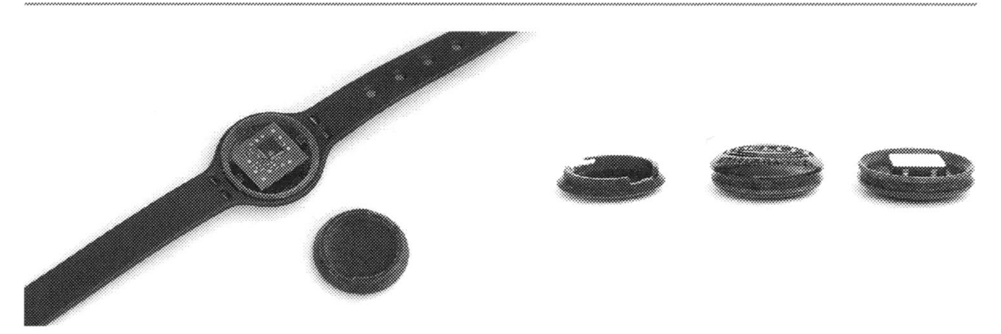

**Abb. 7** Beispiel zur Integration gestalterischer und technischer Aspekte in der Elektronikvorentwicklung

**Abb. 8** Die Ausführung des RP-Gehäuses lässt Freiraum zur gestalterischen Anpassung und Differenzierung

Anwendung heraus, wie schwierig sich gestalterische Ansprüche innerhalb der automobilen Elektronikentwicklung umsetzen lassen. Das Ergebnis dieser Studie macht die Vorteile durch den gezielten Einsatz additiver Fertigungsverfahren deutlich. Es hat sich gezeigt, dass die Qualität von Technologiedemonstration und -verifikation durch die gute Kommunizierbarkeit der funktionalen und technologischen Aspekte in Richtung Kunde deutlich gesteigert wird.

## 4.2 Fallstudie: Gestalterischer Entwicklungsprozess

Auf Basis der in Abschn. 3 dargestellten Prozesse wird im Folgenden eine Fallstudie zur Einbeziehung von prototypischen Phase im Entwicklungsprozess erläutert. Der in Abb. 9 dargestellte Ablauf zeigt das Vorgehen einer Gruppe Studierender innerhalb eines Kooperationsprojektes zum technischen Design von neuen Funkschlüssel-Entwürfen unter

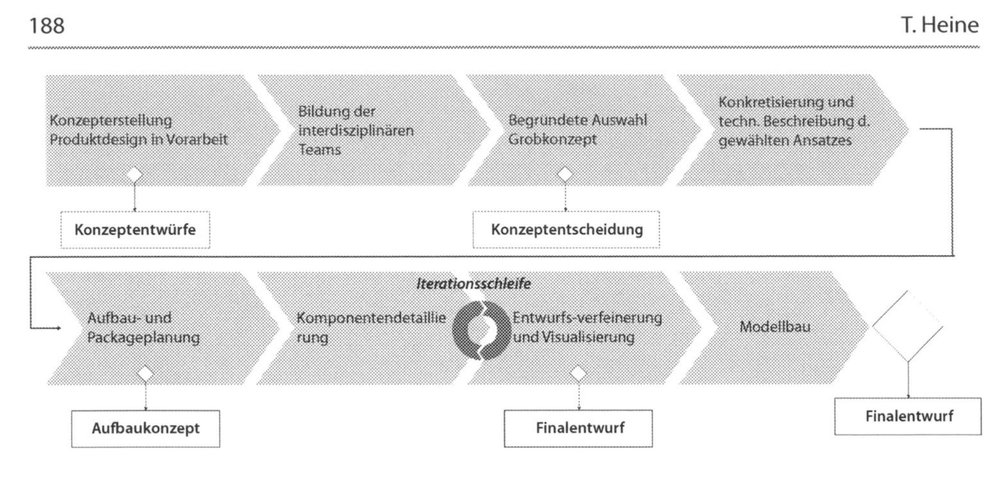


**Abb. 9** Vorgehen einer Gruppe Studierender zum technischen Designprozess im Kooperationsprojekt „Schlüsselreize 2025"

Berücksichtigung technischer Rahmenbedingungen. Das Projekt fand 2014 zwischen dem Automobilzulieferer HELLA KGaA Hueck & Co., dem Institut für Produktentwicklung und Gerätebau (IPeG) der Leibnitz Universität Hannover und dem Fachbereich Industrial Design der Hochschule Hannover statt.

Auf Basis zuvor definierter Anforderungen, u.a. an die Belastungsfähigkeit der elektronischen und mechanischeren Komponenten, wurden verschiedene Grobkonzepte erarbeitet. Abb. 10 zeigt die erste Stufe der Formfindung mithilfe von verschiedenen Handmodellen aus Polyurethan-Hartschaum sowie Handskizzen zur Visualisierung der Lösungsansätze. Zu fast jeder Stufe der Ausarbeitung wurden visuelle und haptische Entwurfskontrollen mithilfe von 2D- oder 3D-Visualisierungen sowie realen Modellen durchgeführt. Durch die plastische Bewertbarkeit der Modelle war es den studentischen Entwicklungsteams möglich, die Formen und Proportionen gemeinsam zu bewerten.

**Abb. 10** Bewertung differenzierter Formen und Proportionen zur Konzeptauswahl

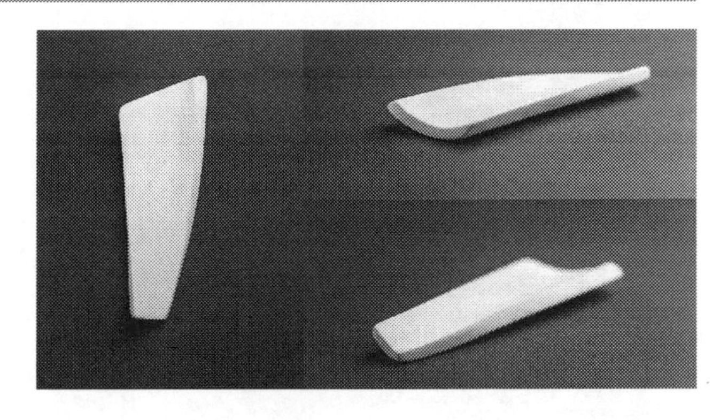

**Abb. 11** Konzeptentscheidung: Ausgewählte Designmodelle zur weiteren Detaillierung

Auf Basis dieser Tätigkeiten kam es zur Auswahl der weiterverfolgten Konzepte in Abb. 11.

Nach weiterer Detaillierung entstanden das in Abb. 12 dargestellte Aufbaukonzept und der finale Entwurf. Das Aufbaukonzept ist eine Platzstudie unter Berücksichtigung der Volumina der einzelnen technischen Komponenten, dem sogenannten Packaging. Daraus wurden Platzbedarfe und Abmessungen für den Finalentwurf abgeleitet und mittels Rapid Prototyping ein detailliertes Realmodell umgesetzt. So konnte der Arbeitsstand am 1:1 Modell verifiziert und ferner die gesamte Entwurfsarbeit präsentiert werden. Das RP-Modell demonstriert damit die Projektergebnisse am stilistischen Anschauungsobjekt (Abb. 13).

Somit fanden im Verlauf des Prozesses ständig Verfeinerungen statt, die zunächst durch Visualisierungen dargestellt und später anhand von physischen Modellen mittels Selektiven Lasersintern (SLS) sowie dem PolyJet-Verfahren hergestellt wurden. Typischerweise findet sich dieses Vorgehen auch im professionellen Umfeld wieder, bei welchem Entwürfe unterschiedlicher Detaillierungsgrade innerhalb der Entwicklungsteams veranschaulicht, kontrolliert und letztlich vor dem Auftraggeber demonstriert werden.

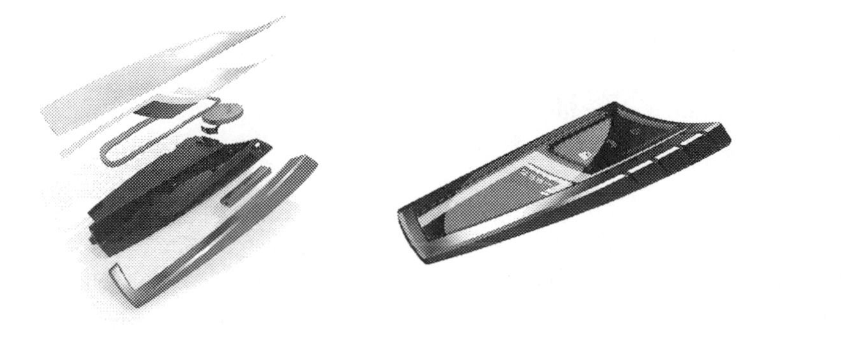

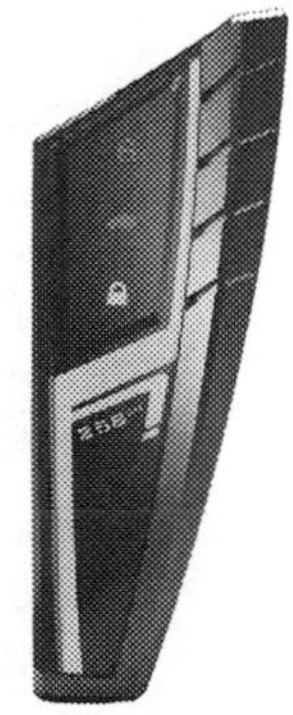

**Abb. 12** 3D-Visualisierungen: Packaging und Finalentwurf

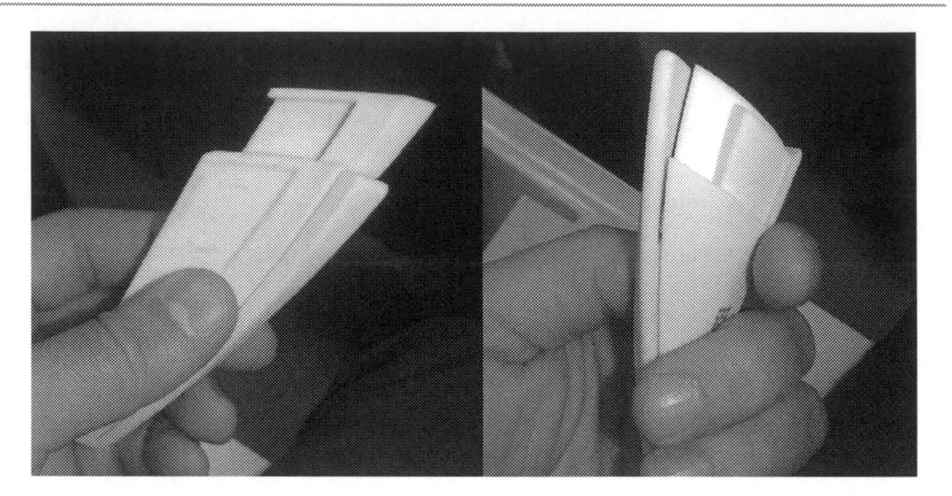

**Abb. 13** Finale RP Modelle, hier aus dem Selektiven Lasersintern (SLS) und PolyJet-Verfahren

## 4.3 Ergebnisse

Eine iterative Designverifizierung kann mittels AM-Verfahren als Baustein in den Prozess der automobilen Fahrzeugelektronik einfließen, da sich Anpassungen hinsichtlich der Formgestaltung einfach und im Vergleich zu aufwendigeren Produktionsverfahren kostengünstig umsetzen lassen. Eine beispielhafte, iterative Untersuchungsmethode bietet der Action Research Prozess (AR). Dieser basiert auf Kurt Lewins (*1890–1947) Aktivitäten zur Sozialforschung und soll in diesem Kontext als Vorbild für ein integriertes Prozessmodell zur Beschreibung der gestalterischen Tätigkeiten im automobilen Entwicklungsprozess dienen. Action Research ist ein zyklisches Vorgehensmodell zur Aktionsforschung, wobei es sich nicht um eine einzelne Methode, sondern eine Vielzahl an Forschungsansätzen handelt und sich durch folgende Eigenschaften auszeichnet [10]:

- Handlungs- und Veränderungsorientierung,
- Problemfokussierung,
- Prozesse, die systematisch und iterativ mehrere Phasen durchlaufen sowie Zusammenarbeit der Beteiligten.

Beim AR wird demnach eine gegebene Problemstellung aufgegriffen, indem der Untersuchungsgegenstand verändert und aus den daraus resultierenden Effekten Wissen generiert wird [11]. Die Idee ist also eine iterative Designverifizierung mittels AM-Verfahren nach Vorbild des Action Research im Kontext technisch-gestalterischer Produktentwicklung umzusetzen. In Anlehnung an den in Abb. 14 gezeigten zyklischen Prozess kann die

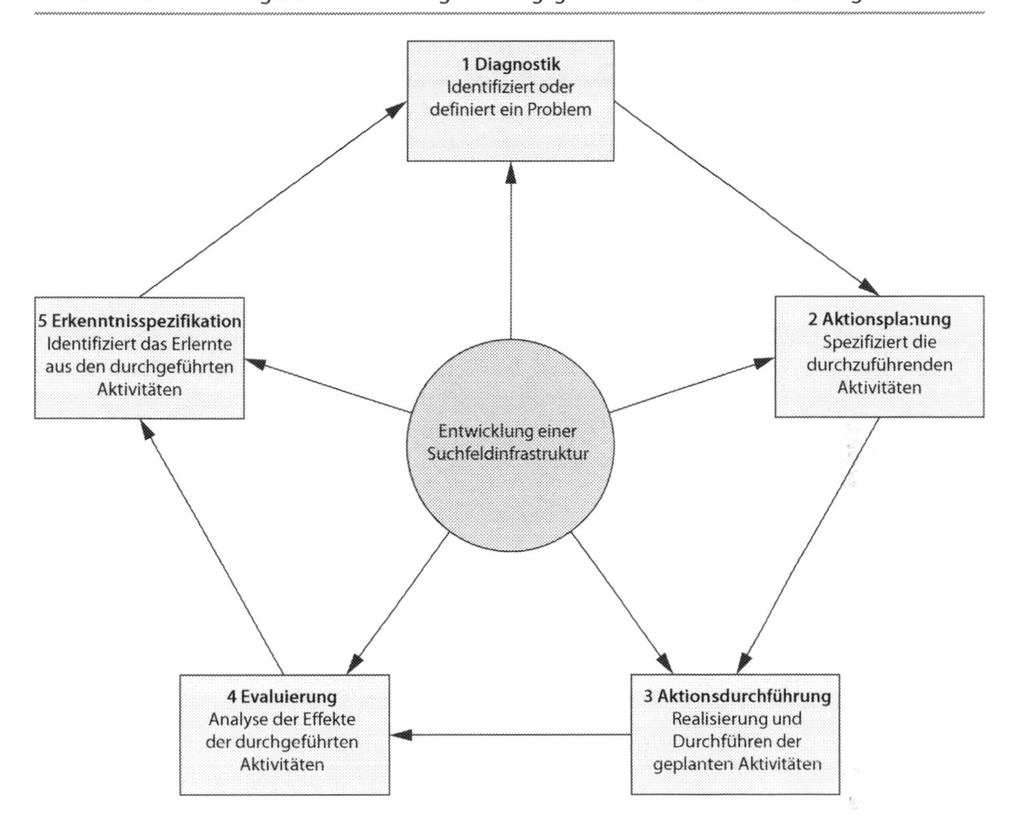


**Abb. 14** Der zyklische Action Research Prozess, in Anlehnung an „An Assessment of the Scientific Merits of Action Research" von Susman & Evered (1978), Darstellung nach M. D. Myers [12]

Evaluierung von Designmodellen im Sinne der gestalterischen Zielsetzung als Erkenntnis in die zyklische Iteration mehrerer Testreihen durch die Additive Fertigung realisiert werden.

Ein Modell zur Anwendung des AR im Sinne einer zyklischen Designevaluierung könnte mit folgenden Schritten beschrieben werden:

1. Gestalterische Problemstellung definieren und gegebene Erkenntnisse aufgreifen
2. Gestalterische Anforderungen spezifizieren
3. Designuntersuchung durch iterative Veränderung und Optimierung
4. Resultierende Effekten verstehen
5. Erkenntnisse interpretieren und diskutieren, wenn möglich mit Kunden abstimmen

Analog eines Designprozesses ließen sich so additive Verfahren einsetzen, um gezielt gestalterische und technische Anforderungen zu untersuchen und bewusst in Optimierungsschleifen abzusichern. Damit können gewonnen Erkenntnisse die gestalterischen Erfahrungswerte steigern und in weiteren Zyklen die Designausarbeitung optimieren.

## 5 Zusammenfassung

Wie in Abschn. 1 beschrieben, ergibt sich in bestimmten Bereichen der technischen Produktentwicklung der Bedarf zur Integration gestalterischer Anforderungen. Allerdings sind jene Bereiche, wozu auch die automobile Vorentwicklung gehört, aus fachlichen und prozessualen Gründen nur selten für entsprechende Aufgaben gerüstet. Im Designprozess hingegen können unter Zuhilfenahme von additiven Fertigungsverfahren durchaus derartige Anforderungen bedient werden. Die Anwendung nach dem Vorbild der Produktgestaltung stellt einen Lösungsansatz zur Integration in den Prozess der automobilen Elektronikvorentwicklung dar, da es analog zur Technologieentwicklung im Designprozess Absicherungsbedarf gibt. Hinsichtlich der formalen Gestaltung werden Designqualifikationen zur Kontrolle und Absicherung der Arbeit durchgeführt. Dazu werden in den einzelnen Prozessphasen physische Muster zur Formfindung erstellt, um die ästhetisch-gestalterischen Elemente wie Formen und Proportionen am realen Objekt zu beurteilen. Von groben Vormodellen bis zum finalen Designentwurf wird dabei der Detaillierungsgrad iterativ verfeinert.
Die gestalterischen Freiheiten, welche sich durch das Rapid Prototyping ergeben, können in der automobilen Elektronikvorentwicklung nicht nur als Funktions- und Teileträger von Vorteil sein, ebenso die Möglichkeiten zur gestalterischen Formfindung lassen sich damit bedienen. Wie auch bei den rein technisch orientierten und meist funktionsgetriebenen Entwicklungsdisziplinen, gibt es auch im Produktdesign Absicherungsbedarf vergleichbar einer Testphase. Abhängig vom gewählten Verfahren ergeben sich spezifische Vorteile hinsichtlich der gestalterischen Anwendung:

- Geometrische Freiheiten
- Sehr gute plastische Darstellung von Freiformen und A-Flächen
- Hohe Individualisierungsmöglichkeiten, sowohl im gestalterischen wie auch im technischen Sinn: Anpassung an Testaufbauten, Design- und Geometrieoptimierung, Funktionsintegration, etc.
- Funktionale Vielfalt durch Mehrkomponenten-Verfahren, etwa Weich- und Hartkomponente in einem Druckvorgang
- Variable Stückzahlen bei Prototypen von einzelnen Unikaten bis Kleinserien
- Mehrere Designderivate in einem Druckprozess herstellbar.

Die in Abschn. 2.2 benannten Verfahren zur physischen Prototypenerstellung liefern gute Ergebnisse zur Darstellung und Evaluierung von Formen und Proportionen. Insbesondere das Selektive Lasersintern (SLS), in den Varianten KLS und MLS, für Kunststoff- und Metallmaterialien, das Multijet-Verfahren und die Stereolithografie haben sich zur

Anwendung prototypischer Designteile als sehr gut geeignet erwiesen. Diese müssen den spezifischen Anforderungen der zu integrierenden ästhetischen und funktionalen Aspekte im Spannungsfeld zwischen technischer und gestalterischer Entwicklungsarbeit genügen. Einige AM-Verfahren, wie beispielsweise das FDM, sind aufgrund der geringen Kosten und einer geringeren Maßhaltigkeit eher für gröbere Design-Vormodelle geeignet, da sich deren Anspruch an Detaillierung und Nachbehandlung in Grenzen hält und sich somit ein gewisser Kostenvorteil für frühe Modelle ergeben kann.

Je nach gewähltem AM-Verfahren können die Fertigungsgenauigkeiten in X-, Y- und Z-Richtung unterschiedlich ausgeprägt sein, was Auswirkungen auf die Detaillierungsauflösung der darzustellenden Gestaltungselemente (z. B. Schrift- oder Symbolstrichstärken, Fugenverläufe, Radien) hat. Das additive Verfahren sollte anhand des benötigten Detaillierungsgrads ausgewählt werden. Damit gestalterische Details exakte dargestellt werden, muss demnach die fertigungsbedingte Auflösung des eingesetzten AM-Verfahrens kleiner der benötigten Detaillierungsauflösung der Gestaltungselemente sein. Bei der Anwendung prototypischer Verfahren können Funktionselemente wie Geometrien, Aufnahmen für Elektronik, Verbindungen, Anschlüsse usw. in das Modell integriert werden. So sollen nicht nur gestalterische Eigenschaften kontrolliert, sondern Funktionsstrukturen anwendungsorientiert evaluiert werden.

Werkzeugbedingte Restriktionen, wie sie bei der Entwicklung von Serienteilen unumgänglich sind, würden eine zweckmäßige Prototypenerstellung unnötig erschweren. Entwicklungsschritte wie z. B. Werkzeugoptimierungen, Herstellbarkeit von Entformungsschrägen und Angusspunkte bei Spritzgussteilen, sind für spezifische Untersuchungen innerhalb der Vorentwicklungsarbeit größtenteils nicht relevant. Durch den Einsatz von RP-Verfahren können solche Hindernisse für Untersuchungen im Rahmen der Vorentwicklung in den meisten Fällen außer Acht gelassen werden.

## Literaturverzeichnis


[1] *J. Reese (Hrsg.) (2005): Der Ingenieur und seine Designer - Entwurf technischer Produkte im Spannungsfeld zwischen Konstruktion und Design, Springer-Verlag, Berlin Heidelberg, 2005, ISBN: 978-354-0211730*

[2] *J. A. Hölzing (2008): Die Kano-Theorie der Kundenzufriedenheitsmessung, Gabler-Verlag, Wiesbaden, 2008, ISBN: 978-3-8349-1219-0*

[3] *R. Raabe (2013): Ein rechnergestütztes Werkzeug zur Generierung konsistenter PKW Maßkonzepte und parametrischer Designvorgaben, Verlag Universität Stuttgart Institut für Konstruktionstechnik und Technisches Design, Stuttgart, 2013, ISBN-13: 978-3922823865*

[4] *N. Thom (1992): Innovationsmanagement – Die Orientierung, hrsg. V. der Schweizerischen Volksbank, Bern, 1992*

[5] *G. Schuh, S. Klappert (Hrsg.) (2011): Technologiemanagement - Handbuch Produktion und Management 2, Zweite, vollständig neu bearbeitete und erweiterte Auflage, Springer-Verlag, Berlin Heidelberg Dordrecht London New York, 2011, ISBN 978-3-642-12529-4*

[6] *B. Bertsche, P. Göhner, U. Jensen, W. Schinköthe, H.-J. Wunderlich (2009): Zuverlässigkeit mechatronischer Systeme, Grundlagen und Bewertung in frühen Entwicklungsphasen, Springer-Verlag, Berlin Heidelberg, 2009, ISBN 978-3-540-85089-2*

[7] *R. Lachmayer, R.B. Lippert, T. Fahlbusch (Hrsg.) (2016): 3D-Druck beleuchtet – Additive Manufacturing auf dem Weg in die Anwendung, Springer Vieweg Verlag, Berlin Heidelberg, Mai 2016, ISBN: 978-3-662-49055-6*

[8] *M. Hartschen, J. Scherer, U. Jensen, C. Brügger (2009): Innovationsmanagement – Die 6 Phasen von der Idee zur Umsetzung, GABAL-Verlag, Offenbach, 2009, ISBN 978-3-86936-015-7*

[9] *K. Ehrlenspiel (2013): Integrierte Produktentwicklung - Denkabläufe, Methodeneinsatz, Zusammenarbeit, Carl-Hanser Verlag, München Wien, 2013, ISBN 978-3-446-43548-3*

[10] *R.L. Baskerville (1999), Investigating information systems with action research, Communications of the Association for Information Systems Volume 2, Article 4, Atlanta, 1999*

[11] *M. Hartmann (2015): Entwicklung eines Referenzmodells zur systematischen Steigerung der Mitgliederanzahl und der Nutzeraktivität in der Wachstumsphase von Virtuellen Communities, Kassel University Press, Kassel, 2015, ISBN: 978-3-86219-838-2*

[12] *M. D. Myers (2009), Qualitative Research in Business & Management, SAGE Publications Ltd, London, 2009, ISBN 978-1-4129-2166-4*

# Additive Repair von Multimaterialsystemen im Selektiven Laserstrahlschmelzen

Yousif Amsad Zghair und Georg Leuteritz

**Zusammenfassung**

*Additive Manufacturing (AM) wird als eine der modernsten Fertigungstechniken angesehen. So gilt auch die Reparatur von Bauteilen über AM als der Stand der Technik. In dieser Arbeit wird der Ansatz des Additive Repair Design-Prozesses unter Beachtung relevanter Rahmenbedingungen vorgestellt. Dabei wird das Selektive Laserschmelzen (SLM) im Zusammenhang mit Additive Repair, den mechanischen Eigenschaften sowie den Bindungskräfte der reparierten Multimaterial-Bauteile betrachtet. Verschiedene Belastungsarten und Baurichtungen werden diskutiert, wobei ein spezielles Setup simuliert und einer Falluntersuchung unterzogen werden. Die ausgewählten Metalle, auf denen die Reparatur stattfindet, sind die Legierungen Al 6082 und Al 7075. Für den SLM-Prozess wird das Metallpulver AlSi10Mg verwendet. Die Simulationen werden über eine Finite-Elemente-Methode (FEM) durchgeführt, um axiale Belastungen und hervorgerufene Spannungen abschätzen zu können. Alle simulierten Datensätze werden mit den experimentell ermittelten Werten verglichen. Um die Effektivität des Prozesses zu erhöhen, wird abschließend die Wartung von Komponenten in der Industrie in Abhängigkeit vom verwendeten Material diskutiert.*

**Schlüsselwörter**

*Selektives Laserstrahlschmelzen · Additive Repair*

Y.A. Zghair (✉) · G. Leuteritz
Institut für Produktentwicklung und Gerätebau (IPeG), Leibniz Universität Hannover, Hannover, Deutschland
e-mail: zghair@ipeg.uni-hannover.de





R. Lachmayer, R.B. Lippert (Hrsg.), *Additive Manufacturing Quantifiziert*,
DOI 10.1007/978-3-662-54113-5_13

## Inhaltsverzeichnis



## 1 Einleitung

Oftmals erfahren Bauteile während des Lebenszyklus Abnutzungen, Deformationen, Defekte, Bruchstellen und Risse, welche zu einer Beeinträchtigung der Lebensdauer führen. Unter Umständen erweist sich in diesen Fällen die Reparatur der Bauteile als die kosteneffektivere und zeitsparendere Methode, als die Bauteile zu ersetzen. Bei komplexen Geometrien, insbesondere bei Bauteilen der Luft- und Raumfahrt, wird die Reparatur zunehmend komplizierter, sodass etablierte Reparaturmethoden die Anforderungen für die Wiederherstellung der Bauteile nicht mehr erfüllen können. Im Zuge dessen sind neue Lösungsansätze für die Reparatur von Bauteilen in der Industrie durch den Einsatz von Additive Manufacturing (AM) möglich [1]. Da die Prinzipien des AM auf den Reparaturprozess übertragen werden, kann der Ausdruck „Additive Repair“ (AR) als „additiver Fertigungsprozess zur Rekonstruktion und Modifizierung bestehender Bauteile“ definiert werden [1].

AM-Technologien kommen bei Reparaturen mit Laser und laserbasierender Herstellung von Freiformen zum Einsatz. Firmen wie RPM Innovations bieten bereits Dienstleistungen an, welche Laser Deposition Technologien, wie Laser Engineered Net Shaping, sowie fortgeschrittenes AM mit Reparatur und laserbasierte Reparaturtechniken (LRT) integrieren [2]. Siemens nutzt bereits additive Reparaturtechnologien zur Wiederherstellung von Gasturbinen [3]. Um Herstellern Zeit und Geld zu sparen, untersucht die Firma EOS zudem die Möglichkeit, Werkzeuge mittels AM zu reparieren [4]. Das Projekt Rep-AIR wird zukünftige Reparatur- und Wartungsprozesse in der Luft- und Raumfahrttechnik erforschen mit dem Hauptanliegen „die Entscheidung über Neukauf oder Reparatur zu

Gunsten der Reparatur zu beeinflussen, indem die Kosten des Erneuerns und Reparierens gesenkt werden" [5]. Dragonfly ist der italienische Vertriebspartner von Optomec, dem globalen Marktführer in Bezug auf die Reparatur mechanischer Teile durch Laser Engineered Net Shaping (LENS) [6]. „Die Versuchsergebnisse zeigen zudem, dass die Bauteile, welche additiv wiederaufgebaut wurden (hier ein Teil einer Extrusionsdüse für Aluminium), den hohen thermischen und mechanischen Belastungen einer Aluminium-Extrusion standhalten" [7]. Huan Qi benutzte die Methode Laser Net Shaping Manufacturing, welche auf Laser Powder Deposition beruht, um Tragflächen von Turbinenkompressoren zu reparieren [8]. Über dieses Verfahren werden die Vorteile von besseren Materialeigenschaften im Gegensatz zu gegossenen Bauteilen, feineren Mikrostrukturen und geringer Wärmeeinflusszonen genutzt.

Unter den etablierten additiven Technologien stellt das Selektive Laserstrahlschmelzen (SLM) eine vielversprechende Methode zur Entwicklung und Herstellung von Bauteilen dar. Es ermöglicht das schnelle Modellieren von Metallobjekten mit definierten Strukturen und komplexen Geometrien auf Basis virtueller 3D-Modelldatensätze [9]. Zusätzlich besteht die Möglichkeit, eine Vielzahl an Materialien zu benutzen, mit denen zeit- und kosteneffektiv hochpräzise und komplexe Geometrien realisiert werden können. Die Implementierung von SLM in den Reparaturprozess von Maschinenteilen stellt sich als anspruchsvoll heraus, aufgrund von Prozesslimitierungen und den Umgebungsbedingungen des Bauteils in dem jeweiligen Einsatzgebiet, wie beispielsweise Belastungen (Zugspannungen, Biegungen, Torsion oder Scherung) oder deren Verhalten (statisch, dynamisch, Stoßbelastung). Dadurch, dass gegenwärtige SLM-Maschinen einen stark begrenzten, räumlichen Prozessraum bieten, muss die Größe des Bauteils berücksichtigt werden. Zudem ist eine limitierte Anzahl an Metallpulvern für den SLM-Prozess verfügbar. Der SLM-basierte AR-Prozess beruht auf der Aufbereitung des beschädigten Teiles, indem dessen Oberfläche geebnet und geglättet wird. Dadurch wird es möglich, das fehlende oder zu ersetzende Volumen per CAD zu modellieren und schließlich den Reparaturprozess zu starten.

In dieser Arbeit wird ein allgemeiner AR-Design-Prozess definiert. Da SLM nur auf ebenen Oberflächen angewandt werden kann, werden vier verschiedene Verfahren vorgestellt, die Belastungsarten und -stärken der Bauteile berücksichtigen. Weiterhin werden Belastungsszenarien bestimmt und die möglichen Vorschläge für das Design des zu reparierenden Volumens evaluiert. Davon wird ein Belastungsfall ausgewählt und sowohl theoretisch als auch praktisch mit einem der möglichen Lösungsvorschläge für zwei verschiedene Metalle bearbeitet. Schließlich werden die Ergebnisse verglichen und diskutiert.

## 2 Gestaltungsansatz für Additive Repair

Ziel des AR Design-Prozesses ist die Beschreibung einer Methodik, um das beschädigte Volumen mit den Vorteilen des AM zu gestalten. Diese Methodik besteht aus zwei

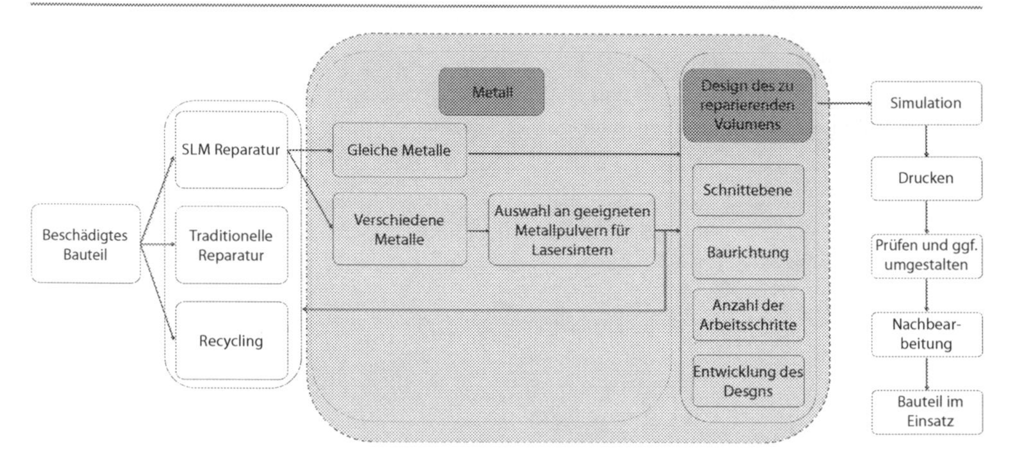


**Abb. 1** Gestaltungsansatz für Additive Repair

wesentlichen Schritten (Abb. 1). Der erste Schritt ist die Erstellung einer Datenbank für Metalle, in der jedes Metalllegierungspulver passenden, damit verschweißbaren Metalllegierungen zugeordnet wird. Damit soll es möglich werden, herauszufinden, welches Metallpulver zu dem jeweils beschädigten Bauteil passt und ob die Verbindung der beiden Metalle ausreichend stark ist, um auftretenden Belastungen standzuhalten. Der zweite Schritt ist die Gestaltung des zu reparierenden Volumens. Dabei muss auf die Spannungsverteilung, die Position der Schnittebenen (auf denen das Additive Repair beginnt), die Baurichtung und die Anzahl der Arbeitsschritte Rücksicht genommen werden. Dabei kann das Volumen, das während des AR erzeugt wird, modifiziert und optimiert werden, sofern dies den Randbedingungen und Anforderungen des Bauteils genügt.

## 3 Mögliche Bauteilorientierungen im SLM-Prozess

SLM Anlagen können nur bei flachen und ebenen Oberflächen eingesetzt werden und können nur in positiver z-Richtung Material aufbringen. Deshalb ist es erforderlich, die beschädigten Teile vor der eigentlichen Fertigung zu präparieren. Diese Vorbereitung wird mittels Abschneiden der betroffenen Stelle an einer bestimmten Position und unter einem bestimmten Winkel durchgeführt. Position und Winkel bestimmen dabei die Form des Schnittes. Weiterhin besteht die Möglichkeit, mehrere Ebenen für dieselbe Schnittstelle zu bestimmen (siehe Abb. 2). Die Belastungsart und -stärke des Bauteils beeinflussen dabei die optimale Schnittposition und den optimalen Schnittwinkel. Abbildung 2 zeigt, dass die Fertigung in verschiedene Abschnitte eingeteilt werden kann. Dabei ist jeder Abschnitt separat vorzubereiten indem Parameter, wie z. B. Laserparameter, Schutzgasatmosphären, Bauteilbefestigungen oder -aufhängungen bestimmt werden.

Im Allgemeinen verkürzt die Verringerung der Anzahl der Arbeitsabschnitte auch die benötigte Zeit für die gesamte Wartung. Jeder Bauabschnitt benötigt Zeit für die

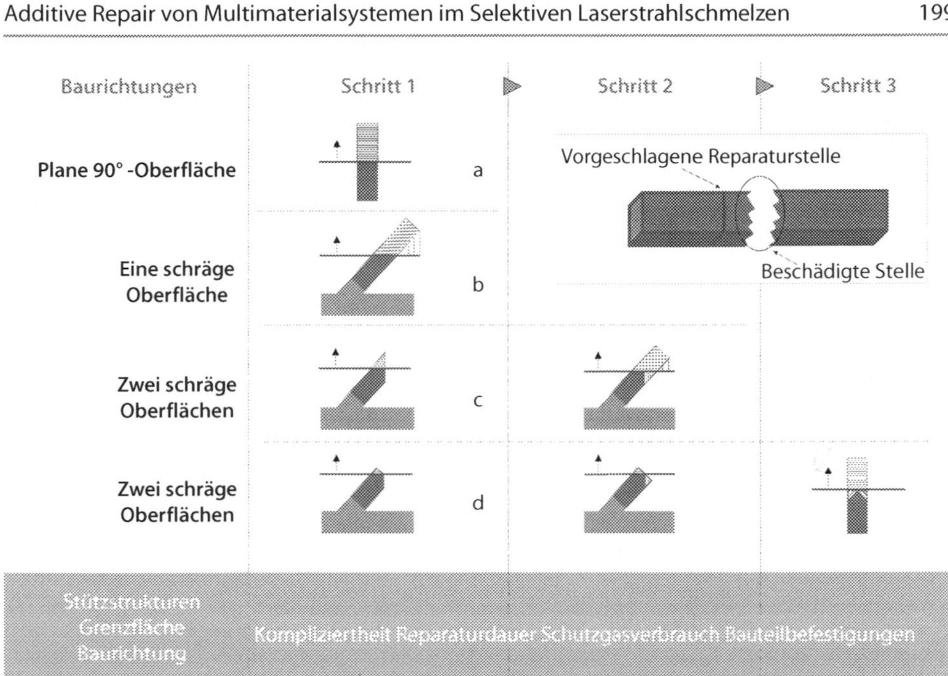


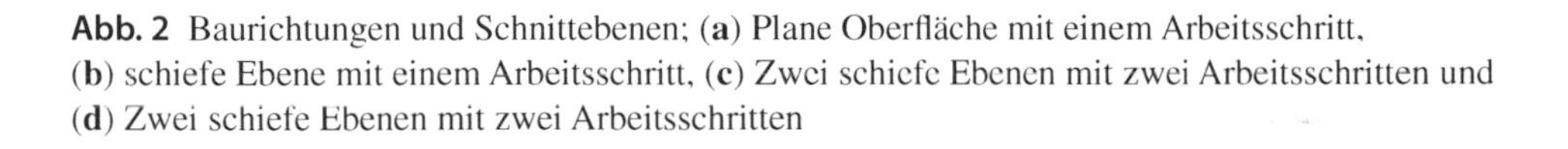


**Abb. 2** Baurichtungen und Schnittebenen; (**a**) Plane Oberfläche mit einem Arbeitsschritt, (**b**) schiefe Ebene mit einem Arbeitsschritt, (**c**) Zwei schiefe Ebenen mit zwei Arbeitsschritten und (**d**) Zwei schiefe Ebenen mit zwei Arbeitsschritten

Vorbereitung, beispielsweise für das Aufheizen der Plattform, das Einfüllen und gleichmäßige Verteilen des Metallpulvers, das Anpassen und Einstellen der Bauteilanhebungen, evakuieren des Bauraumes von Luft und das Hochladen des CAD-Modells, welches die Angaben des zu ersetzenden Volumens beinhält. Sollte die Reparatur mehr als einen Abschnitt beinhalten, kann sich die benötigte Dauer des Gesamtprozesses um die Anzahl der Abschnitte vervielfachen.

Erhöht man die Anzahl der Oberflächen, auf denen aufgebaut werden soll, erhöht sich simultan die Anzahl der Bauabschnitte und somit die benötigte Bauteilbefestigung. Die Anlage muss so eingerichtet werden, dass die Oberfläche des beschädigten Bauteils immer in Richtung der Baurichtung zeigt, was zu einem komplizierteren Reparaturprozess führen kann.

In Abb. 2 werden vier Fertigungsmethoden vorgeschlagen in Abhängigkeit von Anzahl und Winkel der notwendigen Schnitte. Diese Methoden weisen den Zusammenhang zwischen Reparatur mit unterschiedlichen, ebenen Oberflächen und der dafür notwendigen Anzahl an Arbeitsschritten auf. Dabei hat jede Methode ihre Vor- und Nachteile.

So können Oberflächen ohne Stützstrukturen bearbeitet werden, wenn diese in 90° zur Vertikalen ausgerichtet sind, womit nur ein Arbeitsschritt notwendig ist (Abb. 2a). Jedoch findet der Reparaturprozess ausschließlich in z-Richtung statt, was zu einer geringen Stabilität des Bauteiles führt, da gesinterte Metalle anisotrope Eigenschaften aufweisen. Eine weitere Möglichkeit ist die Reparatur mit schiefen Ebenen, bei welcher die Verwendung einer Stützstruktur jedoch unabdingbar ist. Dafür ist die Einbringung einer Zwischenschicht notwendig.

# 4 Belastungsfälle und Aufbauwinkel zur Oberfläche

Alle mechanischen Bauteile sind während ihres Einsatzes statischen oder dynamischen Belastungen ausgesetzt. Die Baurichtung ist signifikant und das verarbeitete Metall weißt anisotrope Eigenschaften auf. Wird nur in vertikale Richtung gebaut, entstehen damit vergleichsweise instabile Metallstrukturen [10, 11]. Daher muss darauf geachtet werden, das Design des zu reparierenden Volumens optimal auszulegen, und die bestmögliche Bauposition in Abhängigkeit der Belastungsart zu evaluieren, auch wenn dies bedeutet, die Anzahl der Prozessschritte zu erhöhen.

Die Belastungen, welche Strukturbauteile ausgesetzt sind, sind hauptsächlich Zug, Druck, Torsionen und Biegungen. Häufig treten die Belastungen in Kombination auf. Wie das Design ausgelegt wird, hängt von der Belastungsart und dem Materialtyp ab. Die Belastungen können statisch, wiederholt und invertiert, schwankend, stoßartig oder vollkommen willkürlich auftreten.

## 4.1 Belastungsarten und resultierende Spannungen

Im vorliegenden Beitrag werden drei verschiedene Belastungsarten sowie deren Lösungsansätze vorgestellt (Abb. 3). Die Lösungen hängen wiederum von den möglichen Baurichtungen ab. Das optimale Design des zu reparierenden Volumens hingegen hängt von der Belastungsart und der Spannungsverteilung im Bauteil ab.

Für die vorliegende Untersuchung werden statische Belastungen angenommen, die langsam, stoßfrei und bei konstantem Wert appliziert werden. Folglich sind auch alle daraus resultierenden Belastungen im Bauteil statisch. In diesem Fall sollen Maximal- und Minimalspannung gleich sein. Die Maximalspannung kann über FEM berechnet oder experimentell ermittelt werden.

Im vorliegenden Beitrag wird eine Zugbelastung analysiert, die Spannungen an der Grenzfläche simuliert sowie mit experimentellen Werten gegenübergestellt.

## 4.2 Spannungszustände bei Zugbelastung

Werden beschädigte Stellen der Bauteile entworfen, die nur axialer Belastung ausgesetzt sind, können folgende Annahmen getroffen werden. Die longitudinale Dimension des Bauteils überwiegt allen anderen Dimensionen. Die Richtung der wirkenden Kraft stimmt mit der longitudinalen Achse überein, sodass eine uniaxiale Belastung ohne Biegekomponente resultiert.

Betrachtet man einen flachen Schnitt (90° zur longitudinalen Achse), werden die Widerstandskräfte an der Grenzfläche zwischen dem beschädigten und dem gesinterten Bauteil

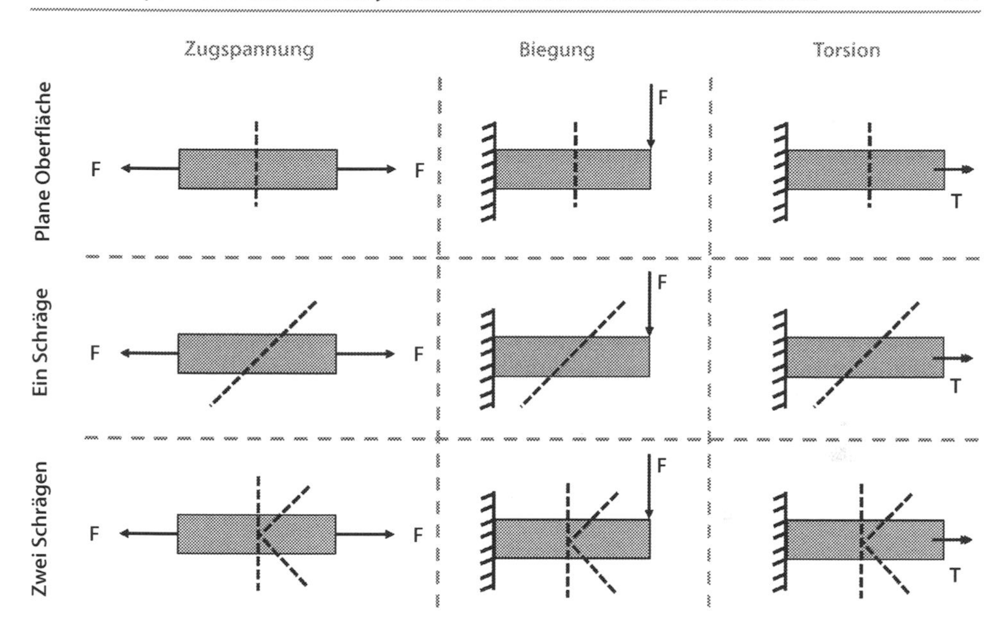


**Abb. 3** Belastungsarten und dazugehörige Bauwinkel an der Grenzfläche

modelliert. Das Freikörperbild in Abb. 4 zeigt die Widerstandkräfte an der Grenzfläche. Bei Gleichgewicht auf beiden Bauteilhälften ist die horizontal wirkende Kraft gleich der extern wirkenden Kraft, und sie wirken homogen auf die Grenzfläche. Die resultierende Spannung ist eine reine Normalspannung und kann wie folgt beschrieben werden, wobei A die Größe der Grenzfläche ist:

$$\sigma_N = \sigma_x = \frac{F_x}{A} \tag{1}$$

Abbildung 5 zeigt das Freikörperbild für das zweite Szenario mit einer schiefen Ebene und einem Winkel β zur longitudinalen Achse. Aus dem Gleichgewicht der Freikörper folgt, dass die Kräfte, die entlang der Grenzfläche wirken, gleich groß sind, wie die longitudinale Kraft F. Zerlegt man die Kraft in eine normale und tangential zur Grenzfläche zeigende Komponente, erhält man:

$$F_N = F_x \cos\beta \tag{2}$$

$$F_T = F_x \sin\beta \tag{3}$$

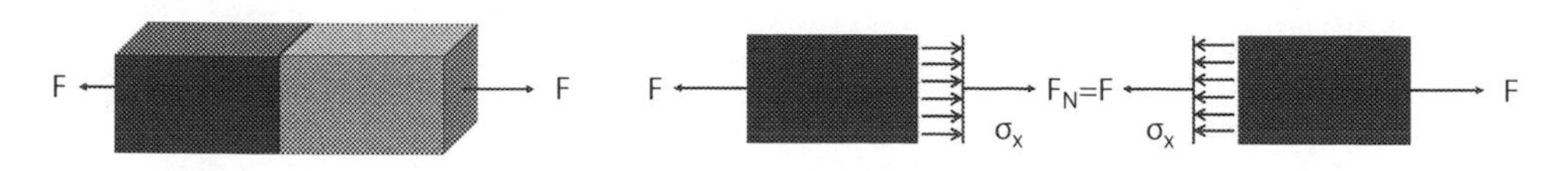


**Abb. 4** Erzeugte Spannungen in einem longitudinalen Belastungsfall unter 90°

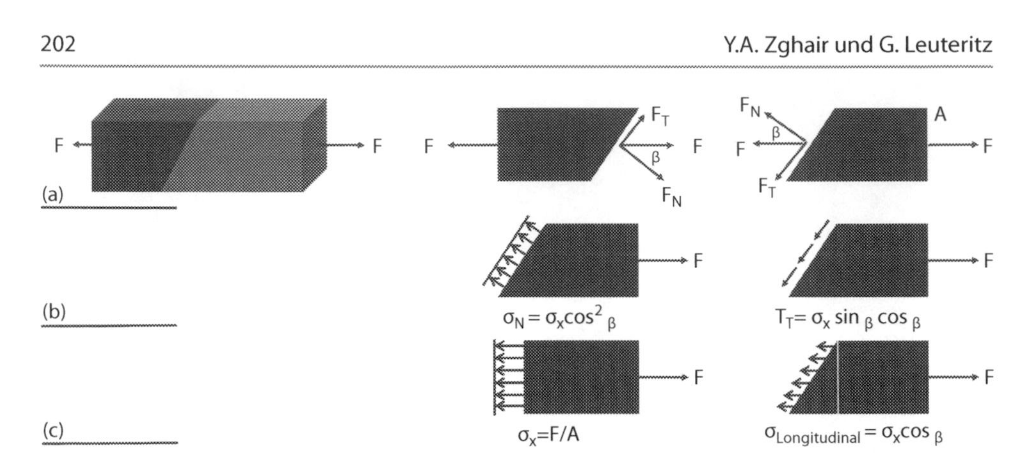


**Abb. 5** Erzeugte Spannung bei einem longitudinalen Belastungsfall auf einer schiefen Ebene; (**a**) Freikörperdiagramm im Gleichgewicht, (**b**) Erzeugte tangentiale und Normalspannung, (**c**) Erzeugte longitudinale und Normalspannung

Die daraus hervorgehenden Normal- und Scherspannungen können berechnet werden, indem jeweils $F_T$ und $F_N$ durch die beteiligte Grenzfläche $A_0$ geteilt wird:

$$\sigma_N = \frac{F_N}{A_o} \tag{4}$$

$$\tau_T = \frac{F_T}{A_o} \tag{5}$$

Betrachtet man eine Ebene senkrecht zur longitudinalen Achse im Bauteil (Abb. 5b), dann ist die Grenzfläche $A_0$ die Querschnittsfläche geteilt durch cos β. Setzt man diesen Term in obige Gleichungen ein, folgt:

$$\sigma_N = \frac{F_x \cos\beta}{A / \cos\beta} = \frac{F_x}{A}(\cos\beta)^2 = \sigma_x (\cos\beta)^2 \tag{6}$$

$$\tau_T = \frac{F_x \sin\beta}{A / \cos\beta} = \frac{F_x}{A}\cos\beta \sin\beta = \sigma_x \cos\beta \sin\beta \tag{7}$$

Somit ergibt sich für die longitudinal wirkende Spannung (Abb. 5c):

$$\sigma_L = \frac{F_x}{A_o} = \frac{F_x \cos\beta}{A} = \sigma_x \cos\beta \tag{8}$$

Resultierend aus (8) kann die Spannung in longitudinaler Richtung bei Zugspannungbelastung reduziert werden, indem ein schiefer Schnitt im Bauteil vorgenommen wird. Aus (7) lässt sich jedoch auch erkennen, dass dadurch tangentiale Spannungen entstehen, welche als Scherspannungen betrachtet werden können.

# 5 Falluntersuchung der statischen Zugspannung

## 5.1 Aufbau der Zugproben

Zur Analyse und Bestimmung der Spannungen, die in der Grenzfläche eines reparierten Bauteils unter Zugspannung entstehen, werden Proben für Zugversuche hergestellt. Im Zugversuch befindet sich die zu betrachtende Bruchstelle innerhalb des Gebietes, das mit dem Zugversuch untersucht wird (Gauge-Länge), und verlagert sich bei homogeneren Materialien zunehmend in die Mitte des Gegenstandes. Deswegen wird die Grenzfläche in der Mitte des Objektes platziert, um den realen Bruch zu simulieren und die Fläche mit hohen Spannungen zu versehen. Die Abmessungen der Probe werden durch DIN 50125 bestimmt (Durchmesser 6 mm, Länge 60 mm). Dabei ist eine Hälfte aus gegossenem Metall und die andere Hälfte aus gesintertem Metall hergestellt (Abb. 6).

## 5.2 Materialeigenschaften

Aluminiumlegierungen lassen sich sowohl über Wärmebehandlung, als auch ohne Wärmebehandlung bearbeiten. Damit zählen diese Legierungen zu den am meisten verwendeten Legierungen in der industriellen Anwendung [12]. Kommerziell verfügbar und wärmebehandelbar sind die Legierungsserien 2000 (Al-Cu oder Al-Cu-Mg), 6000 (Al-Mg-Si) und 7000 (Al-Zn-Mg), deren Eigenschaften durch verschiedene Wärmebehandlungen verbessert werden können. Aluminium-Silizium-Legierungen lassen sich sehr gut Gießformen und schweißen, und zeichnen sich durch gute Korrosionsbeständigkeit, hervorragende mechanische Eigenschaften, hohe Wärmeleitfähigkeit und geringes Gewicht aus, wodurch diese Legierungen eine Vielzahl an Anwendungen im Automobilbereich, Luft- und Raumfahrttechnik und Haushaltswaren finden [12].

Nach momentanen Stand der Technik liegt der Fokus des SLM-Prozesses bei Al-Si-Pulvern [1–3]. Diese Metallpulver lassen sich durch ihre relative geringe Schmelztemperatur vergleichsweise einfach verarbeiten [13]. AlSi10Mg ist ein Aluminiumpulver, welches für die Benutzung mit EOSINT M-Systemen ausgelegt ist [14, 15]. Die Serie

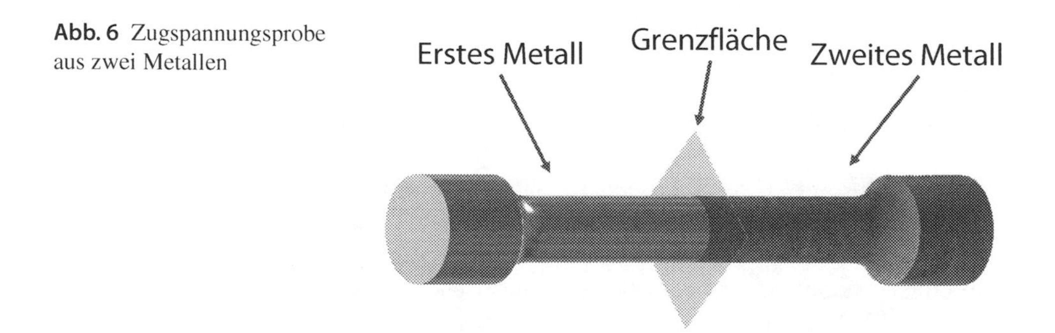


**Abb. 6** Zugspannungsprobe aus zwei Metallen

**Tab. 1** Eigenschaften der ausgewählten Aluminiumlegierungen.

| | Bruchfestigkeit In MPa | Dehngrenze $R_{p0.2}$ In MPa | Max. Verformung In % | E-Modul In MPa |
|---|---|---|---|---|
| AlSi10Mg | 345 | 220 | 7 | 65.000 |
| Al6082 | 280 | 200 | 12 | 70.000 |
| Al7075 | 490 | 400 | 6 | 72.000 |

6000 für Aluminiumlegierungen wird hauptsächlich für Extrusionen hergestellt. Unter diesen Legierungen ist die Variante 6082 mit hohem Magnesium- und Siliziumanteil die Beanspruchbarste [12]. In den vorliegenden Untersuchungen wird weiterhin eine Aluminiumlegierung der Serie 7000 verwendet, da sie eine Mischung aus ausreichender Stabilität und hoher Wärmeleitfähigkeit bietet. So findet die Legierung Al-7075 beispielsweise in Flugzeugteilen, Getrieben, Raketen, Ventilen, Wärmeaustauscher, Raumfahrt, Verteidigungsapplikationen oder Fahrradrahmen wieder Anwendung [16]. Eine Übersicht der Eigenschaften der genannten Legierungen befindet sich in Tabelle 1 [17,18].

## 5.3 Rechnerunterstützte Auswertung

In diesem Teil der Arbeit wird eine Simulation beruhend auf FEM eingeführt, um Spannungen, Durchbiegungen und die zu erwartende Bruchstelle in der Probe bestimmen zu können. Die Probentypen bestehen jeweils aus zwei Aluminiumlegierungen, zum einen AlSi10Mg mit Al-6082 und zum anderen AlSi10Mg mit 7075. Da die Proben aus zwei verschiedenen Metallen bestehen und somit unterschiedliche E-Module aufweisen, sind die zu erwartenden Deformationen und Spannungen in beiden Hälften unterschiedlich (Abb. 7).

E-modul und Poissonzahl, welche die Eigenschaften eines linearen, elastischen Metalls wiedergeben, müssen definiert werden, um eine lineare, statische Analysen durchführen zu können. Anschließend wird ein Verformbarkeitsmodell hinzugefügt und die Plastizitätsdaten in die Entwicklungsdaten überführt. Für die Spannungs-Dehnungs-Diagramme ergeben sich eine multilineare und eine bilineare Variante. Der Tangent Modulus des nichtlinearen Verhaltens bei Metallen wird in ANSYS als die von bilinearen Metallen betrachtet und die Zugfestigkeit als die maximale Gestaltungsspannung (Abb. 8) [19, 20].

Nach dem Import des CAD-Modells wird ein geeignetes Netz ausgewählt und die beiden Hälften mit Kontaktbedingungen verbunden. Weiterhin wird eine Hälfte in der Simulation fixiert und die andere Hälfte mit einer Kraft belastet. Zur Berechnung der Spannungen innerhalb der Probe wird das Von-Mises-Kriterium benutzt. Die Ergebnisse daraus werden mit der maximal erlaubten Spannung verglichen. Die Simulation ergibt, dass die Probe deformiert wurde und sich deren Querschnittsfläche verkleinert. Die Flächenverkleinerung beginnt in der Mitte der schwächeren Probenhälfte und die Von-Mises-Spannung

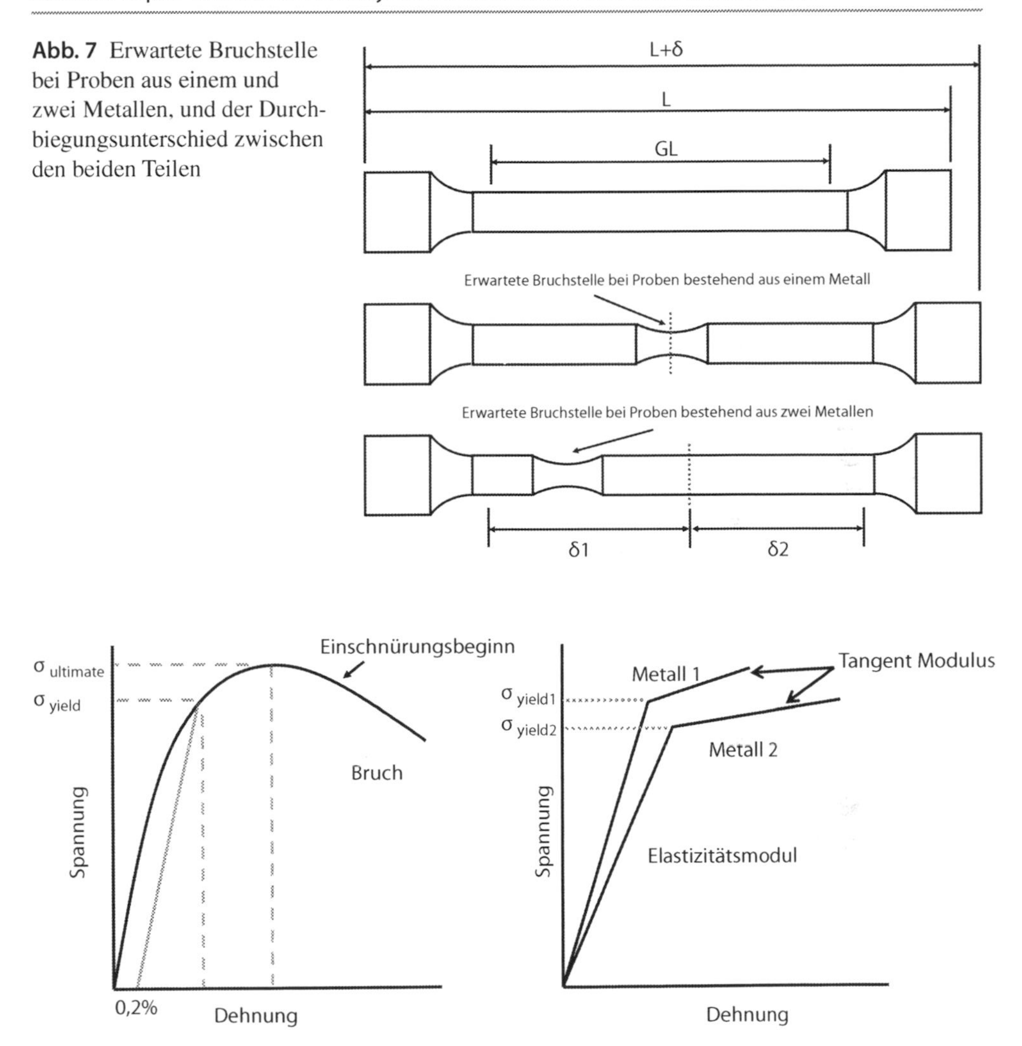


**Abb. 7** Erwartete Bruchstelle bei Proben aus einem und zwei Metallen, und der Durchbiegungsunterschied zwischen den beiden Teilen

**Abb. 8** Linearisierung der Spannungs-Dehnungsdiagramme ab einer Dehnung von 0,2 % und die Einführung des Tangent Modulus des nichtlinearen Verhaltens

überschreitet die uniaxiale Streckgrenze. Das bedeutet, dass erst in dieser Fläche Dehnung und schließlich die maximale Spannung auftreten.

Für den ersten Probentyp (AlSi10Mg mit Al-6082) ist zu erkennen, dass zuerst Al-6082 eine plastische Verformung erfährt und die Flächenverjüngung in der Mitte der Al-6082-Hälfte auftritt. Zwei Bereiche, in denen eine Spannungsreduzierung erfolgte, konnte auf der Hälfte des Al-6082 und an der Grenzfläche (AlSi10Mg-seitig) ausfindig gemacht werden. Die Al-6082-Hälfte (Zone 1 in Abb. 9) dehnte sich und erreichte die Dehnungsgrenze schneller als die AlSi10Mg-Hälfte, was bedeutet, dass AL-6082 eher brechen wird. Die maximale Durchbiegung bei der maximalen Spannung ist 3,86 % (Abb. 9 rechts).

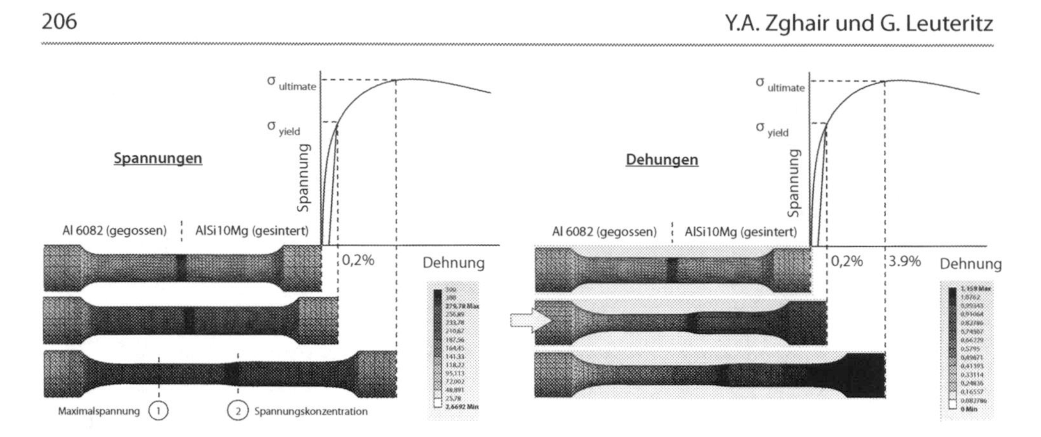


**Abb. 9** Spannungen und Deformation in der Al 6082-Probe

Bei dem zweiten Probentyp (AlSi10Mg mit Al-7075) wird das Gegenteil festgestellt. AlSi10Mg dehnte sich früher und stärker als Al-7075. Flächenverjüngung sowie die Spannungsreduzierung an der Grenzfläche treten in der Mitte der AlSi10Mg Hälfte auf (Zone 2 in Abb. 10 links). Die AlSi10Mg Hälfte dehnte sich früher und stärker als die Al-7075 Hälfte und wird somit als erstes beschädigt. Die maximale Durchbiegung bei der maximalen Spannung beträgt 3,8 % (Abb. 10 rechts).

## 5.4 Anwendung

### Herstellung der Proben

Der SLM-Prozess muss für jedes Bauteil, also jede Hälfte, separat erstellt werden. Die Arbeitsschritte können in allgemeine Schritte eingeteilt werden, wie die Erstellung des CAD-Modells und die Entnahme sowie Reinigung des Werkstückes. Additive Repair

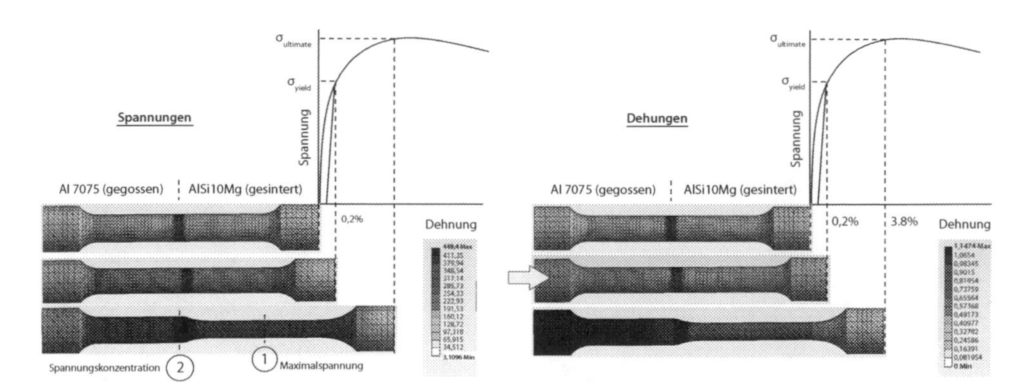


**Abb. 10** Spannungen und Deformation in der Al 7075-Probe

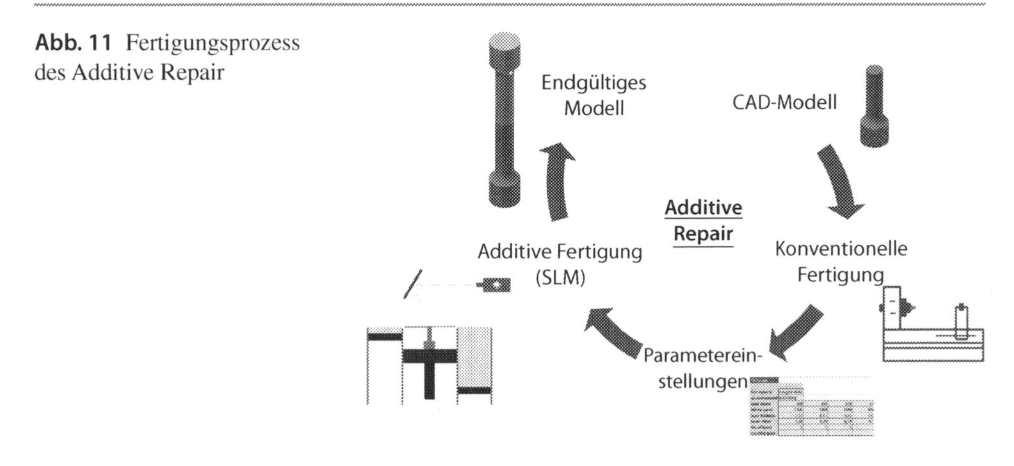


**Abb. 11** Fertigungsprozess des Additive Repair

besitzt die gleichen und ein paar zusätzliche Schritte. Der Prozess beginnt mit der Erstellung des zu ersetzenden Volumens. Dieser Schritt beinhaltet auch die Gestaltung der Grenzfläche, d. h. die Auslegung der dazu nötigen Laserleistung und Baurichtungen. Nachdem die Gestaltung abgeschlossen ist, wird das Bauteil für die Reparatur vorbereitet. Das Bauteil wird befestigt und dessen oberste Fläche wird als Nullniveau gesetzt. Sind Laserleistung, Scangeschwindigkeit, Schichtdicke, Heiztemperatur und Schutzgasatmosphäre eingestellt und das Metallpulver einsatzbereit, kann der SLM-Prozess starten. Der Fertigungsprozess für die verwendeten Proben ist in Abb. 11 dargestellt.

Zuerst wird das CAD- Modell der Proben hochgeladen (Abb. 12 links). Zehn Proben werden hergestellt, wovon fünf mit einer Fräse bearbeitet wurden. Zehn Probenhälften bestehen aus Al-6082 oder Al-7075, damit jeweils fünf Proben aus jedem der Materialien. Die anderen Hälften werden auf das jeweilige konventionell hergestellte Gegenstück „aufgesintert" und bestehen aus AlSi10Mg.

Die benutzte Maschine für den SLM-Prozess ist EOSINT M280 der Firma EOS. Die Proben werden alle an einen Adapter festgeschraubt. Dieser besitzt Gewindebohrungen,

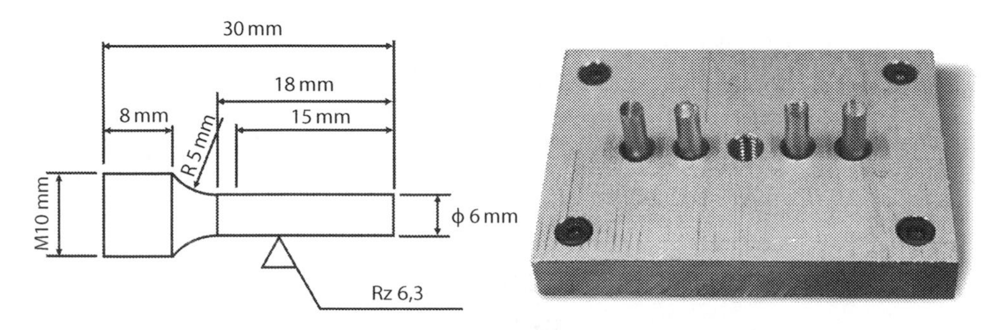


**Abb. 12** Abmaße einer Probenhälfte nach DIN 50125 Links, Adapterplatte mit Probenhälften Rechts

um sie an die Hauptbauplattform der SLM-Maschine zu befestigen (Abb. 12 rechts). Neben der Einstellung der Atmosphäre mit dem Schutzgas Argon wird das Druckbett auf 160 °C aufgeheizt.

Der Bauraum ist mit Metallpulver gefüllt, welches die Proben fast komplett bedeckt, ausschließlich der obersten Fläche. Hierbei muss festgehalten werden, dass der Einsatz von Stützstrukturen nicht möglich ist, da es abgesehen von den sichtbaren Flächen keinen festen Untergrund gibt. In vorliegenden Fall sind Stützstrukturen nicht notwendig, da die Verbreiterung des Probendurchmessers von 6 mm auf 10 mm auf einer Länge von 4 mm erfolgt.

Der Grenzbereich zwischen beiden Hälften wird mit drei Schichten modelliert. Dies sorgt für eine ausreichende Dicke des Bereiches mit der Möglichkeit, die Laserleistung beim Übergang zu der jeweils anderen Hälfte in drei Schritten zu regulieren (Abb. 13). Prozessparameter wie Scangeschwindigkeit, Schichtdicke, Abstand zwischen Linien und Laserleistung beeinflussen dabei die Bauteildichte (Volumen gefüllt durch Material zu Gesamtvolumen des Bauteils) und die mechanischen Eigenschaften. Um die höchste Bauteildichte zu realisieren, muss der optimale Energieeintrag durch den Laser gefunden und umgesetzt werden [12, 21].

Verschiedene Einstellungen des Lasers werden evaluiert, um die optimale Verbindung zwischen den Hälften herzustellen. Die Wechselwirkung zwischen Laser und den verbindenden Materialien ist somit der Schlüssel zu einer zielführenden Verbindung der beiden Bauteilhälften. Die Laserparameter werden für jede Probe einzeln konfiguriert, womit es zehn verschiedene Sets an Parametern gibt. Jedes Set beinhaltet wiederum verschiedene Parameter für die drei Schichten der Verbindungszone. Die Laserleistung kann bestimmt werden, indem man den Eintrag der Laserenergie pro Volumeneinheit $\psi$ definiert als [22, 23]:

$$\psi = \frac{P}{uhd} \tag{9}$$

P (in W) ist hierbei die Laserleistung, u (in mm/s) die Scangeschwindigkeit, h (in mm) der Scanabstand und d (in mm) die Schichtdicke. Die Schichtdicke wird mit 0,3 mm festgelegt, der Scanabstand mit d = 0,19 mm. Mithilfe von (9) kann die Laserintensität über das Durchstimmen von Laserleistung und Scangeschwindigkeit durchgeführt werden.

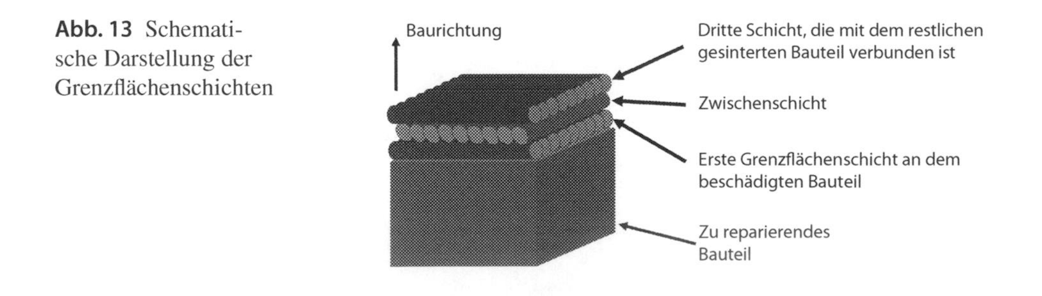


**Abb. 13** Schematische Darstellung der Grenzflächenschichten

| First Layer Prob No. | 1 | 2 | 3 | 4 | 5 | 1 | 2 | 3 | 4 | 5 |
|---|---|---|---|---|---|---|---|---|---|---|
| first material | Al-7075 | | | | | Al-6082 | | | | |
| second material | AlSi10Mg | | | | | AlSi10Mg | | | | |
| laser power | 280 | 320 | 370 | 370 | 370 | 300 | 335 | 370 | 370 | 370 |
| Mirror speed | 1300 | 1300 | 1300 | 1170 | 990 | 1300 | 1300 | 1300 | 1080 | 925 |
| layer thickness | 0,03 | 0,03 | 0,03 | 0,03 | 0,03 | 0,03 | 0,03 | 0,03 | 0,03 | 0,03 |
| Beam offset | 0,19 | 0,19 | 0,19 | 0,19 | 0,19 | 0,19 | 0,19 | 0,19 | 0,19 | 0,19 |
| No. of layers | 1 | 1 | 1 | 1 | 1 | 1 | 1 | 1 | 1 | 1 |
| Hatching space | | | | | | | | | | |
| Laser intensity | 37,78677463 | 43,18488529 | 49,93252362 | 55,4805818 | 65,5679603 | 40,48582996 | 45,20917679 | 49,93252362 | 60,10396361 | 70,1754386 |

| Second Layer | | | | | | | | | | |
|---|---|---|---|---|---|---|---|---|---|---|
| laser power | 325 | 340 | 370 | 370 | 370 | 335 | 352 | 370 | 370 | 370 |
| Mirror speed | 1300 | 1300 | 1300 | 1220 | 1225 | 1300 | 1300 | 1300 | 1180 | 1080 |
| layer thickness | 0,03 | 0,03 | 0,03 | 0,03 | 0,03 | 0,03 | 0,03 | 0,03 | 0,03 | 0,03 |
| Beam offset | 0,19 | 0,19 | 0,19 | 0,19 | 0,19 | 0,19 | 0,19 | 0,19 | 0,19 | 0,19 |
| No. of layers | 1 | 1 | 1 | 1 | 1 | 1 | 1 | 1 | 1 | 1 |
| Laser intensity | 43,85964912 | 45,88394062 | 49,93252362 | 53,20678746 | 57,69980507 | 45,20917679 | 47,50337382 | 49,93252362 | 55,01040737 | 60,10396361 |

| Third Layer | | | | | | | | | | |
|---|---|---|---|---|---|---|---|---|---|---|
| laser power | 370 | 370 | 370 | 370 | 370 | 370 | 370 | 370 | 370 | 370 |
| Mirror speed | 1300 | 1300 | 1300 | 1300 | 1300 | 1300 | 1300 | 1300 | 1300 | 1300 |
| layer thickness | 0,03 | 0,03 | 0,03 | 0,03 | 0,03 | 0,03 | 0,03 | 0,03 | 0,03 | 0,03 |
| Beam offset | 0,19 | 0,19 | 0,19 | 0,19 | 0,19 | 0,19 | 0,19 | 0,19 | 0,19 | 0,19 |
| No. of layers | | | | | | | | | | |
| Laser intensity | 49,93252362 | 49,93252362 | 49,93252362 | 49,93252362 | 49,93252362 | 49,93252362 | 49,93252362 | 49,93252362 | 49,93252362 | 49,93252362 |

**Abb. 14** Laserparameter für die Grenzfläche zwischen Al 6082 und AlSi10Mg (Links) und Al 7075 und AlSi10Mg (Rechts)

Abbildung 14 zeigt das Intervall für die Laserleistung, das für die Untersuchungen verwendet wurde, um die Verbindungszone zwischen den beiden Hälften herzustellen [24–28].

Nachdem die beschriebenen Schritte durchgeführt wurden, wird der SLM-Prozess gestartet. Nach Beenden des Fertigungsprozesses (Abb. 15a) werden die Proben entnommen und gereinigt. Der letzte Arbeitsschritt besteht aus der Nachbearbeitung der Proben mit einer Fräse, um die exakte Probengeometrie zu erhalten (Abb. 15b), und einer zusätzliche Wärmebehandlung bei 300 °C, um lokale Spannungsmaxima zu neutralisieren.

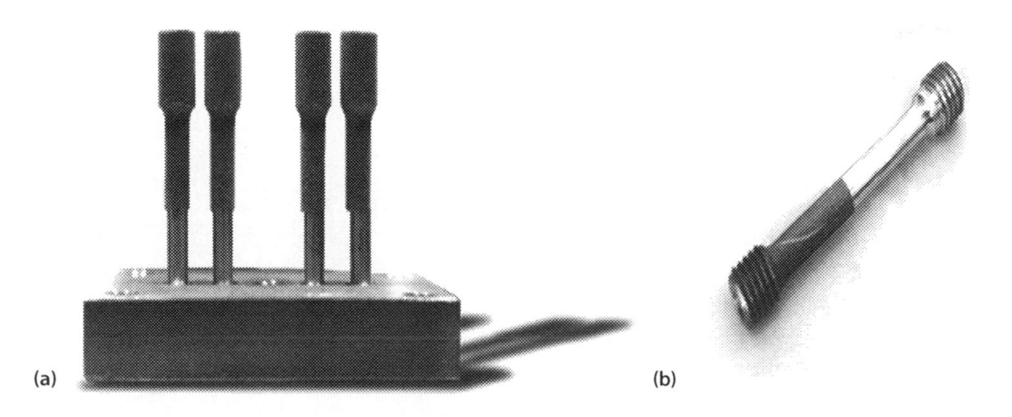


**Abb. 15** Proben nach dem Fertigungsprozess; (**a**) Vor der Entnahme, (**b**) Nach der Nachbearbeitung

## 5.5 Auswertung der Zugversuche

Die Zugversuche werden nach DIN EN 6892-1 B bei Raumtemperatur durchgeführt. Die Proben selbst sind jedoch nicht DIN konform, da sie aus mehreren Materialien bestehen. Die Ergebnisse zeigen, dass vier Proben außerhalb der Gauge-Länge rissen (Abb. 16). Diese Proben werden für die Auswertung nicht berücksichtigt. Die Genauigkeit der Probengeometrie befindet sich im vorgeschlagenen Rahmen und beträgt weniger als 0,2 %.

Für die ersten Probentypen (AlSi10Mg mit Al-6082) übersteigt die Maximalspannung 280 MPa. Die mittlere Bruchdehnung liegt bei 3 % und die Gesamtdehnung liegt bei über 10 %. Aus Abb. 17a lässt sich erkennen, dass sich in der Verbindungszone keine offensichtlichen Risse oder Brüche bildeten. Brüche entstehen nur bei der gegossenen Hälfte aus Al-6082. Nach Überschreitung der Bruchdehnungsgrenze entsteht eine markante

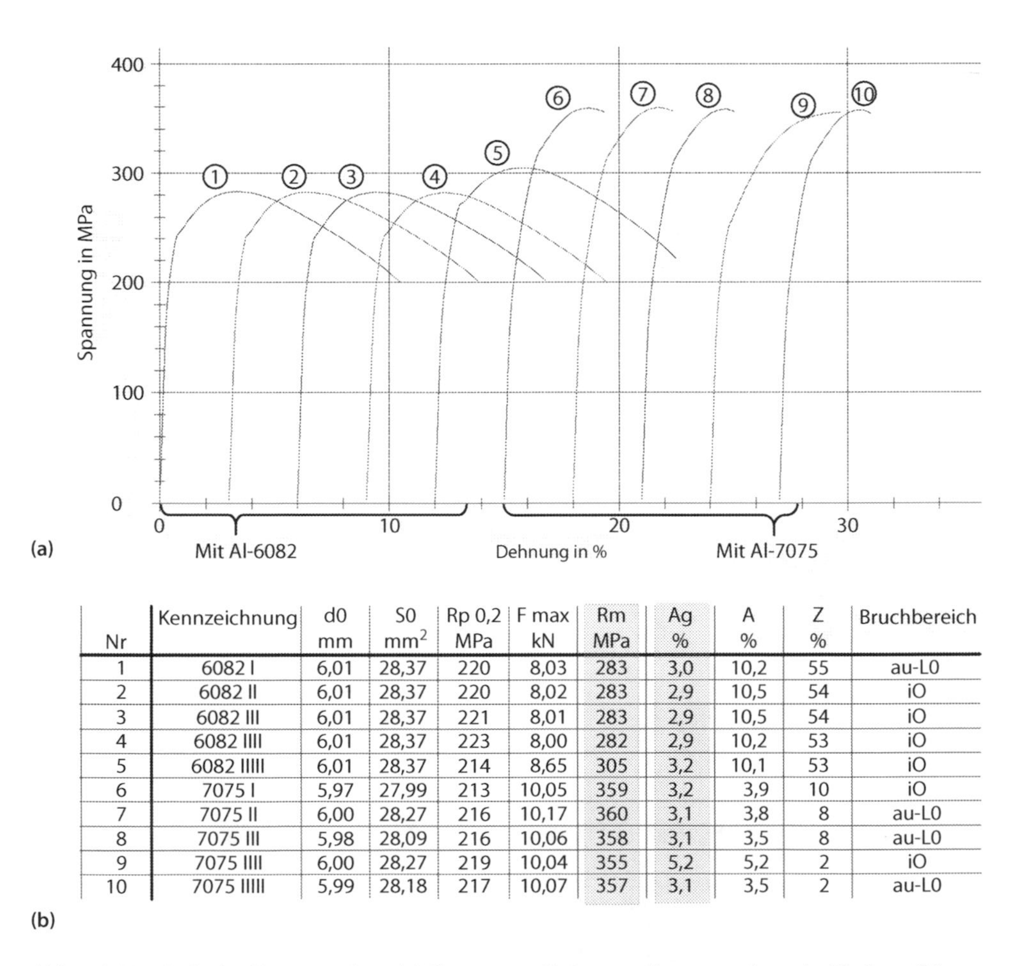


| Nr | Kennzeichnung | d0 mm | S0 $mm^2$ | Rp 0,2 MPa | F max kN | Rm MPa | Ag % | A % | Z % | Bruchbereich |
|---|---|---|---|---|---|---|---|---|---|---|
| 1 | 6082 I | 6,01 | 28,37 | 220 | 8,03 | 283 | 3,0 | 10,2 | 55 | au-L0 |
| 2 | 6082 II | 6,01 | 28,37 | 220 | 8,02 | 283 | 2,9 | 10,5 | 54 | iO |
| 3 | 6082 III | 6,01 | 28,37 | 221 | 8,01 | 283 | 2,9 | 10,5 | 54 | iO |
| 4 | 6082 IIII | 6,01 | 28,37 | 223 | 8,00 | 282 | 2,9 | 10,2 | 53 | iO |
| 5 | 6082 IIIII | 6,01 | 28,37 | 214 | 8,65 | 305 | 3,2 | 10,1 | 53 | iO |
| 6 | 7075 I | 5,97 | 27,99 | 213 | 10,05 | 359 | 3,2 | 3,9 | 10 | iO |
| 7 | 7075 II | 6,00 | 28,27 | 216 | 10,17 | 360 | 3,1 | 3,8 | 8 | au-L0 |
| 8 | 7075 III | 5,98 | 28,09 | 216 | 10,06 | 358 | 3,1 | 3,5 | 8 | au-L0 |
| 9 | 7075 IIII | 6,00 | 28,27 | 219 | 10,04 | 355 | 5,2 | 5,2 | 2 | iO |
| 10 | 7075 IIIII | 5,99 | 28,18 | 217 | 10,07 | 357 | 3,1 | 3,5 | 2 | au-L0 |

(b)

**Abb. 16** Ergebnis des Zugversuches; (**a**) Spannungs-Dehnungsdiagramm der zehn Proben, (**b**) Tabelle der Testergebnisse

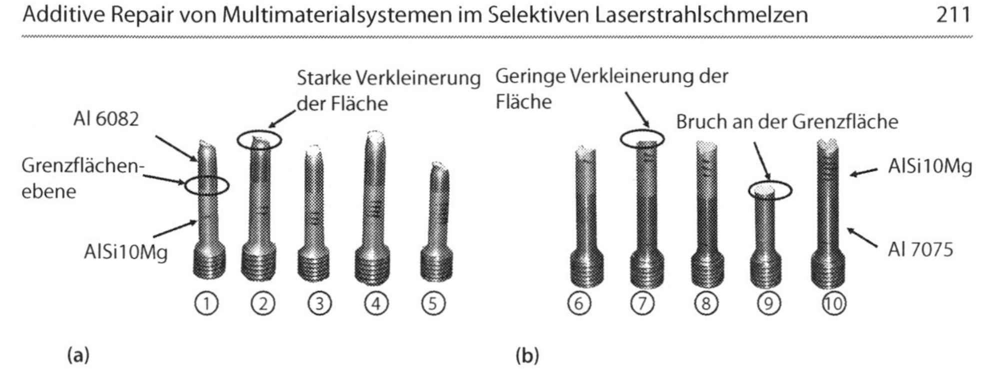


**Abb. 17** Beschädigte Proben nach dem Zugspannungsversuch; (**a**) Al 6082 mit AlSi10Mg-Proben, (**b**) Al 7075 mit AlSi10Mg-Proben

Flächenverjüngung. Diese Verjüngung findet nur bei der gegossenen Hälfte statt, da das gesinterte Material härter ist. Alle fünf Proben weisen eine gute Verbindung der beiden Hälften auf und haben den Zugversuch bestanden.

Für den zweiten Probentyp (AlSi10Mg mit Al-7075) ergeben sich für die Maximalspannung 260 MPa, für die mittlere Bruchdehnung 3,1 % und für die Gesamtdehnung 3,6 %. Probe 9 versagte unter Belastung an der Verbindungszone (Abb. 17b), alle anderen Proben hingegen rissen an anderen Stellen. Die Brüche der Proben befinden sich jeweils auf der gesinterten Hälfte, wobei keine Risse in der Mitte zu sehen sind. Eine Verjüngung der Flächen oberhalb der Bruchdehnungsgrenze konnte nicht verzeichnet werden. Die Verbindungsstelle war auch hier ausreichend gut erstellt, sodass die Proben die Zugprüfung bestehen.

## 5.6 Mikroskopische Untersuchungen

Die mikroskopischen Untersuchungen wurden nach dem Zugversuch durchgeführt, um die Verbindungszone nach der Belastung durch den Zugversuch zu untersuchen. Die Proben werden zuvor mit Schwefelsäure geätzt. Es wird deutlich, dass der Laser sowohl das Metallpulver, als auch das gegossene Metall bis zu einer gewissen Eindringtiefe aufschmilzt und dadurch die Verbindungsschicht entsteht (Abb. 18). Die Form des Schmelzbereiches kann als sichelförmig beschrieben werden und die verschiedenen Farben in der Abbildung entstehen durch die unterschiedlichen Zusammensetzungen der Aluminiumlegierungen. Die beiden Probenhälften konnten nicht getrennt werden, die Verbindungszone ist demnach intakt, jedoch gibt es Fehlstellen, wie Poren, Oxidbildungen und Risse. Im geätzten Zustand lässt sich leicht erkennen, dass die Texturen in der Verbindungsschicht sehr fein sind. Da die Proben nicht an der Verbindungsschicht rissen, scheint dies kein Hinweis auf eine strukturelle Schwachstelle zu sein. Um genauere Aussagen darüber treffen zu können, sollten die Proben mit einem Rasterelektronenmikroskop untersucht werden.

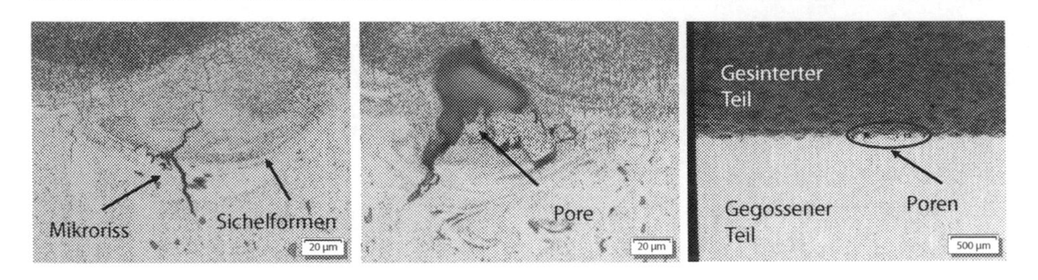


**Abb. 18** Mikroskopaufnahmen der Grenzfläche zwischengegossenem und gesintertem Material

## 6 Ergebnisse

Die Zugversuche bieten uniaxiale Daten, die problemlos in ein eindimensionales Spannungs-Dehnungs-Diagramm dargestellt werden können. Der Zugversuch ergibt zwei verschiedene Kurven. Die erste Kurve kann den Proben mit Al-6082 zugeordnet werden, wobei sie näher an Al-6082 liegt, als an AlSi10Mg. Dies wird durch die geringere Härte von Al-6082 begründet. Die zweite Kurve beschreibt das Verhalten der Proben mit Al-7075, wobei die Kurve näher an Al-7075 liegt, da das gesinterte Material in diesem Fall weicher ist.

Die Querschnittsfläche wird während des Zugversuches verkleinert. Deshalb beschreibt die Spannungs-Dehnungskurve den Quotient aus aufgebrachter Kraft und momentaner Querschnittsfläche während des Zugversuches. Dividiert man nun den Kräftetensor, den man aus den Versuchen erhält, durch die Querschnittsfläche, erhält man den Spannungstensor. Trägt man den Spannungstensor gegen die jeweilige Dehnung auf, so erhält man die simulierte, technische Spannungs-Dehnungs-Kurve (Abb. 19). Bestimmt man den Ort maximaler Spannung auf der Probenhälfte, und trägt den Spannungstensor für diese Stelle gegen die dazugehörige Dehnung auf, erstellt man damit die simulierte, wahre Spannungs-Dehnungs-Kurve. Die Kurven können für die zwei Probentypen verglichen, und die prozentualen Abweichungen an der Dehnungsgrenze berechnet werden.

- AlSi10Mg mit Al-6082: Verformungsabweichung in Prozent: 28 %
- AlSi10Mg mit Al-7075: Verformungsabweichung in Prozent: 18,75 %

## 7 Zusammenfassung

Die Bindungsstärke zweier Metalle durch die Verbindungszone ist stark genug, um den geforderten Belastungen zu widerstehen. Fehlstellen entstehen nur außerhalb der Verbindungszone. Die Ergebnisse, die mit ANSYS simuliert wurden, stimmen mit den experimentell ermittelten Ergebnissen in Näherung überein. Die Wahl einer Gestaltungsoberfläche

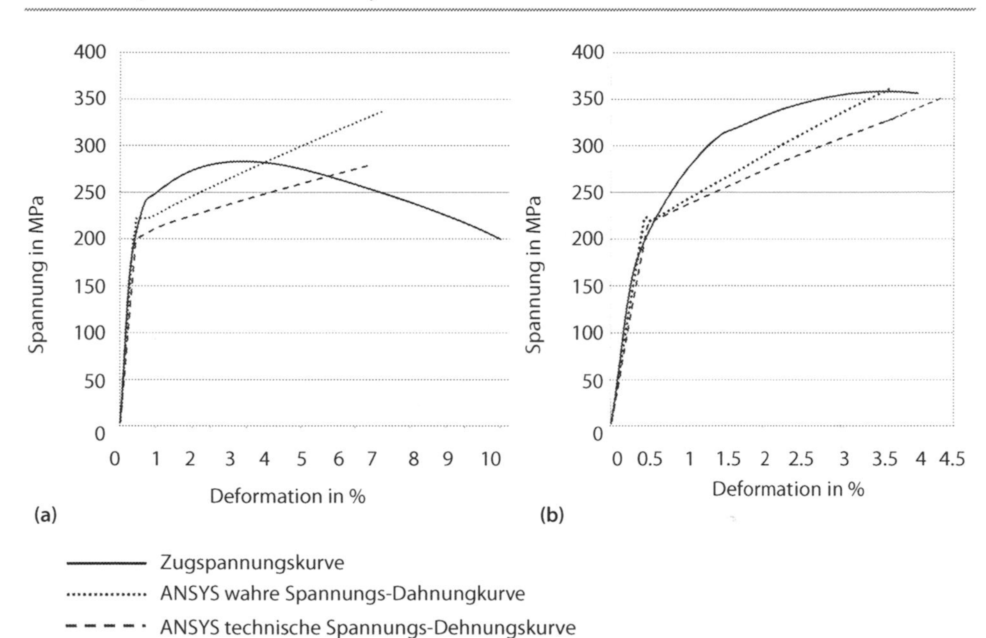


**Abb. 19** Vergleich zwischen wahrem und simuliertem Spannungs-Dehnungsdiagramm und der resultierenden Dehnung; (**a**) Al 6082 mit AlSi10Mg, (**b**) Al 7075 mit AlSi10Mg

senkrecht zur longitudinalen Achse erweist sich als zielführende Lösung für den Fall der statischen axialen Belastung.

Die wirkenden Spannungen und deren Sicherheitsfaktoren müssen sorgfältig berechnet werden, da es zu Fehlstellen im reparierten Volumen kommen kann, sofern das ersetzte Volumen mit einem weicheren Material erstellt wurde als das Ausgangsmaterial. Um dies zu vermeiden, sollte das Sintermaterial so ausgewählt werden, dass es den simulierten Spannungen standhalten kann. Alternativ modifiziert man das zu reparierende Volumen derart, dass es den Belastungen, ohne zuvor genannte Bedingung erfüllen zu müssen, entspricht. Die vorliegenden Ergebnisse können außerdem dafür verwendet werden, um weitere Entwicklungen hinsichtlich der Reparatur mit Hybridmetallen zu ermöglichen.

## Literaturverzeichnis


[1] *R. Lachmayer, R.B. Lippert, T. Fahlbusch (Hrsg.) (2016): 3D-Druck beleuchtet – Additive Manufacturing auf dem Weg in die Anwendung, Springer Vieweg Verlag, Berlin Heidelberg, Mai 2016, ISBN: 978-3-662-49055-6.*

[2] *Laser Engineered Net Shaping Advances Additive Manufacturing and Repair http://www.rpm-innovations.com/laser_deposition_technology_advances_additive_manufacturing_and_repair*

[3] *Navrotsky, V.; Graichen, A.; Brodin, H.: "Industrialisation of 3D printing (additive manufacturing) for gas turbine components repair and manufacturing"; VGB Power Tech – Autorenexemplar;*

[4] *Tool Repair with Additive Manufacturing by EOS http://www.eos.info/industries_markets/tooling/tool_repair*

[5] *RepAIR – Future RepAIR and Maintenance for Aerospace industry http://www.rep-air.eu/*

[6] *Additive Technology For Mechanical Parts Repairing http://www.dragonfly.am/?q=en/additive-technologies-mechanical-parts-repairing*

[7] *Hölker, R.; Tekkaya, A.E.: "Advancements in the manufacturing of dies for hot aluminium extrusion with conformal cooling channels"; in Int J Adv Manuf Technol, DOI 10.1007/s00170-015-7647-4; 2015.*

[8] *Qi, Huan; Azer, Magdi; Singh, Prabhjot: "Adaptive toolpath deposition method for laser net shape manufacturing and repair of turbine compressor airfoils"; in Int J Adv Manuf Technol, (2010) 48: 121–131; August 2009.*

[9] *Capello, E.; Colombo,D.; Previtali, B.: "Repairing of sintered tools using laser cladding by wire"; in Journal of Materials Processing Technology, 164–165 (2005) 990–1000; 2005.*

[10] *Zghair, Y., A.; Lachmayer, R.; Klose, C.; Nürnberger, R.: "Introducing Selective Laser Melting to Manufacture Machine Elements"; in International Design Conference – Design 2016, Dubrovnik – Croatia; 2016.*

[11] *Strößner, J.; Terock, M.; Glatzel, U.: "Mechanical and Microstructural Investigation of Nickel-Based Superalloy IN718 Manufactured by Selective Laser Melting (SLM)"; in Advanced Engineering Materials, Volume 17, Issue 8; 2015.*

[12] *Kempena, K.; Thijsb, L.; Humbeeckb, J.; Krutha, J.-P.: "Mechanical properties of AlSi10Mg produced by Selective Laser Melting"; in Physics Procedia, Volume 39, 439–446; 2012.*

[13] *Bartkowiak, K.; Ullrich, S.; Frick, T.; Schmidt, M: „New Developments of Laser Processing Aluminium Alloys via Additive Manufacturing Technique"; in Physics Procedia, Volume 12, Part A; 2011.*

[14] *Material data sheet for Aluminium AlSi10Mg; EOS GmbH - Electro Optical Systems; May 2011*

[15] *Technical Description for EOSINT M 280, December 2010.*

[16] *Kempen, K.: "Expanding the materials palette for Selective Laser Melting of metals"; Doctoral theses, KU Leuven, Faculty of Engineering Science; 2015.*

[17] *Material data sheet for Aluminium Al 6082; Alu Point EN AW-6082 / AlSi1MgMn.*

[18] *Material data sheet for Aluminium Al 7075; Alu Point EN AW-7075 / AlZnMgCu1,5.*

[19] *Mišović, M.; Tadić, N.; Lučić, D.: "Deformation characteristics of aluminium alloys"; in GRAĐEVINAR 68 (2016) 3, 179–189; 2016.*

[20] *Yu, Y.; Wan, M.; Wu, X.; Zhou, X.: "Design of a Cruciform Biaxial Tensile Specimen for Limit Strain Analysis by FEM."; in Journal of Materials Processing Technology 123, 67–70; 2002.*

[21] *Kempen, K.; Thijs, L.; Yasa, E.; Badrossamay, M.; Verheecke, W.; Kruth, J.-P.: "Process Optimization and Microstructural Analysis for Selective Laser Melting of AlSi10Mg"; in Solid Freeform Fabrication Symposium (SFF2011), Austin (Texas); 2011.*

[22] *Olakanmi, E.O.: "Selective laser sintering/melting (SLS/SLM) of pure Al, Al–Mg, and Al–Si powders: Effect of processing conditions and powder properties"; in Journal of Materials Processing Technology; March 2013.*

[23] *Tammas-Williams, S.; Zhao, H.; Léonard, F.; Derguti, F.; Todd, I.; Prangnell, P.B.: "XCT analysis of the influence of melt strategies on defect population in Ti–6Al–4 V components manufactured by Selective Electron Beam Melting"; in Materials Characterization; February 2015.*

[24] *Olakanmia, E. O.; Cochranea, R. F.; Dalgarnoc, K. W.: "A review on selective laser sintering/melting (SLS/SLM) of aluminium alloy powders: Processing, microstructure, and properties"; in Progress in Materials Science; Mai 2015.*

[25] *Murali, K.; Chatterjee, A.N.; Saha, P.; Palai, R.; Kumar, S.; Roy, S.K.; Mishra, P.K.; Roy Choudhury, A.: "Direct selective laser sintering of iron–graphite powder mixture"; in Journal of Materials Processing Technology 136 (2003) 179–185; January 2003.*

[26] *Agarwala, M.; Bourell, D.; Beaman, J.; Marcus, H.; Barlow, J.:"Direct selective laser sintering of metals"; in Rapid Prototyping Journal, Vol. 1 Iss 1 pp. 26 – 36; 1995.*

[27] *Simchi, A.; Pohl, H.: "Direct laser sintering of iron–graphite powder mixture"; in Materials Science and Engineering A 383 (2004) 191–200; 2004.*

[28] *Simchi, A.; Pohl, H.: "Effects of laser sintering processing parameters on the microstructure and densification of iron powder"; in Rapid Prototyping Journal, Vol. 1 Iss 1 pp. 26 – 36; 1995.*

# Sachwortverzeichnis

**3D-Druck:** Ein Fertigungsverfahren des Additive Manufacturing, welche auf dem Prinzip des Verklebens von Pulverpartikeln basiert. Aufgrund der sinnbildlichen Darstellung wird der Begriff 3D-Druck – besonders im Endkundenbereich – oftmals als Synonym für Additive Manufacturing eingesetzt.

**3D Manufacturing Format (*3MF*):** XML basiertes Austauschformat zur Definition der Anforderungen an die genaue Visualisierung einer Geometrie (wie z. B. Oberflächen und Texturen). Integration von digitalen Signaturen oder Funktionsanforderungen sind möglich.

**Abbe'sche Zahl:** Kennzahl für die Farbtreue optischer Materialien.

**Additive Manufacturing (*AM*):** Nach VDI 3405 sowie ASTM F2792 (USA) genormte Bezeichnung, welche eine Vielzahl unterschiedlicher Fertigungsverfahren enthält, bei denen das Werkstück element- oder schichtweise aufgebaut wird.

**Additive Manufacturing File Format (*AMF*):** XML basiertes Austauschformat zum Aufbau der Geometrie anhand von Dreiecksfacetten und Definition von Produkteigenschaften (z. B. Material oder Farbe). Durch Manipulation der Eckpunkte einer Dreiecksfacette können gebogene Dreiecke generiert werden.

**Aerosol-Jet:** Sprühbeschichtungseinrichtung, bei der ein flüssiges Ausgangsmaterial in einen Tröpfchenenstrom mit definierter Tröpfchengrößenverteilung überführt und über eine Düse mit einem unterstützenden Hüllgas auf ein Substrat gebracht wird.

**Analogon:** Vergleichskörper funktionsgleicher Strukturen [U. Lindemann: Methodische Entwicklung technischer Produkte, Springer Verlag, 2009].

**Ansinterungen:** Teilweise angeschmolzene Pulverpartikel.

**Brechzahl:** Kennzahl für das Verhältnis zwischen der Geschwindigkeit von Licht in einem Medium und der Geschwindigkeit von Licht im Vakuum.

**Design for Additive Manufacturing (*DfAM*):** Beschreibung alle notwendigen Arbeitsschritte zur Gestaltung eines Additive Manufacturing Bauteils.

**Direct Manufacturing (*DM*):** Additive Herstellung von Endprodukten [VDI 3405].

**Diskrete Elemente Methode:** Numerisches Verfahren zur Lösung partieller Differentialgleichungen. Das Lösungsgebiet wird durch Partikel diskretisiert, die allgemein als



R. Lachmayer, R.B. Lippert (Hrsg.), *Additive Manufacturing Quantifiziert*,
DOI 10.1007/978-3-662-54113-5

starr angenommen werden und miteinander in Kontakt stehen. Aus den Kontaktkräften ergibt sich die Verformung des Gebiets.

**Do It Yourself** (*DIY*)**:** DIY bezeichnet die Vorgehensweise zum Aufbau und der Inbetriebnahme von 3D-Druckern im Endkundenbereich. Mit Hilfe der online Kommunikation ist eine Comunity im Bereich der DIY Drucker entstanden.

**Draht-/Linien-/Kantenmodell:** Drahtmodelle bestehen aus den Kanten eines 3D-Geometriemodells. Solche Modelle bieten generell keine geometrische Integrität, können kaum mit physikalischen Eigenschaften versehen oder für Kollisionsprüfungen verwendet werden.

**Endprodukt:** Bestimmungsgemäß eingesetztes, marktfähiges Produkt mit Serieneigenschaften ab Stückzahl eins [VDI 3405].

**FabLab:** Fabrikationslabor oder offene High-Tech-Werkstätten, kurz FabLabs, gehören zu einer schnell wachsenden Bewegung, um moderne Technik unkompliziert nutzen zu können. Hierbei können Privatpersonen industrielle Produktionsverfahren dazu benutzen um Einzelstücke oder nicht mehr verfügbare Ersatzteile mit professionellen Maschinen herzustellen.

**Femtosekundenlaser:** Lasersystem, das gepulste Laserstrahlung mit einer Pulslänge im Femtosekundenbereich emittiert. Aufgrund der kurzen Pulsdauer erreichen Femtosekundenlaserpulse sehr große Pulsspitzenintensitäten.

**Fertigungsmerkmal:** Charakteristikum eines Systems in Bezug auf die Fertigung, das durch seine Ausprägung als Eigenschaft wahrgenommen wird [U. Lindemann: Methodische Entwicklung technischer Produkte, Springer Verlag, 2009].

**Filament:** Drahtförmiges Ausgangsmaterial für das Fused Layer Modelling. Verwendung von thermoplastischen Kunststoffen, wie z. B. PLA oder ABS.

**Finite Differenzen Methode:** Numerisches Verfahren zur Lösung partieller Differentialgleichungen. Das Lösungsgebiet wird durch eine endliche (finite) Anzahl an Gitterpunkten diskretisiert. Ableitungen werden durch Differenzenquotienten approximiert.

**Finite Elemente Methode:** Numerisches Verfahren zur Lösung partieller Differentialgleichungen. Das Lösungsgebiet wird durch eine endliche (finite) Anzahl von miteinander vernetzten Elementen unterteilt.

**Flächenmodell:** Flächenmodelle sind geometrisch nicht zwingend integer, die Flächenbegrenzungen stehen nicht miteinander in Beziehung. Die Vergabe von physikalischen Eigenschaften ist begrenzt möglich, Kollisionsprüfung ist über Flächendurchdringung begrenzt ausführbar.

**Formgedächtniseffekt:** Umwandlung eines verformten Werkstückes in seine ursprüngliche Form nach Erwärmung über die Phasenumwandlungtemperatur.

**Fotoinitiator:** Fotosensitive Komponente des Fotolacks, die durch Absorption von Licht in einer Photolysereaktion zerfällt und reaktive Spezies bildet, die eine chemische Reaktion initiiert, welche die Strukturierung des Fotolacks ermöglicht.

**Fotolack (Photoresist):** Fotosensitives Material das durch Belichtung mit Licht geeigneter Wellenlänge strukturiert werden kann. Es werden zwei Typen von Photoresisten unterschieden. Die Negativ-Photoresiste werden durch Belichtung polymerisiert bzw. verfestigt und somit aus dem löslichen Zustand in den unlöslichen Zustand überführt, wohingegen Positiv-Photoresiste durch Belichtung aus dem festen und unlöslichen Zustand in den löslichen Zustand überführt werden.

**Fraktal:** Körper, der aus dem fortwährenden Zerteilen seines Grundzustandes entsteht.

**Galvo-Scanner:** Belichtungsstrahlführungseinheit, die über Galvanometer betriebene Spiegel das Führen eines Laserstrahls auf einer Ebene ermöglicht.

**Geometriemodell (3D):** Digitale Abbildung einer 3-dimensionalen Geometrie.

**Gestaltparameter:** Parameter, welche zur Gestaltung eines Bauteils verändert werden können. Materialien, Oberflächen und Geometrie. Geometrie setzt sich aus der Topologie, Form, Abmaße und Anzahl sowie den Toleranzen zusammen.

**Gestaltungsraum (physikalisch):** Durch Restriktionen (z. B. Montage, Bauraum) definierter Bereiche, welcher zur Gestaltung eines Bauteils/bzw. eines Bauteilbereiches zur Verfügung steht.

**Gestaltungsrichtlinien:** Grafisch aufbereiteter Informationsspeicher von Maschinen- und Prozessrestriktionen zur Berücksichtigung bei der Gestaltung eines Bauteils.

**Gestaltungsziel:** Beschreibt die Eigenschaften (Festigkeit, Steifigkeit, Gewicht, Kosten, Funktionsintegration) eines Bauteils, welche mit der Bauteilgestaltung verbessert werden sollen.

**In-Prozess:** Beschreibt die aus dem Pre-Prozess resultierenden Fertigungsoperationen, die von der additiven Fertigungsanlage ausgeführt werden [VDI 3405].

**Innere Strukturen:** Auf- und aneinandersetzbare Elemente zur Variation der Materialanordnung auf makroskopischer Ebene ohne Beeinflussung der Materialeigenschaften

**Keyholing:** Tritt bei Schweiß- und Laserstrahlschmelz-Verfahren unter Verwendung hoher Laserleistungen auf. Verdampfte Partikel führen zu einer Einkerbung des Schmelzpools, welche als Keyhole bezeichnet wird.

**Mikrofluidische Bauteile:** Bauteile in der Größenordnung weniger Mikrometer bis zu einiger 100 Mikrometer, die der Handhabung von Fluiden auf kleinsten Raum dienen.

**Mikromechanische Bauteile (funktional):** Bauteile in der Größenordnung weniger Mikrometer bis zu einiger 100 Mikrometer, die eine mechanische Funktion aufweisen.

**Modell (physisch):** Nach dem Verband Deutscher Industrie Designer (VDID) definierte Modelltypen zur Abbildung unterschiedlicher Produktfunktionen bzw. -Eigenschaften in Abhängigkeit des Reifegrades des Entwicklungsprozesses: Proportions-, Ergonomie-, Design- und Funktionsmodell.

**Modell (theoretisch):** Gegenüber einem Original zweckorientiert vereinfachtes, gedankliches oder stoffliches Gebilde, das Analogien zu diesem Original aufweist und so bestimmte Rückschlüsse auf das Original zulässt [U. Lindemann: Methodische Entwicklung technischer Produkte, Springer Verlag, 2009].

**Muster:** Im Falle der werkzeuggestützten Serienproduktion stammt das Muster bereits aus einer Serie, gegebenenfalls einer Pilot-, Null-, Vor- oder Hauptserie. Es ermöglicht den vollständigen Test aller Produkteigenschaften, unterstützt die Ausbildung von Fertigungs- und Servicepersonal, den Anlauf der Serienfertigung und dabei den Abgleich der Fertigungs- und Montagefolge sowie die Feinplanung mit Kunden und Lieferanten [VDID].

**Photoleitenden Antennen (engl.: photoconductive antennas, *PCA*):** Eine photoleitende Antenne besteht aus einem Halbleitersubstrat mit einer niedrigen Ladungsträgerlebensdauer, auf die eine metallische Antennenstruktur aufgebraucht ist. Als Halbleitermaterial wird üblicherweise Niedrigtemperatur gewachsenes GaAs oder InGaAs verwendet. Sie werden typischerweise in THz-Zeitbereichsspektrometern eingesetzt.

**Polymerisation:** Synthesereaktion von Polymeren aus Monomeren, in diesem Zusammenhang durch eine radikalische Kettenpolymerisation an aktiven Kettenenden.

**Poren:** Lufteinschlüsse im laseradditiv gefertigten Bauteil, die zu einer verringerten mechanischen Belastbarkeit führen.

**Post-Prozess:** Beschreibt die an dem Bauteil durchgeführten Arbeitsschritte, die nach der Entnahme aus der Anlage durchgeführt werden müssen [VDI 3405].

**Pre-Prozess:** Beschreibt alle erforderlichen Arbeitsschritte, bevor das Bauteil in der additiven Fertigungsanlage gefertigt werden kann [VDI 3405].

**Predictive Maintenance:** Predictive Maintenance bezeichnet eine proaktive Wartungsstrategie, welche die Minimierung von Maschinenausfallzeiten zum Ziel hat. Durch die echtzeitnahe Auswertung von Sensorinformationen können drohende Defekte vorab erkannt und deren Behebung veranlasst werden.

**Prototyp (funktional):** Funktionsprototypen erfüllen definierte Produktfunktionen des späteren Serienteils. Form und Gestalt können vom späteren Produkt abweichen [VDI 3405].

**Prototyp (geometrisch):** (Geometrie-) Prototypen zur Beurteilung von Maß, Form und Lage. Die Materialeigenschaften sind dabei sekundär und können vom Serienbauteil abweichen.

**Prototyp (technisch):** Technische Prototypen unterscheiden sich in den geforderten Eigenschaften nicht wesentlich vom späteren Serienteil. Sie können jedoch auf einem anderen Wege als dem Serienverfahren gefertigt worden sein.

**Punktmodell:** Punktmodelle bestehen aus den charakteristischen Punkten einer Geometrie (sog. Punktewolke). Diese werden beispielsweise bei der Digitalisierung von physikalischen Bauteilen (3D Scan) erzeugt.

**Rapid Prototyping (*RP*):** Additive Herstellung von Bauteilen mit eingeschränkter Funktionalität, bei denen jedoch spezifische Merkmale ausreichend gut ausgeprägt sind [VDI 3405].

**Rapid Repair (*RR*):** Anwendung der additiven Methode und Verfahren für die Substituierung, Modifizierung und Ergänzung bestehender Komponenten.

**Rapid Tooling (*RT*):** Anwendung der additiven Methode und Verfahren auf den Bau von Endprodukten, die als Werkzeuge, Formen oder Formeinsätze verwendet werden [VDI 3405].

**RepRap:** Open Source „3D-Drucker“ zur Herstellung von Kunststoffobjekten. Da ein Großteil der Bauteile aus demselben Kunststoff ist, kann er als sich selbst reproduzierende Maschine betrachtet werden, die jeder mit etwas Zeit und den Materialien nachbauen kann.

**Slicen:** Zerschneiden des Volumenmodells in die zu bauenden Schichten sowie Zuweisen der Schichtinformationen (Parameter zur Erzeugung der einzelnen Konturlinien pro Schicht). Das geslicte Volumenmodell kann nachträglich nicht mehr bearbeitet/skaliert werden, da die Konturdaten untereinander keinen Bezug mehr in z-Richtung aufweisen.

**Smart Services:** Smart Services sind intelligente Dienstleistungen, welche im Zuge der Industrie-4.0 Entwicklungen vermehrt entstehen und, teils hochautomatisiert, große Datenmengen verarbeiten. So können Smart Services individuelle und spezifische Bedarfe erkennen und bedienen.

**Standard Tessellation Language (*stl*) Format:** Neutrales Dateiformat von CAD-Modellen zum Transfer von digitalen Bauteilmodellen auf eine Additive Manufacturing Anlage.

**Strukturoptimierung:** Rechnerunterstützte Optimierungsverfahren zur Gestaltung eines Bauteils. Unterscheidung in Parameteroptimierung (Engl.: Sizing), Formoptimierung (Engl.: Shape Optimization) und Topologieoptimierung (Engl.: Topology Optimization).

**Stützstruktur:** Abstützung von überhängenden Bauteilbereichen zur Sicherstellung des Bauprozesses. Die Anbindung der Hilfsgeometrie kann dabei an die Bauplattform oder an unten liegende Bauteilbereiche erfolgen. Die Stützstruktur kann bei einigen Verfahren zur Regulierung des Wärmeflusses eingesetzt werden.

**THz-Zeitbereichsspektroskopie (engl.: time-domain spectroscopy, *TDS*)** THz-Zeitbereichsspektrometer erzeugen eine gepulste, breitbandige THz-Strahlung, welche üblicherweise im Bereich von 0,2–6 THz angesiedelt ist. Das Prinzip beruht auf der optoelektronischen Konversion der Strahlung eines Femtosekundenlasers über eine photoleitende Antenne in den THz-Frequenzbeich.

**Tissue Engineering:** Künstliche Herstellung von biologischem Gewebe durch Züchtung von lebenden Zellen in einem strukturgebenden Gerüst (scaffold).

**Transmission:** Wellenlängenabhängige Durchlässigkeit optischer Materialien für Licht.

**Volumenmodell:** Im Volumenmodell wird aus den Normalenvektoren der Begrenzungsflächen die Materialseite ermittelt und ein konsistenter Körper gebildet. Physikalische Eigenschaften und Kollisionsprüfung stehen in vollem Umfang zur Verfügung.

**Voxel:** Bei der Aufbringung vom Material im In-Prozess kleinste verwendete Größe. Ein Voxel ist die Analogie zu einem Pixel, welche zur Darstellung von zweidimensionalen Bilddaten in einer Bitmap verwendet werden (Volumenelemente, Volumetric Pixel oder Volumetric Picture Element).

**Zwei-Photonen-Polymerisation (*2PP*):** Auf Ultrakurzpulslaser basierendes additives Fertigungsverfahren zur Herstellung polymerbasierter dreidimensionaler Objekte mit einer Strukturauflösung von bis zu sub-100 nm.

# VERFAHRENSÜBERSICHT (IN ANLEHNUNG AN VDI 3405)

## 3-D-Drucken (3DP):

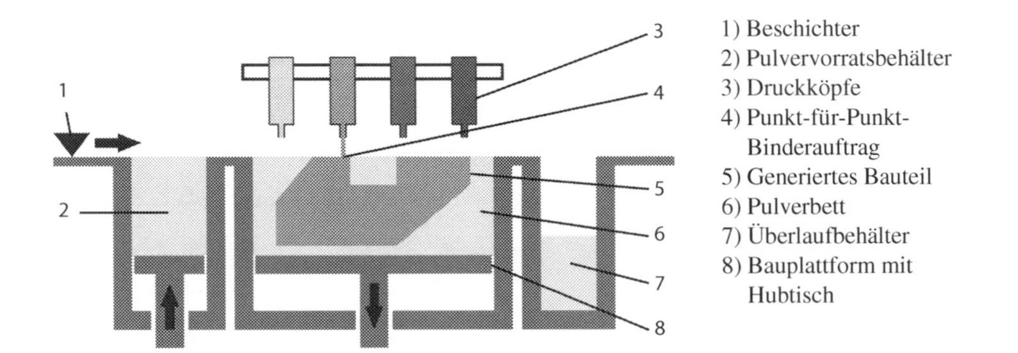


Pulver wird auf die Bauplattform mit Hilfe eines Beschichters flächig in einer dünnen Schicht aufgebracht. Die Schichten werden durch einen oder mehrere Druckköpfe, die Punkt-für-Punkt-Binder auftragen, erzeugt. Die Bauplattform wird geringfügig abgesenkt und eine neue Schicht aufgezogen.

## Digital Light Processing (DLP):

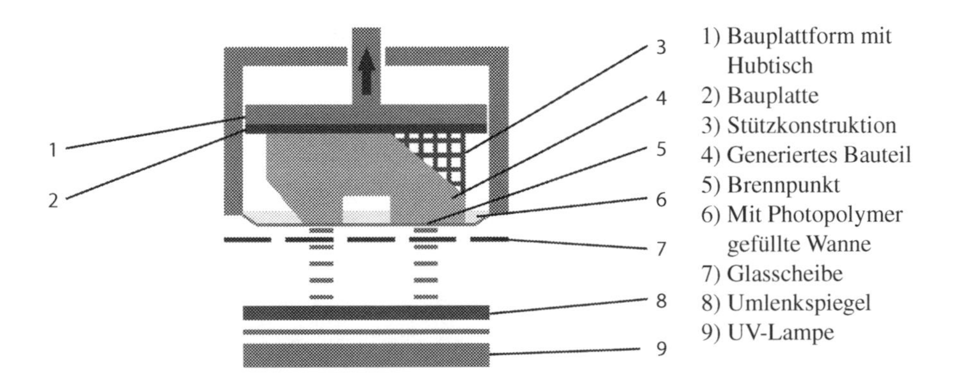


Ein Photopolymer wird von einer UV-Lampe in dünnen Schichten ausgehärtet. Nach der vollständigen Belichtung wird das generierte Bauteil um eine Schichtdicke aus der mit Photopolymer gefüllten Wanne angehoben.

## Elektronen-Strahlschmelzen/Electron Beam Melting (EBM):

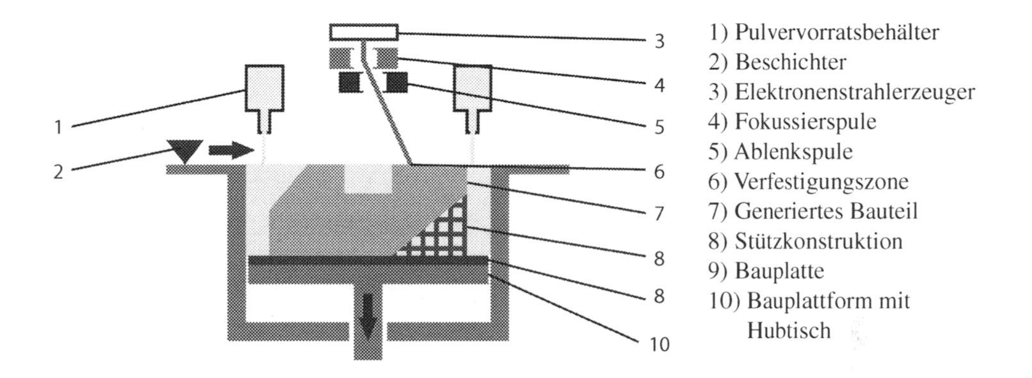


Das Pulver wird auf die Bauplattform mit Hilfe des Beschichters flächig in einer dünnen Schicht aufgebracht. Die Schichten werden durch eine Ansteuerung des Elektronenstrahles entsprechend der Schichtkontur des Bauteils schrittweise in das Pulverbett eingeschmolzen. Dafür werden die Elektronen erzeugt, beschleunigt, fokussiert und durch eine Spule abgelenkt. Die Bauplattform wird nun geringfügig abgesenkt und eine neue Schicht aufgezogen.

## Film Transfer Imaging (FTI):

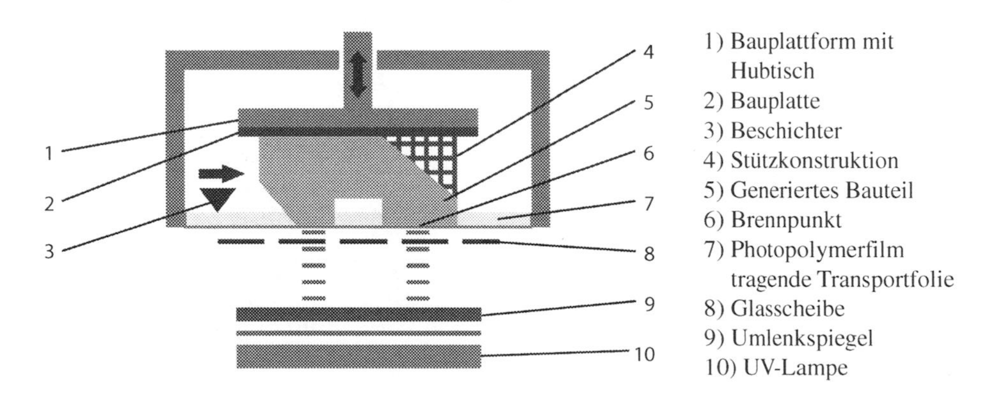


Auf die Transportfolie wird ein dünner Film eines Photopolymers aufgetragen. Entsprechend der Schichtkontur des Bauteils wird der Film von einer UV-Lampe durch die Folie belichtet und ausgehärtet. Anschließend wird das generierte Bauteil von der Folie gehoben, der Beschichter verteilt das Material auf der Folie und das generierte Bauteil wird wieder abgesenkt.

## Fused Layer Modeling/Fused Deposition Modelling (FDM):

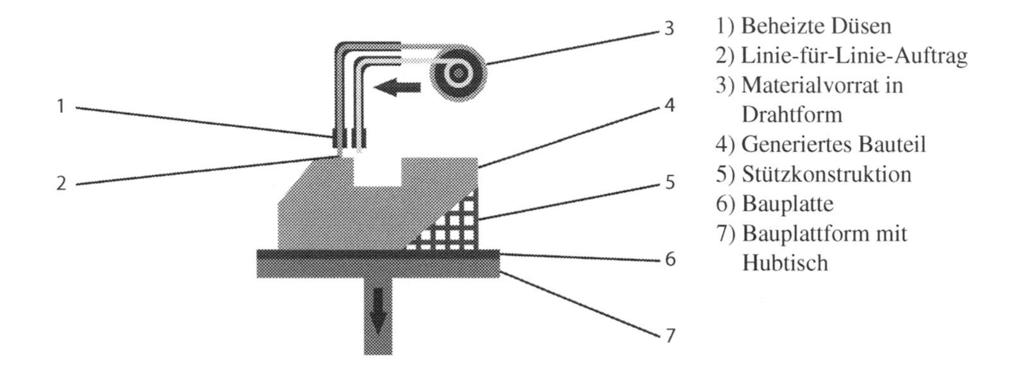


Die Schichten werden durch das Abfahren der Bauteilkontur von den Düsen in X-Y-Richtung erzeugt. Dabei schmelzen die beheizten Düsen das drahtförmige Material auf, welches Linie-für-Linie auf die Bauplatte aufgetragen wird. Die Bauplattform wird nun geringfügig abgesenkt und eine neue Schicht generiert.

## Laminated Object Modelling/Layer Laminated Manufacturing (LLM):

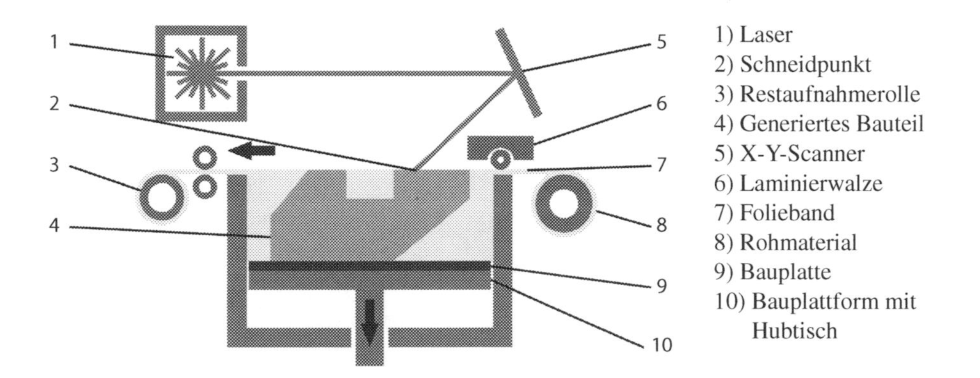


Die mit Klebstoff beschichtete Folie als Ausgangsmaterial wird Schicht für Schicht auf die Bauplattform geklebt. Durch eine Ansteuerung des Laserstrahles wird entsprechend der Schichtkontur des Bauteils die Folie geschnitten. Die Bauplattform wird nun geringfügig abgesenkt und eine neue Schicht aufgeklebt.

## Poly-Jet Modelling (PJM):

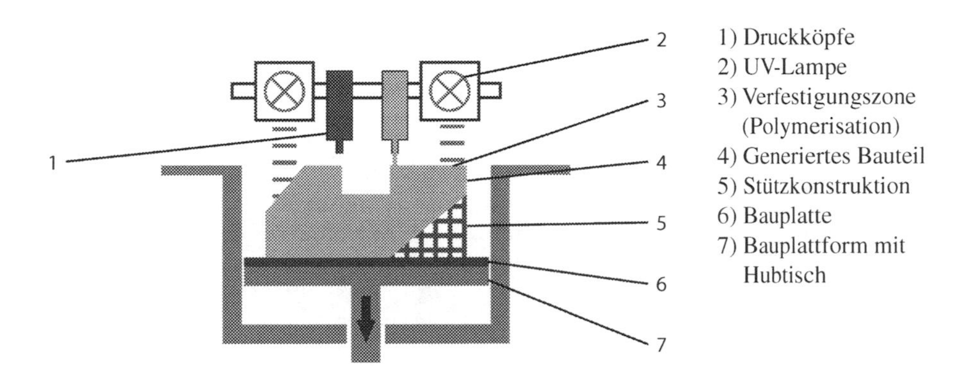


Das zu generierendes Bauteil wird durch (mehrere) Druckköpfe, mit linear angeordneten Düsen, entsprechend der Schichtkontur des Bauteils schichtweise aufgebaut. Dabei werden winzige Tröpfchen flüssigen Photopolymers aufgesprüht wird unmittelbar nach dem Auftragen mittels UV-Licht verfestigt.

## Scan-LED-Technologie (SLT):

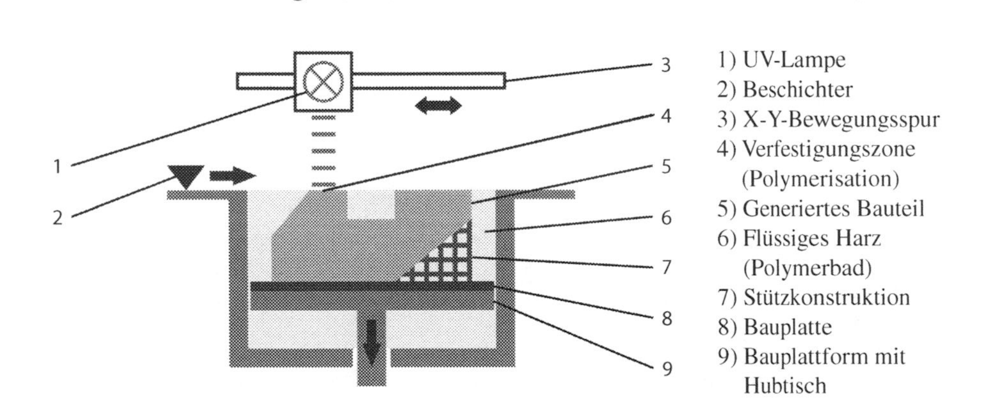


Ein Photopolymer wird von einer UV-LED in dünnen Schichten ausgehärtet. Dabei bewegt sich die UV-LED in X-Y-Richtung entsprechend der Schichtkontur des Bauteils. Nach der Belichtung wird das generierte Bauteil um eine Schichtdicke in das flüssige Harz abgesenkt. Der Beschichter verteilt abschließend das Material gleichmäßig über dem generierten Bauteil.

## Selektives Laser Sintern/Selective Laser Sintering (SLS):

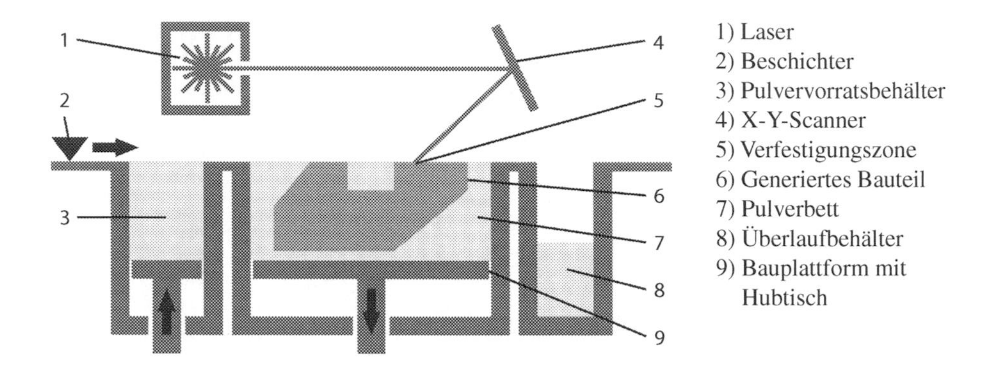


Das Pulver wird auf die Bauplattform mit Hilfe des Beschichters flächig in einer dünnen Schicht aufgebracht. Die Schichten werden durch eine Ansteuerung des Laserstrahles entsprechend der Schichtkontur des Bauteils schrittweise in das Pulverbett gesintert. Die Bauplattform wird nun geringfügig abgesenkt und eine neue Schicht aufgezogen.

## Selektives Laserstrahlschmelzen/Selective Laser Melting (SLM):

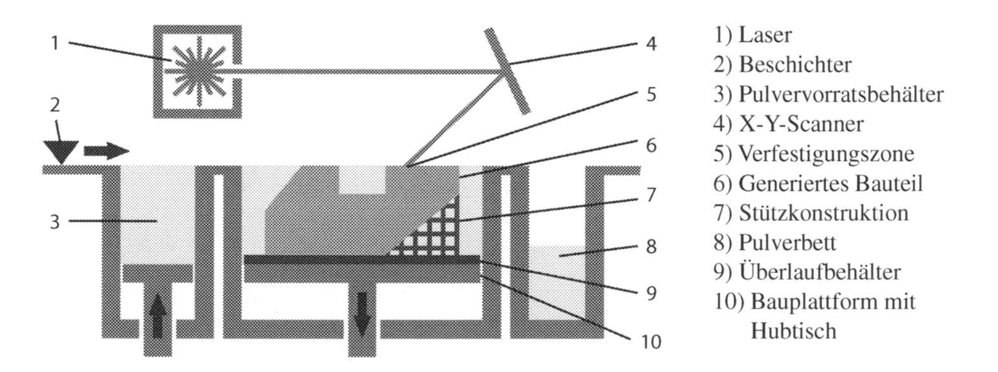


Das Pulver wird auf die Bauplattform mit Hilfe des Beschichters flächig in einer dünnen Schicht aufgebracht. Die Schichten werden durch eine Ansteuerung des Laserstrahles entsprechend der Schichtkontur des Bauteils schrittweise in das Pulverbett eingeschmolzen. Die Bauplattform wird nun geringfügig abgesenkt und eine neue Schicht aufgezogen.

## Stereolithografie/Stereolithography (SL):

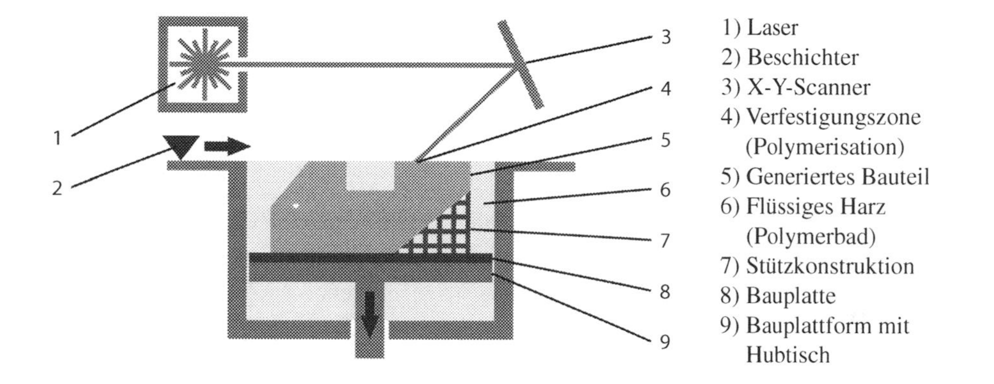


Ein Photopolymer wird von einem Laser in dünnen Schichten ausgehärtet. Nach der vollständigen Belichtung wird das generierte Bauteil um eine Schichtdicke in das flüssige Harz abgesenkt. Der Beschichter verteilt abschließend das Material gleichmäßig über dem generierten Bauteil.

# Stichwortverzeichnis




R. Lachmayer, R.B. Lippert (Hrsg.), *Additive Manufacturing Quantifiziert*,
DOI 10.1007/978-3-662-54113-5

Printed in the United States
By Bookmasters